AP Calculus AB&BC

심선생
Math Series

핵심편

심현성 지음
(Albert Shim)

이담
Books

저자소개

심현성(Albert Shim) 선생님은

수능수학과 경시수학을 가르치다가 미국수학 전문가가 되었다. 레카스 아카데미를 거쳐 블루키프렙 대표이사 겸 대표강사를 지내다가 현재 TOP SEM학원의 대표이사 겸 Math 대표강사이기도 하다. 2008년 한국에서는 처음으로 "Math Level 2"를 출간 하였고 연이어 2009년에는 처음으로 "AP Calculus"출간하였다. 현재는 10개국 이상의 나라에 Math관련 교재를 출간하고 있다. 특히, "Math Level 2 10 Practice Tests" , "AP Calculus AB&BC 핵심편", "AP Calculus AB&BC 심화편", "AMC10 & 12 특강"등은 미국 대학을 준비하는 거의 모든 학생들의 필수서적이 될 만큼 중요한 교재이며 베스트셀러 교재이기도 하다.

 2008년부터 지금까지 10개국 이상에 출간한 책이 20권 이상이며 압구정에서 가장 많은 수강생을 가르치는 유명강사이다. 오프라인에서는 압구정에 위치한 TOP SEM학원에서 강의하고 있으며 온라인에서는 SAT,AP,IB 즉 미국대학 입시 전문 인터넷 동영상 강의 전문업체인 마스터프렙(www.masterprep.net)에서 Math의 거의 모든 분야를 강의하고 있으며 해당 사이트에서도 No.1 수학강사로 차별성 있는 톡톡 뛰는 강의로 정평이 나 있다.

수업문의

TOP SEM학원   (02-511-4235, www.topsem.co.kr)
인터넷 동영상업체 마스터프렙   (www.masterprep.net)

이 책의  구성과 특징

1. 모든 학생들이 AP Calculus AB&BC를 단시간에 정리가 가능하도록 집필되어 있다.

2. 누구나 이해하기 쉽게 자세한 설명을 하였다.

3. 계산기를 필요로 하는 문제에는 계산기 그림을 넣었다.

4. BC파트의 문제와 단원에 BC표기를 하였다.

심선생의 잔소리
AP Calculus에 대해서...

 AP Calculus는 AB과정과 BC과정으로 나뉜다. 5월 AP시험만을 준비하는 국내생들의 경우 AB와 BC를 정확히 구분하여 공부해야 하지만 미국의 보딩스쿨이나 국내 또는 외국의 International School에 다니는 학생들은 AB와 BC를 구별하지 말고 공부하여야 한다. 대부분의 학교에서 쓰는 교재는 AB와 BC가 구분되어 있지 않다. 또한 미국의 교사들은 학교 수업시에 AB와 BC를 크게 구분하여 수업하지 않는다. AB와 BC가 내용상으로 70~80% 겹치고 BC는 AB의 내용을 알아야 공부를 할 수 있기 때문에 보통 미국 교사들은 AB Class에서는 진도를 차근차근 나가고 BC Class의 경우에는 메뚜기 뛰듯이 여기저기를 수업하는 경우가 많다. 그러므로, 학교 성적을 신경쓰는 학생이라면 AB와 BC를 구별하지 말고 모든 내용을 공부해가는 것이 유리하다.

 AP Calculus는 대학에서 필요로 하는 모든 수학의 기초를 다루는 과목이다. 한국의 경우 문과 이과로 구별이 되고 공부하는 수학의 양에도 차이가 있지만 미국의 경우에는 문과 이과 개념이 없다. 즉, 문과 성향이 짙은 과로 진학을 하더라도 AP Calculus과목은 필수이다.
 대학에서 다루게 될 기본이다 보니 어려운 문제를 많이 푸는 것이 중요한 것이 아니라 숙달되는 것이 중요하다. 수능을 준비하다가 AP Calculus를 공부하는 학생들의 경우 어려운 문제집을 구해서 풀려고 하지만 이는 좋은 방법이 아니다. 같은 내용을 여러 번 반복하여 완벽하게 숙지하는 것이 더 중요하다. 수능에서는 한 개만 틀려도 대학의 합격 여부가 결정되지만 AP Calculus의 경우에는 어느 정도 틀려도 만점을 주는 시험이다. 즉, 대학 공부를 따라가는데 지장 없을 정도로 숙달 되어 있는 학생에게 만점을 주는 시험이다.

 한국의 교과 과정과 비교하기에는 다소 문제가 있지만 굳이 비교를 한다면 이과 고교과정보다는 범위가 넓다는 특징이 있다. 대학교 1학년 1학기 범위 정도로 보면 얼추 맞을 듯 하다.대신 응용문제 보다는 숙달도에 초점이 맞추어져 있다. 필자가 느끼기에는 한국 고교과정의 미적분학이 너무 범위가 좁지 않나라는 생각이 든다.

 외고생들이 시험을 직전에 앞두고 찾아올때가 있다. 한국수학으로 미적분학을 마스터 했으니 파이널 테스트로 몇 시간 만에 끝내 달라는 학생들을 종종 볼 수가 있다. 수학전문학원 선생님께 그렇게 들었다고들 하는 부모님들과 학생들이 꽤 있다. 이럴 때마다 상당히 난감하다. 미적분 계산에는 어느 정도 도움이 되었겠지만 계산법부터 범위가 상당히 다른 부분들이 있기 때문이다. 실제로 수능 모의고사 1등급 학생에게 바로 AP Calculus BC시험을 보게 하면 평균3점 정도가 나온다. 수학을 못한 다기 보다 내용 자체를 아예 모르고 있기 때문이다. 그러므로, 한국수학을 공부한 학생이고 아무리 수학을 잘한다 하여도 최소 시험 몇 달 전부터 차근히 준비를 하여야 한다. 필자의 경우 무조건 최단시간 완성을 목표로 수업을 진행하는 특징이 있다. 이유는 대부분의 학생들이 이 시험에만 집중할 처지가 안되기 때문이다. 하지만 준비가 안 된 상태에서 바로 파이널 수업을 부탁하는 경우는 AP Calculus를 가르치는 어떠한 선생도 감당하기 힘든 수업이 된다.

Preface

세 번째 개정판을 내면서..

필자가 수능수학과 경시수학을 강의하다가 처음 외국어 고등학생에게 AP Calculus를 가르치게 되었을 때 상당히 당황하였었다. 한국에는 수 많은 양질의 수학교재가 있지만 미국의 경우 교과서를 제외한 참고서들이 마땅한 교재가 없어 보였기 때문이다. 교과서는 너무 방대하고 반면에 시중에 있는 수입된 참고서들은 너무 산만하였다. 이에 필자는 2007년에 집필을 시작하여 2009년에 한국에서는 처음으로 "AP Calculus AB&BC 한방에 끝내자"를 출간하였다. 2011년에는 두 번째 개정판인 "AP Calculus AB&BC 핵심편"을 출간 하였고 그 동안은 개정작업을 하지 않았었다.

 그 동안 많은 독자들과 수강생들로부터 단기간에 정리할 수 있는 AP Calculus에 대한 교재에 대한 요구가 있었고 오래 지났지만 이제야 핵심편의 세 번째 개정판을 출간하게 되었다.
이번 세 번째 개정판은 두 번째 개정판에 비해 많은 내용이 바뀌었다. 좀 더 심플하게 정리 할 수 있도록 최대한 배려 하였고 문제수도 과감하게 줄였다. 꼭 필요한 핵심 문제들만 엄선하여 집필을 하였다.

 이 책이 많은 학생들에게 없어서는 안 될 중요한 길잡이가 되기를 간절히 바라는 바이다.

 그 동안 많은 분들이 필자를 도와주었다. 필자에게 수업을 듣는 학생들, 소중한 아이들을 맡겨주신 학부모님들께 감사한 마음을 전한다. TOP SEM학원의 살림을 도맡아 하시는 현수현 원장님과 최경미 실장님 그리고 필자와 같이 TOP SEM학원에서 강의하는 모든 선생님들께 감사한 마음을 전한다. 필자의 동영상 강의를 허락해주신 마스터프렙 권주근 대표님께도 감사드린다.

 아들을 위해 애 쓰시는 부모님과 잘 못 놀아주는 아빠를 좋아하는 규리 기환이..집안일에 소홀한 남편을 곁에서 항상 지켜주고 챙겨주는 사랑하는 아내에게도 지면을 빌려 감사한 마음을 전한다.

2017.05

심 현 성

Contents...

Limit

Limit

1. $\displaystyle\lim_{x \to \infty} f(x)$

2. $\displaystyle\lim_{x \to a} f(x)$

3. Limit of Transcendental Function

4. Asymptotes and Theorems on Continuous Function

시작에 앞서서...

$\displaystyle\lim_{x \to \infty} f(x)$는 x값이 한없이 커질 때, $f(x)$의 값을 추정하는 것이고 $\displaystyle\lim_{x \to a} f(x)$는 x값이 어느 특정한 값으로 다가갈 때, $f(x)$의 값을 추정하는 것이다. 즉, "Limit" 단원에서는 이와 같이 정확한 값을 구한다기 보다는 추정값, 근사값을 구하는 것이다.

01. $\lim\limits_{x \to \infty} f(x)$

01. $\lim\limits_{x \to \infty} f(x)$는 무엇인가?

$\lim\limits_{x \to \infty} f(x)$는 x값이 한 없이 커짐에 따라 $f(x)$의 값이 어떻게 변하는지를 추정하는 것이다.

다음을 보자.

① $1,\ 3,\ 5,\ 7,\ 9\ \cdots,(2n-1)\cdots,\infty$

⇒ 이와 같이 한없이 나열하면 결국에는 너무 커서 모르는 수($=\infty$)가 나온다.

② $1,\ -1,\ -3,\ -5,\ -7\ \cdots,(-2n+3)\cdots,-\infty$

⇒ 이와 같이 한없이 나열하면 결국에는 너무 작아서 모르는 수($=-\infty$)가 나온다.

③ $1,\ \dfrac{1}{3},\dfrac{1}{3^2},\dfrac{1}{3^3},\dfrac{1}{3^4}\cdots,\dfrac{1}{3^n}\cdots,0$

⇒ 이와 같이 한없이 나열하면 결국에는 분모(=Denominator)만 너무 커져서 0에 가까운 수
즉, $0.000\cdots1$정도가 나온다.

02. 그렇다면 너무 커서 알 수 없는 수 ∞는?

① $\infty+\infty=\infty, \infty\times\infty=\infty, \infty-(10억)^{10}=\infty, \dfrac{\infty}{(10억)^{1000}}=\infty, \infty^2-\infty=\infty, 3^\infty-2^\infty=\infty$

② $\dfrac{1억}{\infty}=0.000000\cdots\approx0$: 거의 0이 되므로 그냥 0이라 한다.

③ $\dfrac{\infty}{\infty}=1? \Rightarrow No! \Rightarrow \dfrac{\infty}{\infty}=\dfrac{너무\ 커서\ 알수\ 없는\ 수}{너무\ 커서\ 알수\ 없는\ 수} \Rightarrow$ 즉, 계산 해봐야 한다.

④ $\infty-\infty=0? \Rightarrow No! \Rightarrow$ (너무 커서 알수 없는 수)$-$(너무 커서 알수 없는 수)
⇒ 즉, 계산 해봐야 한다.

그러므로 $\lim\limits_{x \to \infty} f(x)$의 경우 $\infty^2-\infty, 3^\infty-2^\infty, \infty+\infty, \infty-(1억)^{10}, \dfrac{\infty}{(10억)^{1000}}$ 모두 ∞이고 $\dfrac{1억}{\infty}=0$

으로 결과가 정해져 있으므로 $\dfrac{\infty}{\infty}, \infty-\infty$의 경우에 대해서만 계산한다.

그럼 계산에 앞서서 limit의 성질에 대해 알아두자.

Properties of Limits

Given $\displaystyle\lim_{x\to\infty} f(x)=\alpha$ and $\displaystyle\lim_{x\to\infty} g(x)=\beta$ and α,β and c are real numbers without $\infty,\,-\infty$ then

① $\displaystyle\lim_{x\to\infty} c= c$

② $\displaystyle\lim_{x\to\infty} cf(x)= c\lim_{x\to\infty} f(x)= c\alpha$

③ $\displaystyle\lim_{x\to\infty}[f(x)\pm g(x)]=\lim_{x\to\infty} f(x)\pm\lim_{x\to\infty} g(x)=\alpha\pm\beta$

④ $\displaystyle\lim_{x\to\infty}[f(x)\cdot g(x)]=\lim_{x\to\infty} f(x)\cdot\lim_{x\to\infty} g(x)=\alpha\beta$

⑤ $\displaystyle\lim_{x\to\infty}\frac{g(x)}{f(x)}=\frac{\displaystyle\lim_{x\to\infty} g(x)}{\displaystyle\lim_{x\to\infty} f(x)}=\frac{\alpha}{\beta},\ \beta\neq 0$

⑥ $\displaystyle\lim_{x\to\infty}[f(x)]^n=(\lim_{x\to\infty} f(x))^n=\alpha^n$

①~⑥에서 보는 바와 같이 limit는 빈대처럼 여기 저기 달라붙는 듯한 성질을 갖는다.

03 $\dfrac{\infty}{\infty}$의 계산

"분모 (=Denominator)의 가장 큰 놈으로 위, 아래 나누기"
다음의 예를 보자.

① $\displaystyle\lim_{x\to\infty}\frac{2x^4+3}{x^3+2x}=\lim_{x\to\infty}\frac{2x^4+3}{x^3+2x}=\lim_{x\to\infty}\frac{2x+\dfrac{3}{x^3}}{1+\dfrac{2}{x^2}}=\frac{\infty+0}{1+0}=\infty$

가장 큰 놈

② $\displaystyle\lim_{x\to\infty}\frac{3x^2+1}{x^2+2x}=\lim_{x\to\infty}\frac{3x^2+1}{x^2+2x}=\lim_{x\to\infty}\frac{3+\dfrac{1}{x^2}}{1+\dfrac{2}{x}}=\frac{3+0}{1+0}=3$

가장 큰 놈

③ $\displaystyle\lim_{x\to\infty}\frac{5x^2+1}{2x^3+3x}=\lim_{x\to\infty}\frac{5x^2+1}{2x^3+3x}=\lim_{x\to\infty}\frac{\dfrac{5}{x}+\dfrac{1}{x^3}}{2+\dfrac{3}{x^2}}=\frac{0+0}{2+0}=0$

가장 큰 놈

위의 ①~③의 결과를 다음과 같이 정리하였다.

반드시 알아두자!

①의 경우
[분자(Numerator)의 Highest Degree]>[분모(Denominator)의 Highest Degree]이므로 ⇒ ∞

②의 경우
[분자(Numerator)의 Highest Degree]=[분모(Denominator)의 Highest Degree]이므로
⇒ Leading Coefficient

③의 경우
[분자(Numerator)의 Highest Degree]<[분모(Denominator)의 Highest Degree]이므로 ⇒ 0

잠깐! 다음을 꼭 보고 가자!

$$\lim_{x \to \infty} \left(\frac{1}{2}\right)^x = \frac{1}{2}, \frac{1}{2^2}, \frac{1}{2^3}, \frac{1}{2^4}, \cdots, \frac{1}{2^{1억}} \cdots \qquad \Rightarrow 0$$

$$\lim_{x \to \infty} \left(-\frac{1}{2}\right)^x = -\frac{1}{2}, \frac{1}{2^2}, -\frac{1}{2^3}, \frac{1}{2^4}, \cdots,$$

$$\Rightarrow 0$$

$$\lim_{x \to \infty} (-1)^x = -1, 1, -1, 1, \cdots,$$

Oscillate between ⁻1 and 1

$$\lim_{x \to \infty} (2)^x = 2^1, 2^2, 2^3, \cdots \qquad \Rightarrow \infty$$

$$\lim_{x \to \infty} (-2)^x = -2, 2^2, -2^3, 2^4 \cdots$$

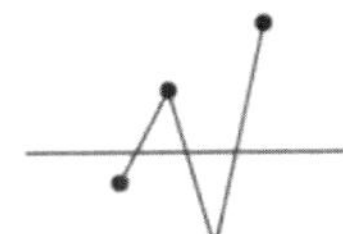

$$\Rightarrow \text{Oscillate between} - \infty \text{ and } \infty$$

이상에서 보는 바와 같이..

즉, $\lim_{x \to \infty} r^x$ 에서
① $-1 < r < 1$ 이면 0
② $r > 1$ or $r < -1$ 이면 $-\infty \sim \infty$
③ $r = -1$ 이면 Oscillate.

다음의 예를 보자.

① $\displaystyle\lim_{x\to\infty}\frac{3^{x+1}+2^x}{2^x+1}=\lim_{x\to\infty}\frac{3\cdot 3^x+2^x}{2^x+1}=\lim_{x\to\infty}\frac{3\cdot(\frac{3}{2})^x+1}{1+\frac{1}{2^x}}=\frac{\infty+1}{1+0}=\infty$

가장 큰 놈 →

② $\displaystyle\lim_{x\to\infty}\frac{3^{x+2}-1}{3^{x+1}+2^x}=\lim_{x\to\infty}\frac{3^2\cdot 3^x-1}{3\cdot 3^x+2^x}=\lim_{x\to\infty}\frac{3^2-\frac{1}{3^x}}{3+(\frac{2}{3})^x}=\frac{9-0}{3+0}=3$

가장 큰 놈 →

③ $\displaystyle\lim_{x\to\infty}\frac{2^{x+1}+2}{3^x-1}=\lim_{x\to\infty}\frac{2\cdot 2^x+2}{3^x-1}=\lim_{x\to\infty}\frac{2\cdot(\frac{2}{3})^x+\frac{2}{3^x}}{1-\frac{1}{3^x}}=\frac{0+0}{1-0}=0$

가장 큰 놈 →

위의 ①~③의 결과를 다음과 같이 정리하였다.

반드시 알아두자!

$\displaystyle\lim_{x\to\infty} r^x$와 같은 형태에서

①의 경우, [분자(Numerator)의 r] > [분모(Denominator)의 r] 이므로 ∞

②의 경우, [분자(Numerator)의 r] = [분모(Denominator)의 r] 이므로 r^n앞에 붙은 constant만 읽기.

③의 경우, [분자(Numerator)의 r] < [분모(Denominator)의 r] 이므로 0

04 $\sqrt{\infty} - \infty$ 의 계산

유리화(Rationalization)을 하여 $\dfrac{\infty}{\infty}$ 형태로 만든다.

다음의 예를 풀어보자.

(**EX 1**) Evaluate $\displaystyle\lim_{x\to\infty}(\sqrt{x^2+2x}-x)$.

Solution

$$\lim_{x\to\infty}\frac{(\sqrt{x^2+2x}-x)}{1}=\lim_{x\to\infty}\frac{(\sqrt{x^2+2x}-x)\cdot(\sqrt{x^2+2x}+x)}{1\cdot(\sqrt{x^2+2x}+x)}=\lim_{x\to\infty}\frac{2x}{(\sqrt{x^2+2x}+x)}\quad\Rightarrow$$

(분모(Denominator)의 가장 큰 놈은 $\sqrt{x^2}$ 이므로 분모, 분자를 x 로 나누면)

$$\lim_{x\to\infty}\frac{2}{\sqrt{1+\dfrac{2}{x}}+1}=\frac{2}{\sqrt{1+0}+1}=1$$

정답　　1

Problem 1

Find the limits.

(1) $\displaystyle\lim_{n \to \infty} \frac{(2n-1)(n+1)}{n^2}$

(2) $\displaystyle\lim_{n \to \infty} \frac{\sqrt{n}}{n+1}$

(3) $\displaystyle\lim_{n \to \infty} n^2(1+n^2)$

(4) $\displaystyle\lim_{n \to \infty} \log_2 \sqrt{\frac{8n+3}{n}}$

(5) $\displaystyle\lim_{n \to \infty} (\sqrt{n^2-1}-n)$

(6) $\displaystyle\lim_{n \to \infty} \sin \frac{n\pi}{2n+1}$

(7) $\displaystyle\lim_{x \to \infty} \frac{\cos 2\pi x}{x}$

(8) $\displaystyle\lim_{x \to \infty} \frac{2^{-x}}{2^x}$

(9) $\displaystyle\lim_{x \to -\infty} \frac{2^{-x}}{2^x}$

(10) $\displaystyle\lim_{t \to \infty} \frac{3^{t+2}+1}{3^{t+1}+2^t}$

(11) $\displaystyle\lim_{x \to \infty} \frac{2x-1}{\sqrt{x^2+3}}$

(12) $\displaystyle\lim_{x \to \infty} \frac{3^{-x}}{2^x}$

Solution

(1) 2

(2) 0

(3) ∞

(4) $\displaystyle\lim_{n\to\infty}\sqrt{\dfrac{8n+3}{n}}=\sqrt{8}$ 이므로 $\log_2\sqrt{8}=\log_2 2^{\frac{3}{2}}=\dfrac{3}{2}$

(5) $\displaystyle\lim_{n\to\infty}\dfrac{(\sqrt{n^2-1}-n)(\sqrt{n^2-1}+n)}{\sqrt{n^2-1}+n}\ \Rightarrow\ \lim_{n\to\infty}\dfrac{-1}{\sqrt{n^2-1}+n}=0$

(6) $\displaystyle\lim_{n\to\infty}\dfrac{n\pi}{2n+1}=\dfrac{\pi}{2}$ 이므로 $\sin\dfrac{\pi}{2}=1$

(7) $\displaystyle\lim_{x\to\infty}\dfrac{\cos 2x}{x}=\dfrac{-1\sim 1}{\infty}=0$

(8) $\displaystyle\lim_{x\to\infty}\dfrac{\dfrac{1}{2^x}}{2^x}=\dfrac{0}{\infty}=0$

(9) $\displaystyle\lim_{x\to -\infty}\dfrac{\dfrac{1}{2^x}}{2^x}=\dfrac{\dfrac{1}{2^{-\infty}}}{2^{-\infty}}=\dfrac{2^{\infty}}{\dfrac{1}{2^{\infty}}}=\dfrac{\infty}{0}$ (※ $\dfrac{1}{2^{\infty}}$ 은 엄밀히 말하자면 0 근처 값. 즉, $0.000\cdots 1$ 이

므로) $=\dfrac{\infty}{0.000\cdots 1}=\infty$

(10) $\displaystyle\lim_{t\to\infty}\dfrac{3^2\ \bullet\ 3^t+1}{3\ \bullet\ 3^t+2^t}=\dfrac{3^2}{3}=3$

(11) $\displaystyle\lim_{x\to\infty}\dfrac{2x-1}{\sqrt{x^2+3}}=\dfrac{2}{1}=2$

(12) $\displaystyle\lim_{x\to\infty}\dfrac{\dfrac{1}{3^x}}{2^x}=\dfrac{0}{\infty}=0$

정답	(1) 2	(2) 0	(3) ∞	(4) $\dfrac{3}{2}$	(5) 0	(6) 1
	(7) 0	(8) 0	(9) ∞	(10) 3	(11) 2	(12) 0

Problem 2

(1) If $\lim\limits_{n\to\infty} a_n = -3$ and $\lim\limits_{n\to\infty} b_n = -2$, then evaluate $\lim\limits_{n\to\infty} \dfrac{3a_n b_n + 7}{a_n + b_n}$.

(2) If $\lim\limits_{n\to\infty} \dfrac{\cos n\theta}{n} = a$ and $\lim\limits_{n\to\infty} \dfrac{2n^2 + 1}{n^2 + n + 3} = b$, then find $a + b$.

(3) If $2n^2 - 1 < n^2 a_n < 2n^2 + 2$, then $\lim\limits_{n\to\infty} a_n$ is

ⓐ 1   ⓑ 2   ⓒ 3   ⓓ 4

Solution

(1) $\dfrac{3(-3)(-2) + 7}{-3 - 2} = \dfrac{25}{-5} = -5$

(2) $a = \dfrac{-1 \sim 1}{\infty} = 0$ 이고 $b = 2$ 이므로 $a + b = 2$

(3) n^2으로 양변을 나누면 $2 - \dfrac{1}{n^2} < a_n < 2 + \dfrac{2}{n^2}$ 에서 $\lim\limits_{n\to\infty}$ 를 붙이면

$\lim\limits_{n\to\infty}\left(2 - \dfrac{1}{n^2}\right) < \lim\limits_{n\to\infty} a_n < \lim\limits_{n\to\infty}\left(2 + \dfrac{2}{n^2}\right)$ 에서 $\lim\limits_{n\to\infty} a_n = 2$. 그러므로, 정답은 ⓑ

정답   (1) -5   (2) 2   (3) ⓑ

02. $\lim\limits_{x \to a} f(x)$

01 $\lim\limits_{x \to a} f(x)$의 의미

$\lim\limits_{x \to \infty} f(x)$는 x가 한없이 커질 때, $f(x)$값의 변화를 추정하는 것이었다면 $\lim\limits_{x \to a} f(x)$는 x가 a로 한없이 다가감에 따라 $f(x)$의 값이 어떻게 변화 하는가를 추정하는 것이다.

다음을 보자.

$$(0.\bar{9}) = \left\{ \begin{array}{c} \lim\limits_{x \to 1^-} \\ \lim\limits_{x \to 1-0} \end{array} \right. \qquad \left[\begin{array}{c} \lim\limits_{x \to 1^+} \\ \lim\limits_{x \to 1+0} \end{array} \right\} = (1.0000 \cdots 1)$$

⇒ 평면으로 옮긴 그림을 가까이에서 아주 자세히 보면

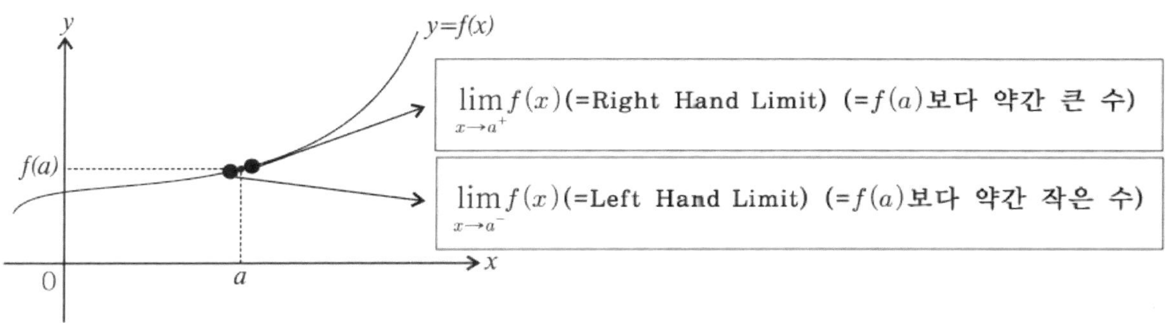

⇒ 이 그림을 조금 멀리서 보면 한 점으로 브인다.

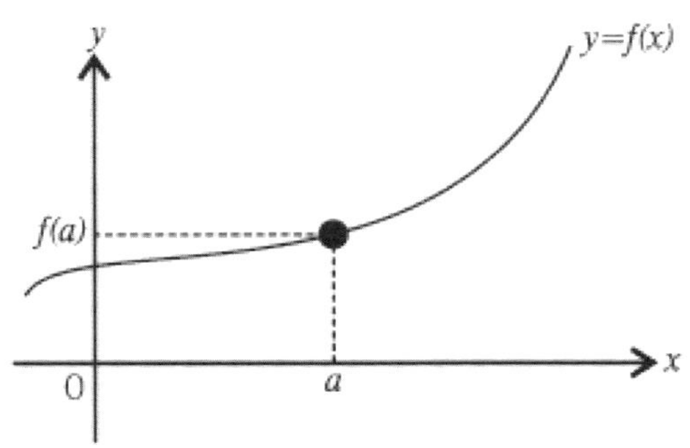

왜 이런 일이 일어날까?

$\displaystyle\lim_{x\to a^+} f(x)$는 $f(a)$의 오른쪽에 가장 가까이 붙어있고 $\displaystyle\lim_{x\to a^-} f(x)$는 $f(a)$의 왼쪽에 가장 가까이 붙어있다. 그러므로, 육안으로는 한 점으로 보이는 것이다. 이럴 때 우리는 연속(Continuous)이라고 한다!

여기에서 주의해야 할 점은 $\displaystyle\lim_{x\to a} f(x)$값과 $f(a)$의 값을 혼동하지 말아야 한다. $\displaystyle\lim_{x\to a} f(x)$는 단지 $f(a)$의 좌우에 딱 붙어있는 점이다. 즉, $f(a)$는 $f(a)$이고 $\displaystyle\lim_{x\to a} f(x)$는 $\displaystyle\lim_{x\to a} f(x)$이다.

$f(a)$가 존재하지 않는다고 하여 $\displaystyle\lim_{x\to a} f(x)$가 존재 하지 않거나 존재하거나 하는 것이 아니라는 것이다.

02. Continuity

$\displaystyle\lim_{x\to a^-} f(x)$와 $f(x)$, 그리고 $\displaystyle\lim_{x\to a^+} f(x)$가 꼭 밀착되어 있어서 **육안으로 한 점으로 보일 때를 연속 즉, Continuous라고 한다.** $\displaystyle\lim_{x\to a^-} f(x)= f(a) = \displaystyle\lim_{x\to a^+} f(x)$ 이지만 육안으로는 모두 같은 점으로 보인다.

반드시 알아두자!

즉, **The Definition of Continuity!** $\displaystyle\lim_{x\to a^-} f(x) = \displaystyle\lim_{x\to a^+} f(x) = f(a)$. 즉, $\displaystyle\lim_{x\to a} f(x) = f(a)$.

$$\underbrace{\qquad\qquad\qquad}_{\displaystyle\lim_{x\to a} f(x)}$$

(**EX 1**) 다음 중 x=a 에서 연속인 것에 ○, 아닌 것에 ✕표를 하시오.

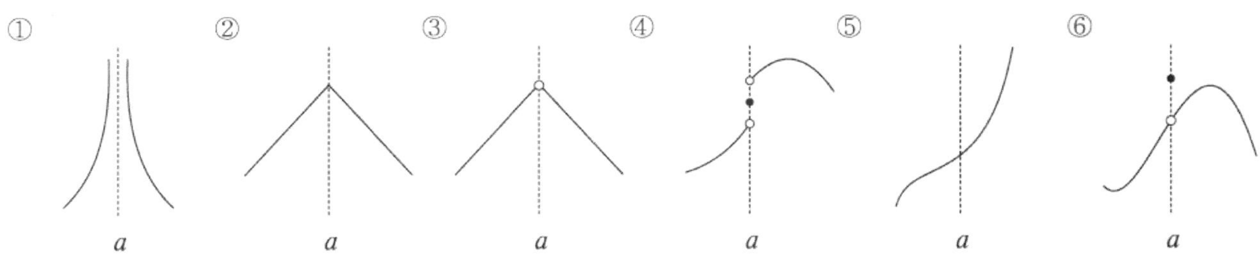

Solution					
① (x)	② (o)	③ (x)	④ (x)	⑤ (o)	⑥ (x)

03. Does $\lim\limits_{x \to a} f(x)$ exist?

"$x=a$에서 $limit$ 값이 얼마니?" 라고 누군가 당신에게 질문을 던졌다면 당신은 뭐라고 할 것인가?

"글쎄요.. Left hand $limit$는 0이고 Right hand $limit$는 1 같은데 무엇으로 답을 하죠?..."

바로 이런 경우에는 $\lim\limits_{x \to a} f(x)$값이 존재하지 않는 것이다. x가 a로 다가가는 $\lim\limits_{x \to a} f(x)$는 좌,우 두 개이 므로 이 두 $\lim\limits_{x \to a} f(x)$의 값이 비슷해 보여야 한 가지로 명확히 대답할 수 있다.

즉, $x=a$에서 limit값을 하나로 대답할 수 있을 때, $\lim\limits_{x \to a} f(x)$가 존재하는 것이다.

다음과 같이 알아두자.

Shim's Tip!

Does $\lim\limits_{x \to a} f(x)$ exist?

$x=a$에서 Left hand $limit$와 Right hand $limit$ 의 값이 너무 비슷하여 $\lim\limits_{x \to a-} f(x)$와 $\lim\limits_{x \to a+} f(x)$가 같아 보일 때, $\lim\limits_{x \to a} f(x)$가 존재 한다!

$\left(\text{EX 2}\right)$ 다음 중 $\lim\limits_{x \to a} f(x)$가 존재하는 것에 ○, 아닌 것에 ×표를 하시오.

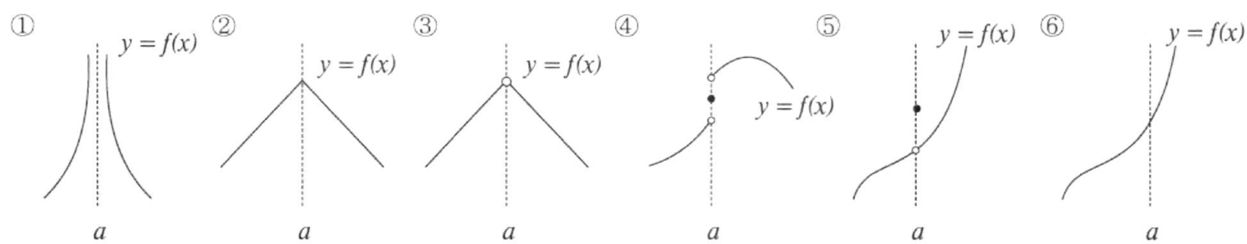

Solution

① $x = a$는 asymptote! $\lim\limits_{x \to a^+} f(x)$와 $\lim\limits_{x \to a^-} f(x)$의 값을 알 수 없다. ⇒존재 안함.

② $x = a$에서 세 점 모두 밀착되어 있다. 즉, $\lim\limits_{x \to 0^-} f(x)$와 $\lim\limits_{x \to a^+} f(x)$의 값이 비슷하다. ⇒존재함.

③ $x = a$에서 $f(a)$값이 없지만 $\lim\limits_{x \to a^-} f(x)$와 $\lim\limits_{x \to a^+} f(x)$가 만났다.

즉, $x = a$에서 limit값을 하나로 대답가능! ⇒ 존재

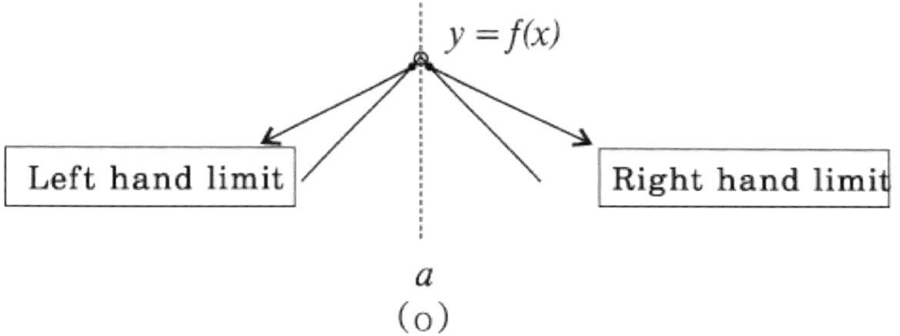

④ $x = a$에서 $\lim\limits_{x \to a^-} f(x)$와 $\lim\limits_{x \to a^+} f(x)$가 만나지 않아서 하나로 대답이 불가능 ⇒ 존재 안함.

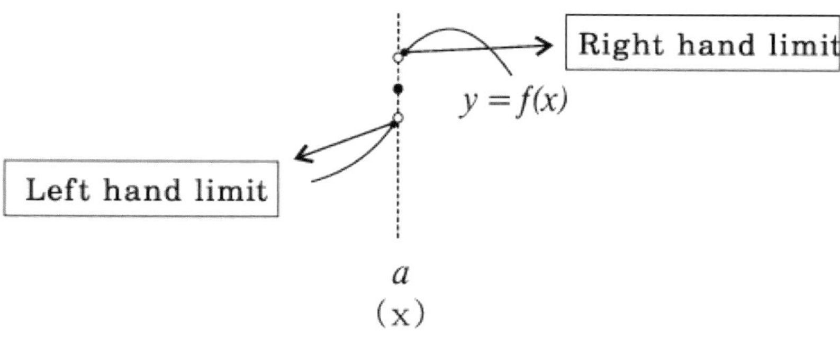

⑤ $x = a$에서 $\lim\limits_{x \to a^-} f(x)$와 $\lim\limits_{x \to a^+} f(x)$가 만났다.

즉, $\lim\limits_{x \to a} f(x)$ 값을 하나로 대답가능! ⇒ 존재

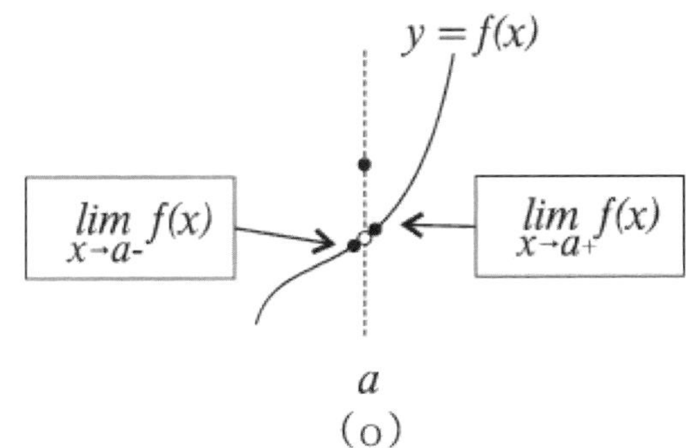

⑥ $x = a$에서 $\lim\limits_{x \to a^-} f(x)$와 $\lim\limits_{x \to a^+} f(x)$가 만났다.

즉, $\lim\limits_{x \to a} f(x)$ 값을 하나로 대답가능! ⇒존재

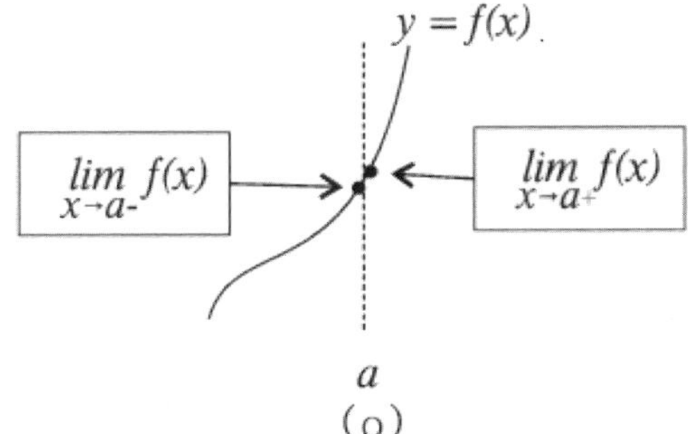

정답
① (x) ② (o) ③ (o)
④ (x) ⑤ (o) ⑥ (o)

이상에서 본 것처럼 $x = a$에서 연속(Continuous)이면 $x = a$에서 반드시 $\lim\limits_{x \to a} f(x)$가 존재하지만 $x = a$에서 불연속(Discontinuous)이라고 해서 $\lim\limits_{x \to a} f(x)$가 존재 안하는 것이 아니다.

04 $\lim\limits_{x \to a} f(x)$의 계산

I. $\dfrac{0}{0}$ 모양

① x 대신 a를 대입하자. 사실 x는 진짜 a가 아니고 a와 가장 가까운 근처의 수이다.

② x 대신 a를 대입 하였는데 분모(Denominator)와 분자(Numerator)가 0이 되는 경우는 Factorization 후 cancel해 주거나 유리화(Rationalization)를 한다.

다음을 읽어보자!

분모가 0이 되는데 어떻게 Cancel을 할 수 있을까?

⇒ 이는 limit에서만 가능한 일이다.

예를 들어, $\dfrac{(x-1)(x+1)}{x-1}$ 에서 x가 1이라면 분모가 0이 되어서 분모, 분자 cancel이 불가능 하지

만 $\displaystyle\lim_{x\to 1}\dfrac{(x-1)(x+1)}{x-1}$ 의 경우에는 x가 진짜 1이 아니고 1 근처에 있는 값 이므로 실제로 분모가

0이 되지 않고 0 근처의 값이 되므로 cancel이 가능하다.

그러므로, $\displaystyle\lim_{x\to 1}\dfrac{(x-1)(x+1)}{x-1}=\lim_{x\to 1}(x+1)=2$ ← (사실은 진짜 2가 아니라 $2.000\cdots 1$ 이거나

$1.999\cdots$ 이다.)

다음의 예를 보자.

① $\displaystyle\lim_{x\to 1}(x+1)=2$

② $\displaystyle\lim_{x\to 2}\dfrac{x^2-4}{x-2}=\lim_{x\to 2}\dfrac{(x+2)(x-2)}{(x-2)}=\lim_{x\to 2}(x+2)=4$

③ $\displaystyle\lim_{x\to 0}\dfrac{1-\sqrt{1-x}}{x}=\lim_{x\to 0}\dfrac{(1-\sqrt{1-x})(1+\sqrt{1-x})}{x(1+\sqrt{1-x})}=\lim_{x\to 0}\dfrac{1-1+x}{x(1+\sqrt{1-x})}=\lim_{x\to 0}\dfrac{x}{x(1+\sqrt{1-x})}=\lim_{x\to 0}\dfrac{1}{1+\sqrt{1-x}}=\dfrac{1}{2}$

$\left(\textbf{EX 3}\right)$ If $f(x)=\begin{cases}\dfrac{x^2-4}{x-2} & ,\ If\ x\neq 2 \\ a & ,\ If\ x=2\end{cases}$ and if $f(x)$ is continuous at $x=2$, find a.

Solution

$x=2$에서 연속이라고 하였으므로 $x=2$에서 세 점($\displaystyle\lim_{x\to a^-}f(x)$, $f(x)$, $\displaystyle\lim_{x\to a^+}f(x)$)이 딱 밀착되어

한점으로 보이기 때문에 "$\displaystyle\lim_{x\to 2^-}f(x)=f(2)=\lim_{x\to 2^+}f(x)$". $x\neq 2$의 의미는 $\displaystyle\lim_{x\to 2}$이고, $x\neq 2$ 일 때

$\dfrac{x^2-4}{x-2}$의 의미는 $\displaystyle\lim_{x\to 2^+}\dfrac{x^2-4}{x-2}$. 즉, $\displaystyle\lim_{x\to 2^+}\dfrac{x-4}{x-2}=\lim_{x\to 2^-}\dfrac{x-4}{x-2}=f(x)=a$

연속이면 limit값은 하나로 대답이 가능!

$\Rightarrow\displaystyle\lim_{x\to 2}\dfrac{(x-2)(x+2)}{(x-2)}=f(x)=a$ 이므로 $\displaystyle\lim_{x\to 2}(x+2)=a$에서 $a=4$

정답　　　$a=4$

많은 학생들에게 "$f(x) = \dfrac{x^2 - 4}{x - 2}\,(x \neq 2)$ 이 왜 $\displaystyle\lim_{x \to 2}\dfrac{x^2 - 4}{x - 2}$ 인가요?" 라는 질문을 받았다.

그 이유는 다음과 같다.

Shim's Tip!

"If $f(x) = \begin{cases} \dfrac{x^2 - 4}{x - 2} & \text{if } x \neq 2 \\ a & \text{if } x = 2 \end{cases}$ and if $f(x)$ is continuous at $x = 2$, find a"

에서 " $f(x) = \begin{cases} \dfrac{x^2 - 4}{x - 2} & \text{if } x \neq 2 \\ a & \text{if } x = 2 \end{cases}$ " 의 의미를 그림으로 표현해보자.

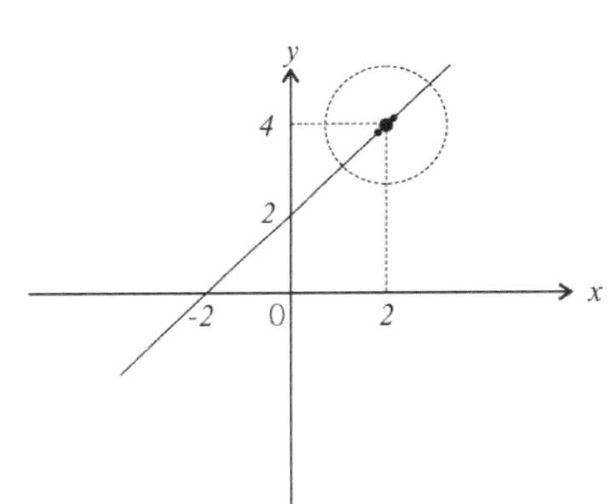

$\Rightarrow$

$x \neq 2$일 때의 식

다시 말해, $\displaystyle\lim_{x \to 2}\dfrac{x^2 - 4}{x - 2}$

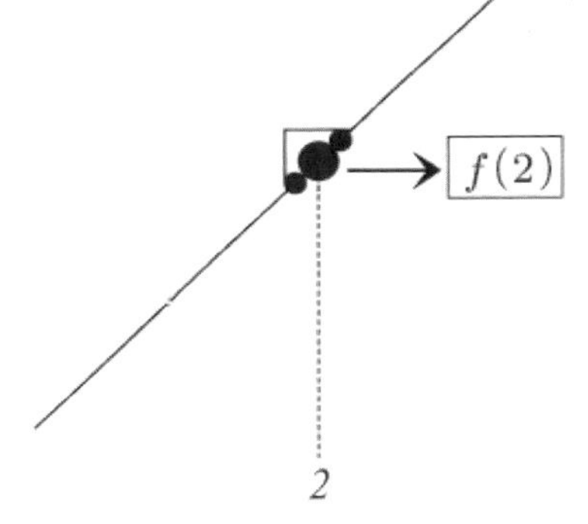

즉 $f(x) = \dfrac{x^2 - 4}{x - 2}\,(x \neq 2)$이 $\displaystyle\lim_{x \to 2}\dfrac{x^2 - 4}{x - 2}$인 것이고

$x \neq 2$에서 연속 (Continuous)하므로 "$\displaystyle\lim_{x \to 2}\dfrac{x^2 - 4}{x - 2} = f(x)$ " 인 것이다.

Ⅱ. $\dfrac{c}{0}$ 모양 $(c \neq 0)$

분모(Denominator)는 0이 되고 분자(Numerator)는 0이 아닌 경우에는
Left hand limit와 Right hand limit로 나누어 계산해 본다.

다음의 예제를 보자.

(EX 4) $\lim\limits_{x \to 2} \dfrac{x}{x-2}$ is

ⓐ Nonexistent　　　ⓑ 0　　　ⓒ 1　　　ⓓ 2

Solution

x 대신 2를 대입하였는데 $\dfrac{2}{0}$ 모양이 된다.

그러므로 Left hand limit와 Right hand limit로 나누어 계산해 본다.

- Left hand limit : $\lim\limits_{x \to 2^-} \dfrac{x}{x-2} = \dfrac{2}{-0.000\cdots 1} = -\infty$

- Right hand limit : $\lim\limits_{x \to 2^+} \dfrac{x}{x-2} = \dfrac{2}{0.000\cdots 1} = \infty$

그러므로, Nonexistent

정답　　ⓐ

05. KINDS OF DISCONTINUITY

불연속(Discontinuous)의 종류에는 다음과 같이 세 가지가 있다.

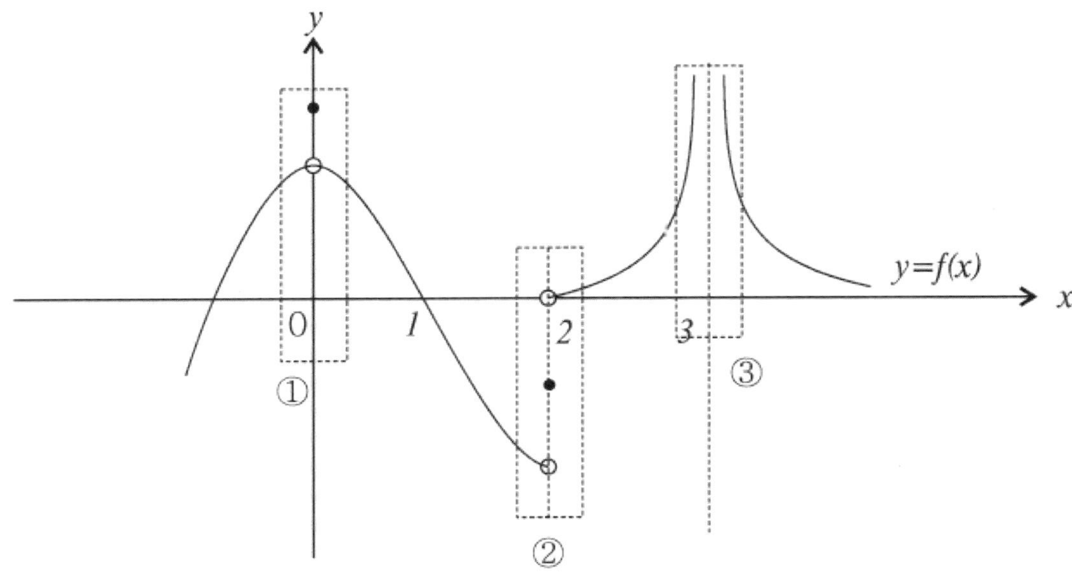

⇒ ① **Removable Discontinuity(Limit exist)**
: "Limit 값은 존재하지만 limit 값과 function 값이 다를 때…"
즉, $\lim_{x \to 0^+} f(x) = \lim_{x \to 0^-} f(x) \neq f(0)$
(※ $\lim_{x \to a} f(x)$ Exist 할 때)

② **Jump Discontinuity (Limit does not exist)**
: "Left hand limit와 Right hand limit가 서로 다를 때 …"
즉, $\lim_{x \to 0^+} f(x) \neq \lim_{x \to 0^-} f(x) \neq f(0)$
(※ $\lim_{x \to a} f(x)$ Does Not Exist 일 때)

③ **Infinite Discontinuity**
: Vertical Asymptote

뒤의 Differentiation 단원에서 설명하겠지만 여기에서 잠깐 Differentiability에 대해 설명 하고자 한다.

Differentiability?

Left hand limit와 function과의 slope와 Right hand limit와 function과의 slope가 거의 비슷해서 두 개의 직선이 하나의 직선처럼 느껴질 때를 Differentiable 라고 한다.

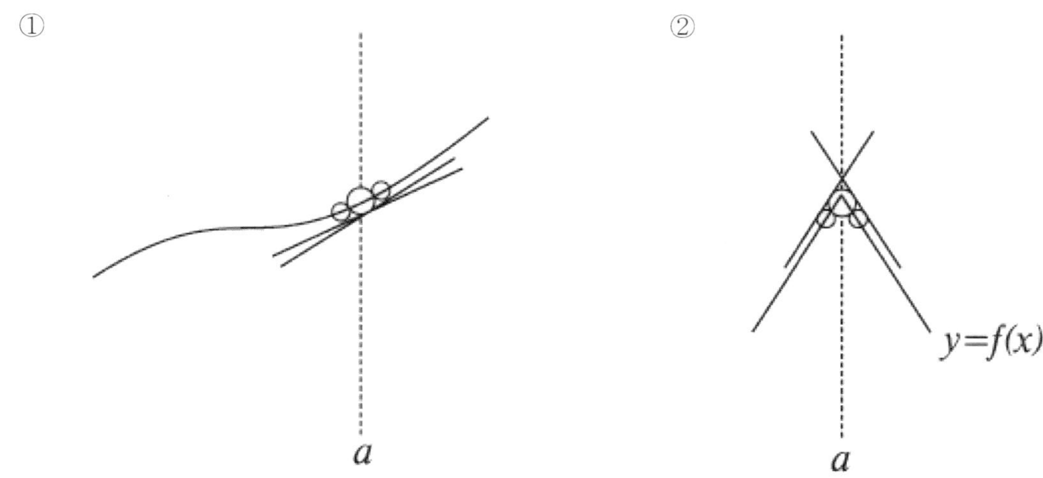

위의 그림에서 ①의 경우 Left hand limit와 function과의 slope가 Right hand limit와 function과의 slope와 거의 비슷하다.

⇒ Differentiable!

②의 경우 Left hand limit와 function과의 slope가 Right hand limit와 function과의 slope와 다르다.

⇒ Not Differentiable!

$\left(\textbf{EX 5}\right)$ Evaluate the following limits.

1. $\displaystyle\lim_{x\to\infty}\frac{3^{x+1}-1}{3^x+1}$

2. $\displaystyle\lim_{x\to-\infty}\frac{3^{x+1}+1}{3^{-x}+1}$

3. $\displaystyle\lim_{x\to\infty}\frac{10x^3+3}{5x^3+2x-1}$

4. $\displaystyle\lim_{x\to\infty}\frac{3^{-x}+1}{3^x+1}$

5. $\displaystyle\lim_{x\to2}\frac{x+2}{x^2-4}$

6. $\displaystyle\lim_{\theta\to0}\frac{\sin4\theta}{2\theta\cos\theta}$

7. $\displaystyle\lim_{x\to3}\frac{x^2-9}{x+5}$

Solution

1. $\dfrac{\infty}{\infty}$ 모양이므로 계산 필요!

$$\lim_{x \to \infty} \frac{3^x \times 3^{-1}}{3^x + 1} \Rightarrow \lim_{x \to \infty} \frac{3 - \dfrac{1}{3^x}}{1 + \dfrac{1}{3^x}} \Rightarrow \lim_{x \to \infty} 3 = 3$$

2. $\dfrac{\infty}{\infty}$ 모양이 아니므로 x 대신 $-\infty$ 대입

$$\lim_{x \to -\infty} \frac{3 \times 3^x + 1}{3^{-x} + 1} \Rightarrow \frac{3 \cdot 3^{-\infty} + 1}{3^{\infty} + 1} = \frac{0 + 1}{\infty + 1} = 0$$

3. $\dfrac{\infty}{\infty}$ 모양이므로 계산 필요!

$$\lim_{x \to \infty} \frac{10x^3 + 3}{5x^3 + 2x - 1} = 2$$

4. $\dfrac{\infty}{\infty}$ 모양이 아니므로 x 대신 ∞ 대입

$$\lim_{x \to \infty} \frac{3^{-x} + 1}{3^x + 1} \Rightarrow \frac{3^{-\infty} + 1}{3^{\infty} + 1} = \frac{0 + 1}{\infty + 1} = 0$$

5. Left Hand Limit과 Right Hand Limit으로 나누어 계산

$$\lim_{x \to 2-} \frac{x + 2}{x^2 - 4} = \frac{3.999\ldots}{-0.00\ldots 1} = -\infty$$

$$\lim_{x \to 2+} \frac{x + 2}{x^2 - 4} = \frac{4.000\ldots}{0.00\ldots 1} = \infty$$

즉, $\displaystyle\lim_{x \to 2-} \frac{x + 2}{x^2 - 4} \neq \lim_{x \to 2+} \frac{x + 2}{x^2 - 4}$ 이므로 Nonexistent.

Solution

6. $\dfrac{0}{0}$ 모양이므로 계산 필요!

$\cos 0 = 1$ 이므로 $\displaystyle\lim_{x \to 0} \dfrac{\sin 4\theta}{2\theta} = \dfrac{4}{2} = 2$

(※ 이 문제의 경우 뒤에 설명할 내용인데 미리 제시해 보았다. $\dfrac{0}{0}$ 모양은 계산법이 존재한다는 것을 알려주고 싶어서 제시하였으니 스트레스 받지 말도록 하자! 어차피 뒤에서 배우면 쉽게 해결되는 내용이니까^^m)

7. Left Hand Limit과 Right Hand Limit으로 나누어 계산

$\displaystyle\lim_{x \to 3+} \dfrac{x^2 - 9}{x + 5} = \dfrac{0.000\ldots 1}{8.00\ldots 1} = 0$, $\displaystyle\lim_{x \to 3-} \dfrac{x^2 - 9}{x + 5} = \dfrac{-0.000\cdots 1}{7.999\cdots} = 0$

그러므로 $\displaystyle\lim_{x \to 3} \dfrac{x^2 - 9}{x + 5} = 0$

정답   1) 3   2) 0   3) 2   4) 0   5) Nonexistent   6) 2   7) 0

다음의 예제를 들어보자.

EX 6 Determine ○ or ×.

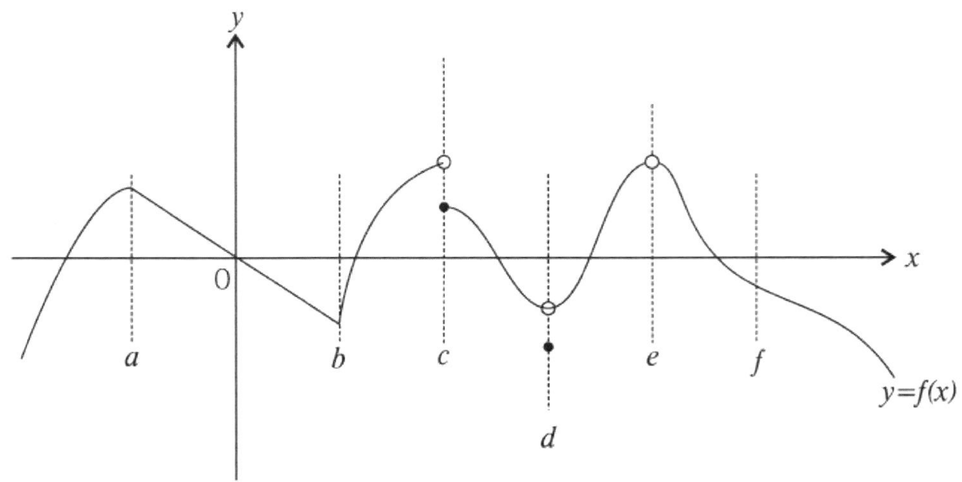

	a	b	c	d	e	f
Continuous						
Does $\displaystyle \lim_{x \to a} f(x)$ exist?						
Does $f(\alpha)$ exist?						
Differentiable						

Solution

	a	b	c	d	e	f
Continuous	○	○	×	×	×	○
Does $\displaystyle \lim_{x \to a} f(x)$ exist?	○	○	×	○	○	○
Does $f(\alpha)$ exist?	○	○	○	○	×	○
Differentiable	×	×	×	×	×	○

앞의 문제를 통해서 다음과 같이 정리하고자 한다. 필자가 평소 수업시간에 학생들에게 필기 시키는 내용이다. 많은 학생들이 다음의 내용을 많이 헷갈려하고 있다. 반드시 알아 두도록 하자!

Shim's Tip!

1. Continuity의 점 $(a,\ b,\ f)(\lim_{x \to a} f(x) = f(a))$

$\Rightarrow$ Limit exist $\Rightarrow$ Function exist
$\Rightarrow$ Differentiability 여부는 알 수 없다.

2. Limit exist인 점 $(a,\ b,\ d,\ e,\ f)$
$(\lim_{x \to a} f(x) = c,\ c = f(a)\ \text{or}\ c \neq f(a))$

$\Rightarrow$ Continuity. Function exist
$\Rightarrow$ Differentiability를 확신할 수 없다.

3. Differentiability (f)
$\Rightarrow$ Continuity $\Rightarrow$ Limit exist $\Rightarrow$ Function exist

---

$$\lim_{x\to a} f(x)$$

Problem 1 Find the limits.

(1) $\displaystyle\lim_{x\to 10}\log x$

(2) $\displaystyle\lim_{x\to 2}\frac{x^2-3x+2}{x-2}$

(3) $\displaystyle\lim_{x\to 0^+}\ln x$

(4) $\displaystyle\lim_{x\to 1}\frac{\sqrt{x}-1}{x-1}$

(5) $\displaystyle\lim_{x\to 2}\frac{\sqrt{2x+1}-\sqrt{x+3}}{x-2}$

Solution

(1) $\log 10 = 1$

(2) $\displaystyle\lim_{x\to 2}\frac{(x-1)(x-2)}{x-2}=1$

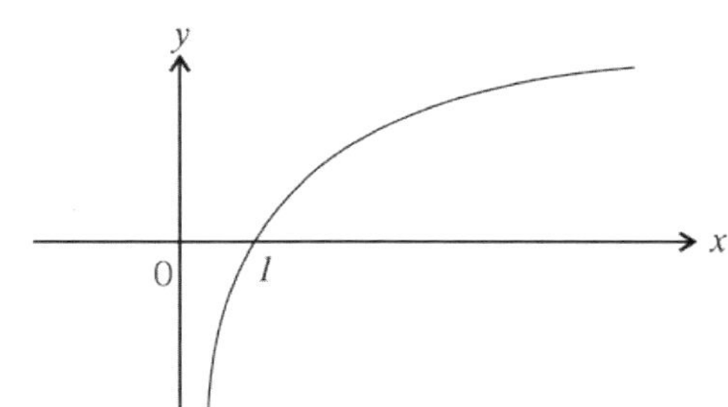

(3) $\Rightarrow \displaystyle\lim_{x\to 0^+}\ln x=-\infty$

(4) $\displaystyle\lim_{x\to 1}\frac{(\sqrt{x}-1)(\sqrt{x}+1)}{(x-1)(\sqrt{x}+1)}=\lim_{x\to 1}\frac{x-1}{(x-1)(\sqrt{x}+1)}=\frac{1}{2}$

(5)
$$\lim_{x\to 1}\frac{(\sqrt{2x+1}-\sqrt{x+3})(\sqrt{2x+1}+\sqrt{x+3})}{(x-2)(\sqrt{2x+1}+\sqrt{x+3})}=\lim_{x\to 2}\frac{x-2}{(x-2)(\sqrt{2x+1}+\sqrt{x+3})}=\frac{1}{2\sqrt{5}}=\frac{\sqrt{5}}{10}$$

정답　(1) 1　　(2) 1　　(3) $-\infty$　　(4) $\dfrac{1}{2}$　　(5) $\dfrac{\sqrt{5}}{10}$

Problem 2

(1) If $f(x) = \begin{cases} x^2+1 & \text{for } x \leq 1 \\ e^x & \text{for } x > 1 \end{cases}$, then $\lim\limits_{x \to 1} f(x)$ is

ⓐ Nonexistent   ⓑ 2   ⓒ e ⓓ e^2

(2) If $f(x) = \begin{cases} \dfrac{x^2-4x+3}{x-1} & (x \neq 1) \\ k & (x = 1) \end{cases}$, and f is contiruous at $x=1$, then k=

ⓐ -2   ⓑ -1   ⓒ 0   ⓓ 1

Solution

(1) Left hand limit : $\lim\limits_{x \to 1^-} (x^2+1) = 2$

Right hand limit : $\lim\limits_{x \to 1^+} e^x = e$

$\lim\limits_{x \to 1^-} f(x) \neq \lim\limits_{x \to 1^+} f(x)$ 이므로 Nonexistent.

(2) $x=1$에서 연속(Continuous)이므로 $\lim\limits_{x \to 1} \dfrac{(x-1)(x-3)}{(x-1)} = k$ 에서 $-2 = k$

정답   (1) ⓐ   (2) ⓐ

Problem 3

If $\lim\limits_{x\to 2} f(x) = 3$, which of the following must be true?

Ⅰ. $\lim\limits_{x\to 2^-} f(x) = \lim\limits_{x\to 2^+} f(x)$.

Ⅱ. f is continuous at $x = 2$.

Ⅲ. f is differentiable at $x = 2$.

Ⅳ. $f(2) = 3$.

ⓐ Ⅰ only   ⓑ Ⅰ and Ⅱ   ⓒ Ⅰ, Ⅱ, and Ⅲ   ⓓ Ⅰ, Ⅲ, and Ⅳ

Solution

$\lim\limits_{x\to 2} f(x) = 3$은 $\lim\limits_{x\to 2} f(x)$가 존재 하는 것을 의미한다. 즉, $\lim\limits_{x\to 2^-} f(x) = \lim\limits_{x\to 2^+} f(x) = 3$

$\lim\limits_{x\to 2} f(x)$가 존재한다고 해서 $x = 2$에서 반드시 연속(Continuous)이거나 미분가능(Differentiable)

또는 $f(2) = 3$인 것은 아니다. 그러므로, 정답은 ⓐ

※ $\lim\limits_{x\to 2} f(x) = f(x)$는 $x = 2$에서 연속 (Continuous)을 의미하며 이 경우 $\lim\limits_{x\to 2} f(x)$도 존재한다.

정답   ⓐ

Problem 4

(1) $\lim\limits_{x \to 3} \dfrac{1}{2x - 6}$ is

ⓐ 1   ⓑ 2   ⓒ 3   ⓓ Nonexistent

(2) $\lim\limits_{x \to 2} [x]$ is ($[x]$ is the greatest integer less than or equal to x)

ⓐ 1   ⓑ 2   ⓒ 3   ⓓ Nonexistent

Solution

(1) $\dfrac{c}{0}$꼴 이므로 Left hand limit와 Right hand limit로 나누어 계산해본다.

$$\lim_{x \to 3^-} \frac{1}{2x-6} = \frac{1}{-0.000 \cdots 1} = -\infty$$

$$\lim_{x \to 3^+} \frac{1}{2x-6} = \frac{1}{0.000 \cdots 1} = \infty \qquad 그러므로,\ Nonexistent$$

(2) Left hand limit와 Right hand limit로 나누어 계산해 본다.

$$\lim_{x \to 2^-} [x] = 1$$

$$\lim_{x \to 2^+} [x] = 2 \qquad 그러므로,\ Nonexistent$$

정답   (1) ⓓ   (2) ⓓ

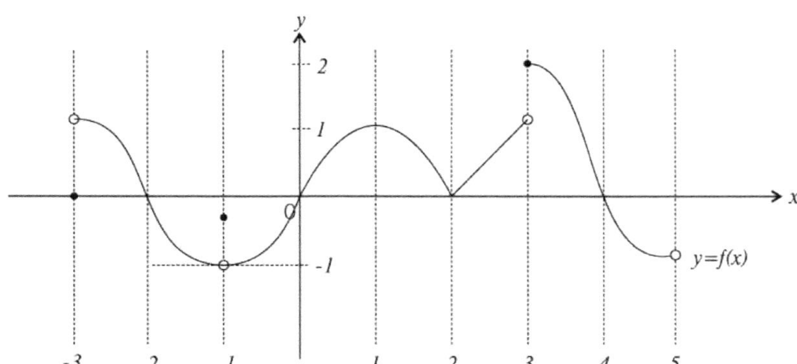

Problem 5   In the graph above, find the following limits.

(1) $\displaystyle\lim_{x \to -3+0} f(x)$ (2) $\displaystyle\lim_{x \to -1} f(x)$ (3) $\displaystyle\lim_{x \to 1} f(x)$

(4) $\displaystyle\lim_{x \to 2} f(x)$ (5) $\displaystyle\lim_{x \to 3} f(x)$ (6) $\displaystyle\lim_{x \to 4} f(x)$

Solution

(1) $\displaystyle\lim_{x \to -3+0} f(x) = 1$

(2) $\displaystyle\lim_{x \to -1} f(x) = -1$

(3) $\displaystyle\lim_{x \to 1} f(x) = 1$

(4) $\displaystyle\lim_{x \to 2} f(x) = 0$

(5) $\displaystyle\lim_{x \to 3} f(x) =$ Does Not Exist (DNE)

(6) $\displaystyle\lim_{x \to 4} f(x) = 0$

정답   (1) 1   (2) −1   (3) 1   (4) 0   (5) DNE   (6) 0

Problem 6

(1) The function $f(x)\begin{cases} e^x & (x \leq 1) \\ \ln x & (x > 1) \end{cases}$

  ⓐ is continuous everywhere.   ⓑ is differentiable at $x = 1$.

  ⓒ is continuous but not differentiable at $x = 1$.   ⓓ has a jump discontinuity at $x = 1$.

(2) The function $f(x)\begin{cases} \dfrac{x^2 - 8x + 15}{x - 3} & (x \neq 3) \\ 2 & (x = 3) \end{cases}$

  ⓐ is continuous everywhere.   ⓑ is differentiable at $x = 3$.

  ⓒ is continuous but not differentiable at $x = 1$.   ⓓ has a removable discontinuity at $x = 3$.

Solution

(1) $f(1) = e$, $\lim\limits_{x \to 1^-} f(x) = e$ 이고 $\lim\limits_{x \to 1^+} f(x) = 0$

이므로 $\lim\limits_{x \to 1^-} f(x) \neq \lim\limits_{x \to 1^+} f(x)$

그러므로, $x = 1$에서 Jump discontinuity

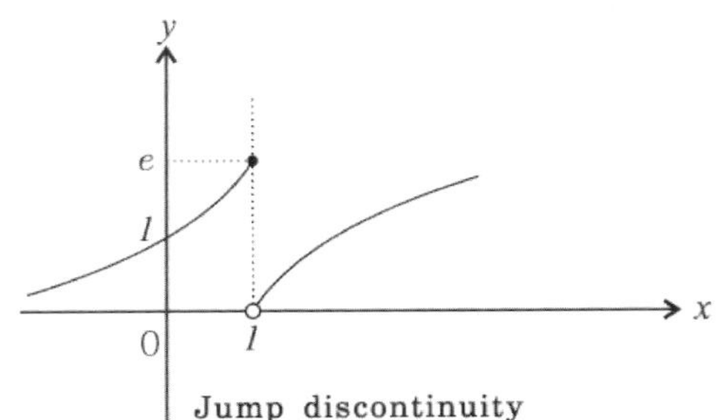

(2) $\lim\limits_{x \to 3} \dfrac{(x-3)(x-5)}{x-3} = -2$ 이고 $f(3) = 2$이므로

$\lim\limits_{x \to 3} f(x) \neq f(3)$이므로 $x = 3$에서

Removable discontinuity

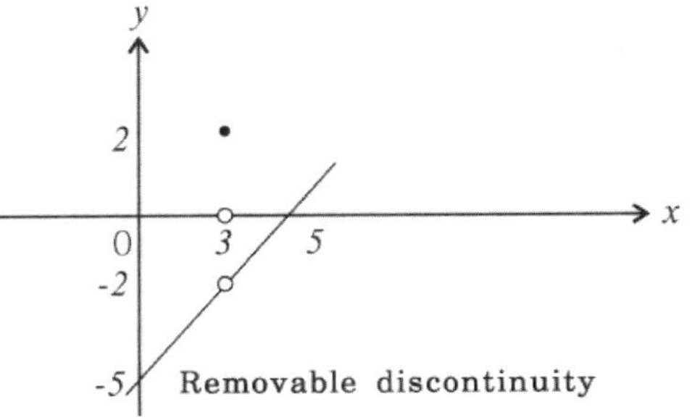

정답   (1) ⓓ   (2) ⓓ

<AP CALCULUS AB&BC>

심선생의 주절주절 잔소리 1

필자는 학원 현장에서 여러 학부모님들과 학생들을 만나게 된다. 그 중 면담을 하다보면 답답한 경우가 여러 가지가 있는데 여기에서 그 일화를 소개하고자 한다.

한국에서 고교 수학과정을 거의 선행한 학생으로서 수학을 잘하는데 미국의 학교로 가는 학생들의 경우 큰 착각에 빠지는 경우가 많다. 9학년으로 입학을 하게 되는 경우 학교 과정을 무시하고 바로 AP Calculus BC반으로 들어가겠다고 우기는 경우가 그 대표적이다. 이런 경우 대부분의 학교에서는 Algebra2부터 들으라고 권유를 하지만 이를 뿌리치고 끝까지 우기거나 시험을 봐서 바로 AP반으로 들어가려 한다. 과연 이게 옳은 방법일까?

미국으로 공부를 하러 갔으면 미국스타일에 맞추어야 한다. 뿐만 아니라 필자가 알고 있는 지식으로는 Precalculus를 공부하지 않은 학생을 좋아할 대학은 없다. 사실 AP Calculus는 대학에서 배울 내용을 미리 숙달해서 가는 과정이고 Algebra2나 Precalculus는 미국 중교고 전체를 공부하는 과정이라 해도 될 만큼 중요한 과목이다. 미국 내에서 치러지는 대부분의 SAT시험이나 경시시험도 Precalculus까지가 범위이다. 심지어 유명한 Math Camp도 Precalculus과정을 중요시 한다. 그러므로, Algebra2나 Precalculus를 건너뛰는 행동은 대학 진로에 있어서 마이너스 요인이 된다.

9학년이 11학년 12학년들이 공부하는 AP반에 들어가면 좀 폼이 날수는 있지만 졸업 때까지 듣는 수학 과목에 문제가 생기게 된다. 또한 그렇다고 이렇게 공부한 학생들이 수학을 잘한다고 할 수도 없다. 학교 과정을 빨리 들으면 본인이 굉장히 남들보다 우수하다고 착각을 해서는 안 된다. 우연일지는 모르겠으나 필자가 지도하였던 학생들 중 9학년 때 AP Calculus를 공부했던 학생 치고서는 본인이 원했던 명문대학 진학에 실패한 경우가 많았다. 아무리 SAT성적이 좋고 AP성적이 좋다고 하여도 좋은 대학을 간다는 보장이 없는 것이 미국 대학이다. 항상 겸손한 마음가짐으로 학교생활을 하여야 하며 교사들의 조언을 절대로 거절하는 일이 있어서는 안 된다. 조금 답답하더라도 학교의 조언대로 교육을 받되 본인의 능력은 다른 시험이나 대회에서 펼쳐 보이면 되는 것이다. 즉, 학교에서 빠른 교과과정은 본인에게는 만족스러울 수 있으나 자칫하다가는 큰 독이 될 수 있다는 사실을 명심하자.

03. Limit of Transcendental Function

이번 단원에서는 여러 공식이 등장하게 되는데 이 공식들을 모두 암기하는 것이 중요하다.
앞장과는 달리 여기에서는 공식을 암기한 후 주어진 문제를 암기한 공식 형태로 맞추어 푸는 연습이 필요하다.

공식들이 어디서 나왔는지 증명은 하겠지만 증명보다 암기가 중요하다.

다음을 보자.

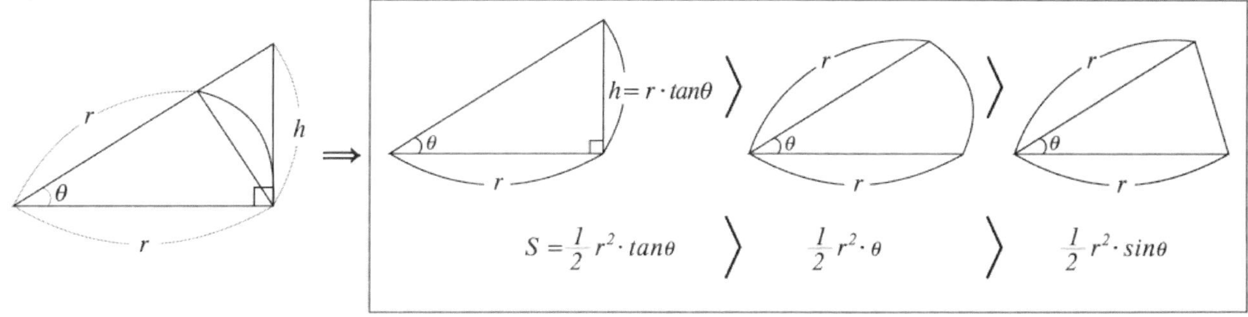

⇒여기에서 $\dfrac{1}{2}r^2$을 약분(Cancel)하면 $\tan\theta > \theta > \sin\theta$ $-①$

①의 양변을 $\tan\theta$로 나누면 $1 > \dfrac{\theta}{\tan\theta} > \cos\theta$ $-②$

②의 양변에 $\displaystyle\lim_{\theta\to 0}$을 붙이면 $\displaystyle\lim_{\theta\to 0}1 > \lim_{\theta\to 0}\dfrac{\theta}{\tan\theta} > \lim_{\theta\to 0}\cos\theta(=1)$ 이므로 $\displaystyle\lim_{\theta\to 0}\dfrac{\theta}{\tan\theta}=1$ 이고 $\displaystyle\lim_{\theta\to 0}\dfrac{\tan\theta}{\theta}=1$ 이

된다. 이번에는 ①의 양변에 $\sin\theta$로 나누면 $\dfrac{1}{\cos\theta}=\dfrac{\tan\theta}{\sin\theta} > \dfrac{\theta}{\sin\theta} > 1$ $-③$

③의 양변에 $\displaystyle\lim_{\theta\to 0}$을 붙이면 $(1.000\cdots=)\displaystyle\lim_{\theta\to 0}\dfrac{1}{\cos\theta} > \lim_{\theta\to 0}\dfrac{\theta}{\sin\theta} > \lim_{\theta\to 0}(=1)$ 이므로

$\displaystyle\lim_{\theta\to 0}\dfrac{\theta}{\sin\theta}=1$ 이고 $\displaystyle\lim_{\theta\to 0}\dfrac{\sin\theta}{\theta}=1$이 된다.

읽어보자!

수업을 진행하다보면 이런 질문들을 자주 받게 된다.

"1이 1 보다 큰가요? 1<1<1이 성립하나요?"
물론 대답은 "No" 이지만 limit의 값인 경우에는 상황이 달라진다.

위의 ③번에 $\lim\limits_{\theta \to 0}$을 붙이면 $(1.000\cdots =)\lim\limits_{\theta \to 0}\dfrac{1}{\cos\theta} > \lim\limits_{\theta \to 0}\dfrac{\theta}{\sin\theta} > \lim\limits_{\theta \to 0}(=1)$ 사실 $\lim\limits_{\theta \to 0}\dfrac{\theta}{\sin\theta}$ 는 1 보다

약간 큰 수이고 $\lim\limits_{\theta \to 0}\dfrac{1}{\cos\theta}$ 은 1보다 약간 더 크면서 $\lim\limits_{\theta \to 0}\dfrac{\theta}{\sin\theta}$ 보다도 약간 더 큰 수이다.

1과 눈에 보일 만큼 차이가 나지 않기 때문에 그냥 1이라고 하는 것이다.

지금 까지 증명된 공식은 $\lim\limits_{\theta \to 0}\dfrac{\theta}{\sin\theta}=1$, $\lim\limits_{\theta \to 0}\dfrac{\sin\theta}{\theta}=1$, $\lim\limits_{\theta \to 0}\dfrac{\tan\theta}{\theta}=1$, $\lim\limits_{\theta \to 0}\dfrac{\theta}{\tan\theta}=1$ 이고
이들을 활용하여 몇 가지 예를 살펴보면,

① $\lim\limits_{x \to 0}\dfrac{\sin x}{2x}=\lim\limits_{x \to 0}\left(\dfrac{\sin x}{x}\times \dfrac{1}{2}\right)=1\times \dfrac{1}{2}=\dfrac{1}{2}$

② $\lim\limits_{x \to 0}\dfrac{\sin 5x}{\tan 3x}=\lim\limits_{x \to 0}\left(\dfrac{3x}{\tan 3x}\times \dfrac{\sin 5x}{5x}\times \dfrac{5}{3}\right)=1\times 1\times \dfrac{5}{3}=\dfrac{5}{3}$

③ $\lim\limits_{x \to 0}\dfrac{\sin 5x}{\sin 2x \cdot \cos 3x}=\lim\limits_{x \to 0}\left(\dfrac{2x}{\sin 2x}\times \dfrac{\sin 5x}{5x}\times \dfrac{5}{2}\times \dfrac{1}{\cos 3x}\right)=1\times 1\times \dfrac{5}{2}\times 1=\dfrac{5}{2}$

(※ $\cos 0 = 1$이므로 $\cos 3x$같은 것은 신경 쓰지 말자.)

위의 ①, ②, ③의 예를 통하여 다음과 같이 암기하자!

반드시 암기하자!

$a \neq 0$일 때...

- $\lim\limits_{x \to 0} \dfrac{\sin bx}{ax} = \dfrac{b}{a}$
- $\lim\limits_{x \to 0} \dfrac{bx}{\sin ax} = \dfrac{b}{a}$
- $\lim\limits_{x \to 0} \dfrac{\tan bx}{ax} = \dfrac{b}{a}$

- $\lim\limits_{x \to 0} \dfrac{bx}{\tan ax} = \dfrac{b}{a}$
- $\lim\limits_{x \to 0} \dfrac{\sin bx}{\sin ax} = \dfrac{b}{a}$
- $\lim\limits_{x \to 0} \dfrac{\tan bx}{\tan ax} = \dfrac{b}{a}$

- $\lim\limits_{x \to 0} \dfrac{\tan bx}{\sin ax} = \dfrac{b}{a}$
- $\lim\limits_{x \to 0} \dfrac{\sin bx}{\tan ax} = \dfrac{b}{a}$
- $\lim\limits_{x \to 0} \dfrac{\tan bx \cdot \cos bx}{\sin ax} = \dfrac{b}{a}$

- $\lim\limits_{x \to 0} \dfrac{\tan bx}{\sin ax \cdot \cos bx} = \dfrac{b}{a}$

⇒ 여기서 알아두어야 할 것은 x가 0으로 다가가는 것이지 x가 ∞ or 어떤 0이 아닌 수로 다가가는 것이 아니다. 예를 들어, $\lim\limits_{x \to 0} \dfrac{\sin x}{x} = 1$ 인 것이지 $\lim\limits_{x \to a} \dfrac{\sin x}{x} = 1$ 이거나 $\lim\limits_{x \to \infty} \dfrac{\sin x}{x} = 1$ 은 아닌 것이다.

다음 공식도 알아두자.

반드시 알아두자!

$$\lim_{x \to 0}(1+x)^{\frac{1}{x}} = e \,, \quad \lim_{x \to \infty}\left(1+\frac{1}{x}\right)^{x} = e$$

$$\lim_{x \to 0}\frac{e^{x}-1}{x} = 1 \,, \quad \lim_{x \to 0}\frac{\ln(1+x)}{x} = 1$$

Problem 1   Find the limits.

(1) $\displaystyle\lim_{x\to 0}\frac{\sin x\cos x}{5x}$

(2) $\displaystyle\lim_{x\to 0}\frac{\tan 5x}{\sin 2x}$

(3) $\displaystyle\lim_{x\to\infty}\left(x\tan\frac{1}{x}\right)$

(4) $\displaystyle\lim_{x\to 0}\frac{\sin^2 9x}{\sec^2 3x-1}$

(5) $\displaystyle\lim_{x\to 0}(1+5x)^{\frac{1}{x}}$

(6) $\displaystyle\lim_{x\to 0}\frac{\sin(\tan 5x)}{x}$

Solution

(1) $\cos 0=1$ 이므로 $\displaystyle\lim_{x\to 0}\frac{\sin 5x}{5x}=\frac{1}{5}$

(2) $\displaystyle\lim_{x\to 0}\frac{\tan 5x}{\sin 2x}=\frac{5}{2}$

(3) $\dfrac{1}{x}=k$ 라고 하면, $x\to\infty$, $k\to 0$ 이므로 $\displaystyle\lim_{k\to 0}\frac{\tan k}{k}=1$

(4) $1-\sec^2 3x=\tan^2 3x$ 이므로 $\displaystyle\lim_{x\to 0}\frac{\sin 9x}{\tan 3x}\cdot\frac{\sin 9x}{\tan 3x}=3^2=9$

(5) $\displaystyle\lim_{x\to 0}\left\{(1+5x)^{\frac{1}{5x}}\right\}^5=e^5$

(6) $\displaystyle\lim_{x\to 0}\frac{\sin(\tan 5x)}{\tan 5x}\cdot\frac{\tan 5x}{x}=5$

정답   (1) $\dfrac{1}{5}$ (2) $\dfrac{5}{2}$ (3) 1 (4) 9 (5) e^5 (6) 5

04. Asymptotes and Theorems on a Continuous Functions

다음의 그림을 보자.

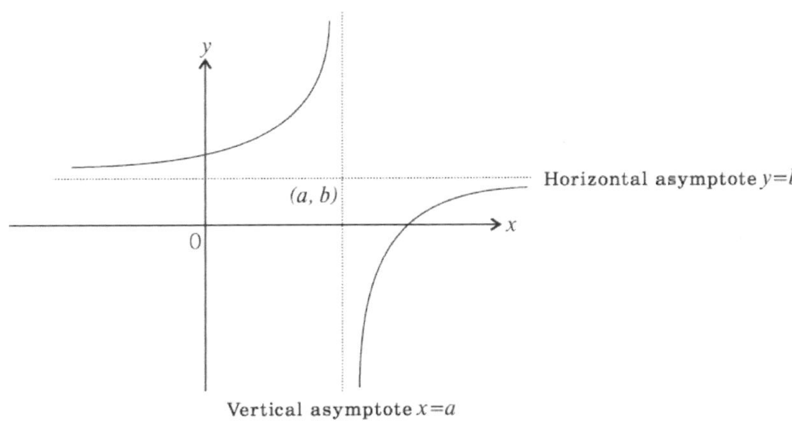

Asymptote 구하기

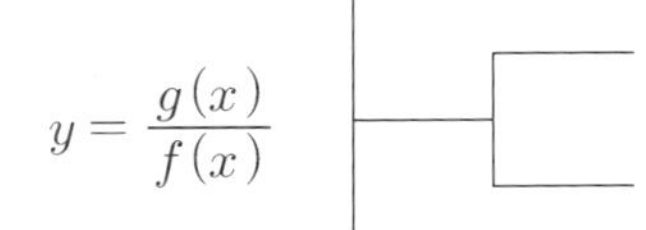

$$y = \frac{g(x)}{f(x)}$$

① Vertical Asymptote $\Rightarrow f(x)$를 0이 되게 하는 x 값, $x=a$

② Horizontal Asymptote $\Rightarrow \displaystyle\lim_{x \to \pm\infty} \frac{g(x)}{f(x)} = b$. 즉, $y=b$

(※단, $g(x)$의 Highest degree>$f(x)$의 Highest degree인 경우에는 Horizontal Asymptote 존재안함.)

EX 1 (1) Find the vertical and horizontal asymptotes of $f(x) = \dfrac{4x+1}{2x-2}$.

(2) Find the horizontal asymptotes of $f(x) = \dfrac{3^{x+1}-2}{3^x+1}$.

Solution

(1) • Vertical asymptote : $2x-2=0$ 에서 $x=1$

• Horizontal asymptote : $\displaystyle\lim_{x \to \infty} \frac{4x+1}{2x-2} = 2$ 에서 $y=2$

(2) $\displaystyle\lim_{x \to \infty} \frac{3 \cdot 3^x - 2}{3^x + 1} = 3$, $\displaystyle\lim_{x \to -\infty} \frac{3 \cdot 3^x - 2}{3^x + 1} = \frac{3 \cdot \dfrac{1}{3^\infty} - 2}{\dfrac{1}{3^\infty} + 1} = -2$

그러므로, horizontal asymptotes는 $y = -2, 3$

정답 (1) $x=1 \,/\, y=2$ (2) $y=-2, 3$

Theorems on Continuous Function

Continuous Function에 관련된 이론은 다음과 같이 크게 두 가지로 나눌 수 있다.

| Theorems on Continuous Function | Ⅰ. The Extreme Value Theorem |
| | Ⅱ. The Intermediate Value Theorem |

이 단원에서는 간략하게 설명하고자 한다. 뒤의 "Differentiation" 단원에서 좀 더 자세히 설명하고자 한다.

Ⅰ. The Extreme Value Theorem (최대, 최소값 정리)

어떤 함수 $y = f(x)$가 주어진 구간 내에서 연속이면 함수 $y = f(x)$는 반드시 주어진 구간 $[a,b]$내에서 최대값, 최소값을 갖는다.

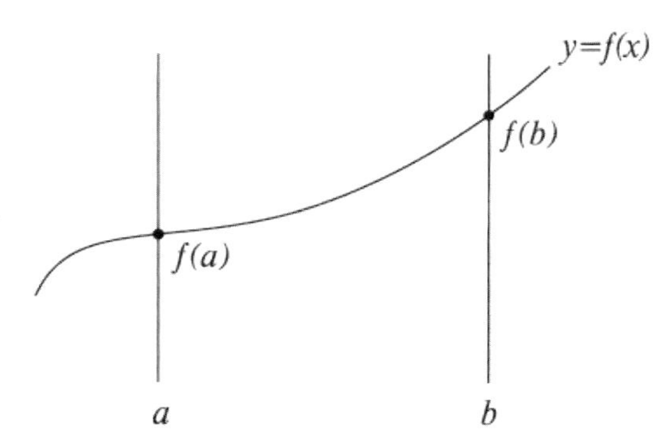

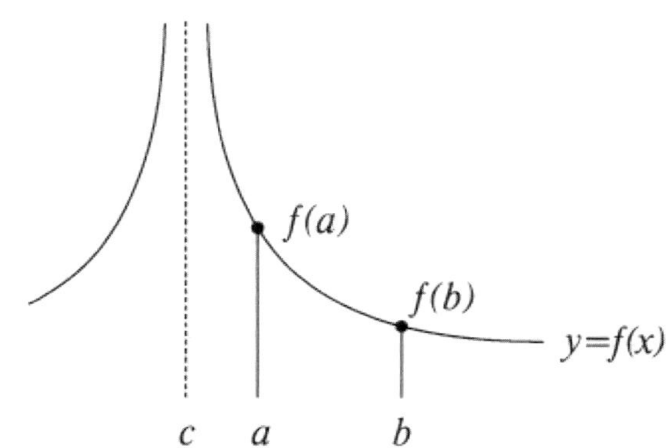

Maximum Value : $f(b)\,(f(b) \geq f(x))$
Minimum Value : $f(a)(f(a) \leq f(x))$

Maximum Value : $f(a)\,(f(a) \geq f(x))$
Minimum Value : $f(b)(f(b) \leq f(x))$

⇒ 함수 $y = f(x)$는 실수 전체에서는 연속이 아니지만 구간 $[a,b]$에서는 연속이다.

Ⅱ. The Intermediate Value Theorem(중간값 정리)

어떤 구간 내에서 연속인 함수가 주어진 구간 내에서 최소한 한 개의 근(Root, Solution)을 갖는지 갖지 않는지를 따지는 이론이다. 여기서 중요한 것은 주어진 함수가 실수 전 구간에서는 연속이 아니더라도 **주어진 구간 내에서는 반드시 연속(Continuity)이어야 한다는 것!**

다음의 두 그림을 비교해 보자.

ⓐ

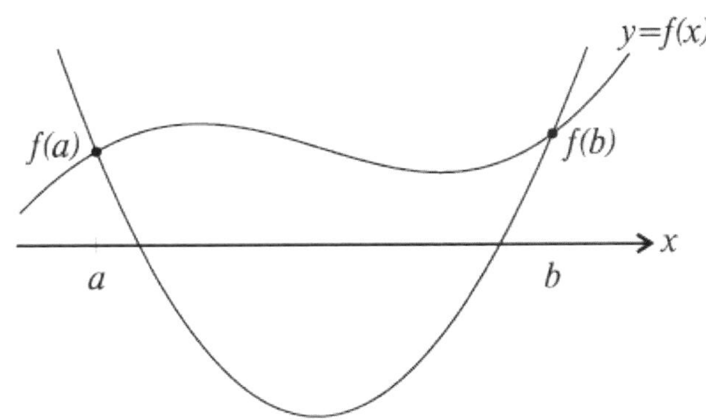

ⓑ

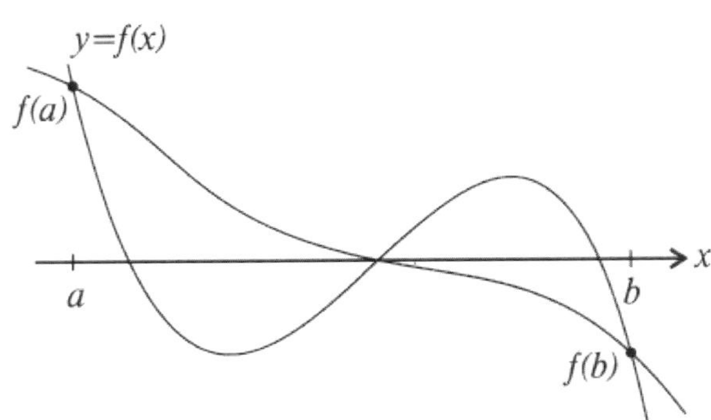

"$y = f(x)$가 구간 $[a,b]$에서 연속일 때 반드시 Root(x축과의 교점)를 가질 수밖에 없는 것은?"
그야 당연히 ⓑ이다. 즉 **구간 $[a,b]$에서 연속인 함수 $y = f(x)$가 반드시 구간 $[a,b]$에서 근을 가질 조건은 $f(a)f(b) < 0$ 일 때이다.** ($f(a)$, $f(b)$의 부호가 다를 때)

Problem 1

Which of the following lines is(are) asymptote(s) of the graph of $f(x) = \dfrac{x^2 - 3x - 2}{x^2 - 4}$?

> I. $y = 1$　　　II. $x = \pm 2$　　　III. $x = -1$　　　IV. $x = -2$ and -1

ⓐ I only　　ⓑ II only　　ⓒ I and II only　　ⓓ II and IV only

Solution

- Vertical Asymptote는 $x^2 - 4 = 0$ 에서 $x = \pm 2$
- Horizontal Asymptote는 $\displaystyle\lim_{x \to \pm\infty} \dfrac{x^2 - 3x - 2}{x^2 - 4}$ 에서 $y = 1$

정답　　ⓒ

Problem 2

(1) For $x \geq 0$, the horizontal line $y = 1$ is an asymptote for the graph of the function f. Which of the following statements must be true?

ⓐ $f(0) = 0$　　ⓑ $\lim_{x \to \infty} f(x) = 1$　　ⓒ $\lim_{x \to 1} f(x) = \infty$　　ⓓ $\lim_{x \to 1} f(x) = 0$

(2) The vertical line $x = 3$ is an asymptote for the graph of the function f. Which of the following must not be true?

ⓐ $f(3) = 2$　　ⓑ $\lim_{x \to \infty} f(x) = 3$　　ⓒ $\lim_{x \to \infty} f(x) = \infty$　　ⓓ $\lim_{x \to 3} f(x) = 0$

Solution

(1) $\lim_{x \to \infty} f(x) = a$ 에서 a는 Horizontal Asymptote이다.

그러므로, $\lim_{x \to \infty} f(x) = 1$ 에서 Horizontal Asymptote는 $y = 1$. 그러므로, 정답은 ⓑ

(2) Vertical Asymptote가 $x = 3$이므로 $\lim_{x \to 3} f(x) = \infty$ or $\lim_{x \to 3} f(x) = -\infty$ ......

문제 조건에는 Vertical Line만 주어졌으므로 Horizontal Asymptote에 대해서는 알 수 없다. 즉, ⓑ, ⓒ 경우에는 알 수 없는 경우이다.

정답　　(1) ⓑ　　(2) ⓓ

Problem 3

If the vertical asymptote does not exist in the expression $\dfrac{5x+20}{x+k}$, what is the value of k?

ⓐ 1   ⓑ 2   ⓒ 3   ⓓ 4

Solution

$k=4$일 때, 분모(Denominator)가 1이 되어 Vertical asymptote가 존재 안한다.

정답　　ⓓ

Problem 4

If $f(x) = x^3 - 3x^2 + 4x - 30$ and $f(x)$ has at least one root in the interval (a,b), which of the following could be (a,b)?

ⓐ $(-2,-1)$　　　　ⓑ $(-1,0)$　　　　ⓒ $(0,1)$　　　　ⓓ $(1,2)$

보기 중 $f(1) = -1$이고 $f(2) = 1$이므로 $f(1)f(2) < 0$. Intermediate Value Theorem에 의해서 보기 중 구간 $(1,2)$에서 적어도 하나의 실근(Real Root)을 갖는다.

정답　　ⓓ

Problem 5

1. Find the horizontal asymptotes of $f(x) = \dfrac{2^{x+2}+6}{x^2+2}$.

2. Find the horizontal asymptotes of $f(x) = \dfrac{2x-1}{\sqrt{x^2+2x}}$.

Solution

1. $\displaystyle\lim_{x\to\infty}\dfrac{2^x\times 2^2+6}{2^x+2} \Rightarrow \lim_{x\to\infty}\dfrac{2^2+\dfrac{6}{2^x}}{1+\dfrac{2}{2^x}} = \dfrac{4+0}{1+0} = 4$

$\displaystyle\lim_{x\to-\infty}\dfrac{2^x\times 2^2+6}{2^x+2} \Rightarrow \dfrac{2^{-\infty}\times 2+6}{2^{-\infty}+2} = \dfrac{0+6}{0+2} = 3$

2. $\displaystyle\lim_{x\to\infty}\dfrac{2x-1}{\sqrt{x^2+2x}} = 2$

$\displaystyle\lim_{x\to-\infty}\dfrac{2x-1}{\sqrt{x^2+2x}} = -2$

정답   1) $y=3$ and $y=4$ 2) $y=-2$ and 2

Differentiation

Differentiation

01. Definition

Derivative의 정의에 대해서 공부할 단원이다. 접선의 기울기(The slope of the tangent line)를 이용하여 Graph의 모양을 추정하는 것인데 원리를 정확하게 이해하고 암기하여야 한다. 특히 미국의 선생님들은 이 부분을 매우 강조한다.

1. Definition

Derivative?

= "The slope of the tangent line"

함수 (Function)를 만든 사람이 접선 기울기 (The slope of the tangent line)를 이용하여 함수의 그래프를 쉽게 해석하고 싶어서 만든 이론 이라고나 할까 - ^^*

보시는 바와 같이 각각의 점에서 접선의 기울기(The slope of the tangent line)를 알면 원래 그래프의 모양을 **추정할 수 있다.**

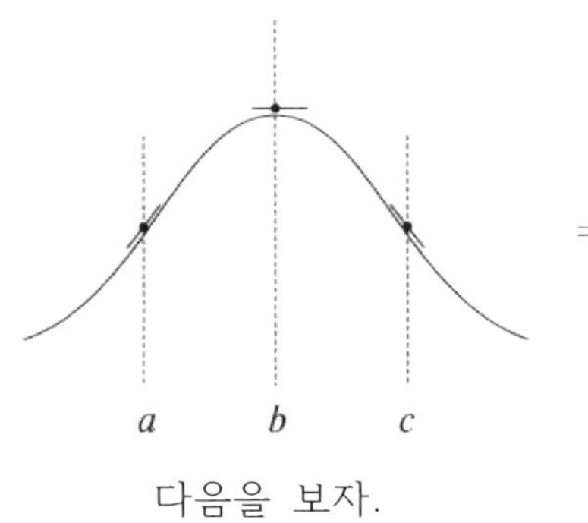

다음을 보자.

> 1. $x = a$ 에서 접선의 기울기는 양수 (Positive)
> $\Rightarrow y = f(x)$는 증가상태 (Increasing)
> 2. $x = b$ 에서 접선의 기울기는 0
> 3. $x = c$ 에서 접선의 기울기는 음수 (Negative)
> $\Rightarrow y = f(x)$는 감소상태 (Decreasing)
> 접선의 기울기가 양수(Positive)에서 음수(Negative)로 바뀌면 $y = f(x)$는 concave down.

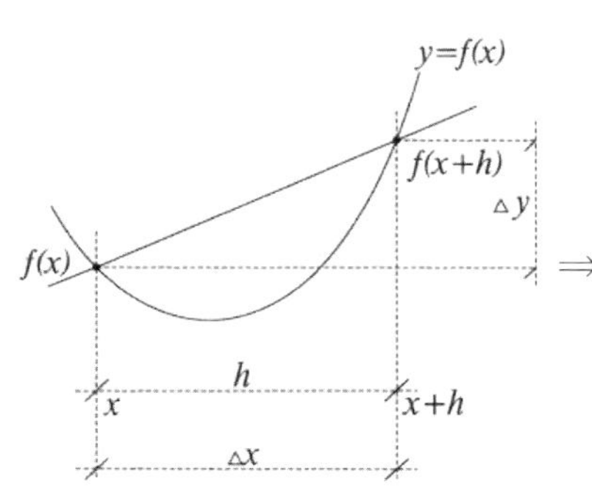

> Slope(기울기)= $\dfrac{\Delta y}{\Delta x}$ = The average rate of change
>
> $= \dfrac{f(x+h) - f(x)}{h}$
>
> 즉, Slope = The average rate of change
> 둘다 뚝~떨어진 두 점에서의 slope를 찾는 것!
> 여기서 뚝~ 떨어진 두 점이 딱~ 달라
> 붙었다면 두 점 사이 거리가 거의 0이 되고(= $\lim\limits_{h \to 0}$...)
>
> 이를 그림으로 표현하면

$\Rightarrow$

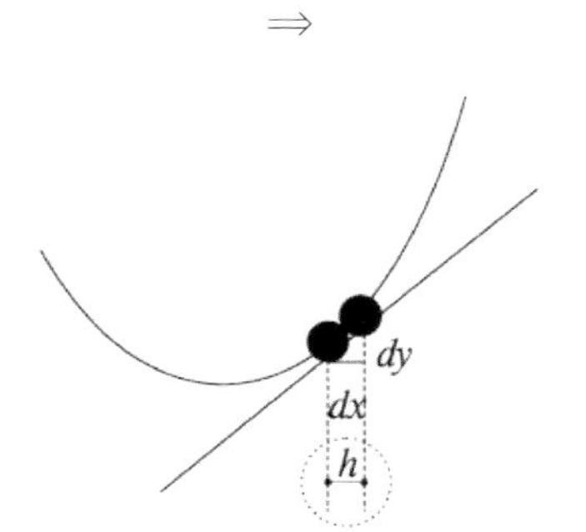

> **The instantaneous rate of change**
> $\lim\limits_{h \to 0} \dfrac{f(x+h) - f(x)}{h} = \dfrac{dy}{dx} = y' = f'(x).$
> 이것이 바로 그 유명한
> 도함수의 정의 (The definition of derivative).

$\Rightarrow$ 두 점 사이의 거리가 거의 0 (= $\lim\limits_{h \to 0}$...)

반드시 암기하자!

$$\text{The Definition of the derivative} = \lim_{h \to 0} \frac{f(x+h) - f(x)}{h} = \frac{dy}{dx} = y' = f'(x)$$

$\left(\text{EX 1}\right)$ Find $f'(x)$, using the definition of the derivative, $f(x) = x^2 + x + 3$

Solution

$\lim_{h \to 0} \dfrac{f(x+h) - f(x)}{h}$ 에 주어진 식을 대입하면 $\lim_{h \to 0} \dfrac{(x+h)^2 + (x+h) + 3 - x^2 + x + 3}{h}$

$= \lim_{h \to 0} \dfrac{2xh + h^2 + h}{h}$ 에서 $\lim_{h \to 0}(2x + h + 1) = 2x + 1$

※ 여기에서 $2x+1$의 의미는 $f(x) = x^2 + x + 3$ 위의 임의의 점에서의
  접선의 기울기 (The slope of tangent line)를 의미한다.

정답 $\qquad 2x + 1$

(**EX 2**) Find $f'(x)$, using the definition of the derivative, $f(x) = \sin x$

Solution

$\lim\limits_{h \to 0} \dfrac{f(x+h) - f(x)}{h}$ 에 주어진 식을 대입하면 $\lim\limits_{h \to 0} \dfrac{\sin(x+h) - \sin x}{h}$

$\Rightarrow$
> 기억나죠? Sum and Difference formula
> $\sin(\alpha + \beta) = \sin\alpha\cos\beta + \cos\alpha\sin\beta$

$= \lim\limits_{h \to 0} \dfrac{\sin x \cos h + \cos x \sin h - \sin x}{h} = \lim\limits_{h \to 0} \dfrac{\sin x \cos h - \sin x + \cos x \sin h}{h}$

$= \lim\limits_{h \to 0} \left(\dfrac{\sin x (\cos h - 1)}{h} + \cos x \dfrac{(\sin h)}{h} \right) = \lim\limits_{h \to 0} \left(\dfrac{\sin x (\cos h - 1)(\cos h + 1)}{h(\cos h + 1)} + \cos x \dfrac{\sin h}{h} \right)$

$= \lim\limits_{h \to 0} \left(\dfrac{\sin x (\cos^2 h - 1)}{h(\cos h + 1)} \right) + \lim\limits_{h \to 0} \cos x \dfrac{\sin h}{h}$

$\Rightarrow$
> $\sin^2 h + \cos^2 h = 1$ 인 것은 알고 있죠? 그러므로 $\cos^2 h - 1 = -\sin^2 h$
> $\lim\limits_{h \to 0} cf(h)$ 이면 $c\lim\limits_{h \to 0} f(h)$ 인 것도 알고 있죠? 그러므로,
> $\lim\limits_{h \to 0} \cos x \dfrac{\sin h}{h} = \cos x \lim\limits_{h \to 0} \dfrac{\sin h}{h}$

$= \sin x \lim\limits_{h \to 0} \dfrac{-\sin^2 h}{(\cos h + 1)h} + \cos x \lim\limits_{h \to 0} \dfrac{\sin h}{h} = 0 + \cos x = \cos x$

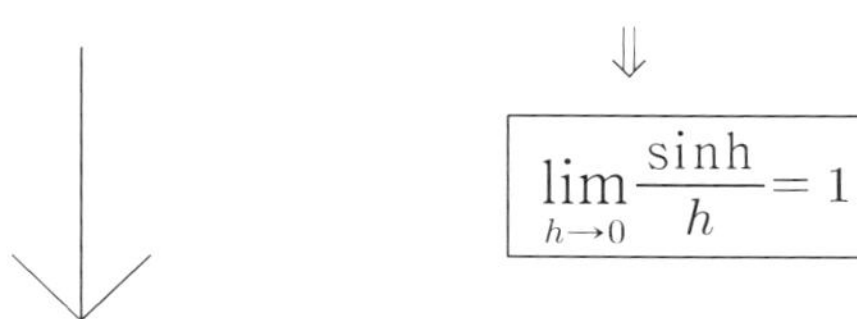

$$\boxed{\lim\limits_{h \to 0} \dfrac{\sin h}{h} = 1}$$

$$\boxed{\sin x \cdot \lim\limits_{h \to 0} \dfrac{\sin h}{h} \cdot \dfrac{(-\sin h)}{(\cos h + 1)} = 0}$$

정답 $\cos x$

앞에서 설명한 방법 외에 특정한 점에서의 접선의 기울기(The slope of the tangent line)는 다음과 같이 구할 수도 있다.

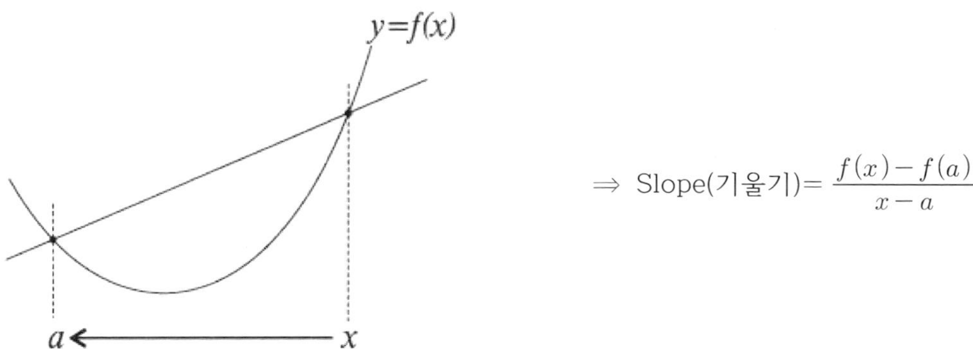

$$\Rightarrow \text{Slope(기울기)} = \frac{f(x) - f(a)}{x - a}$$

$\Rightarrow$ 여기서 x가 a로 한없이 다가가면$\left(= \lim\limits_{x \to a}\right)$ 다음의 그림과 같이 된다.

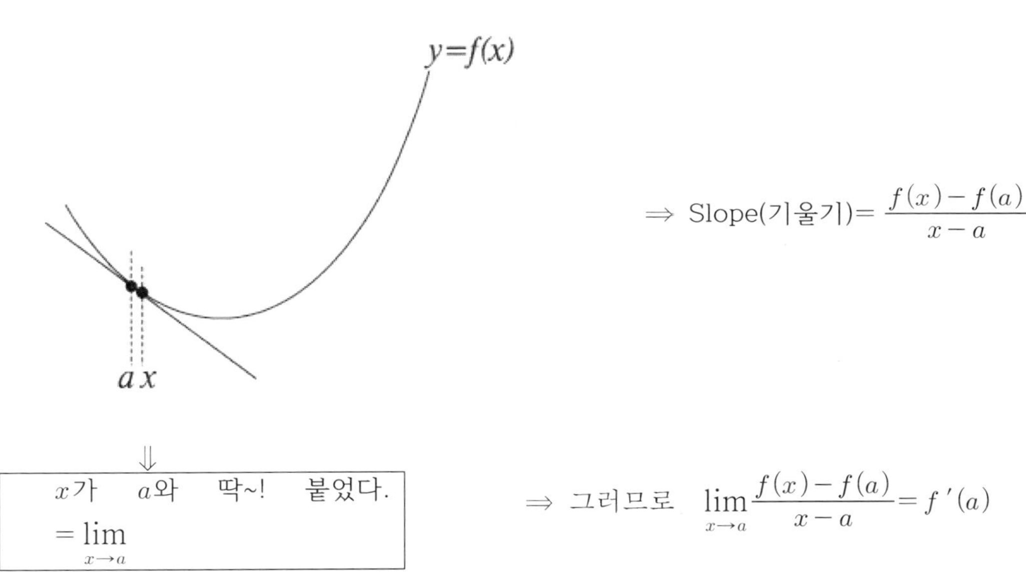

$$\Rightarrow \text{Slope(기울기)} = \frac{f(x) - f(a)}{x - a}$$

x가 a와 딱~! 붙었다.
$= \lim\limits_{x \to a}$

$\Rightarrow$ 그러므로 $\lim\limits_{x \to a} \dfrac{f(x) - f(a)}{x - a} = f'(a)$

(EX 3) If $f(x) = 5x^2 - 3$, find $f'(1)$.

Solution

The Definition of the derivative (도함수의 정의)를 이용하여 다음과 같이 구할 수 있다.

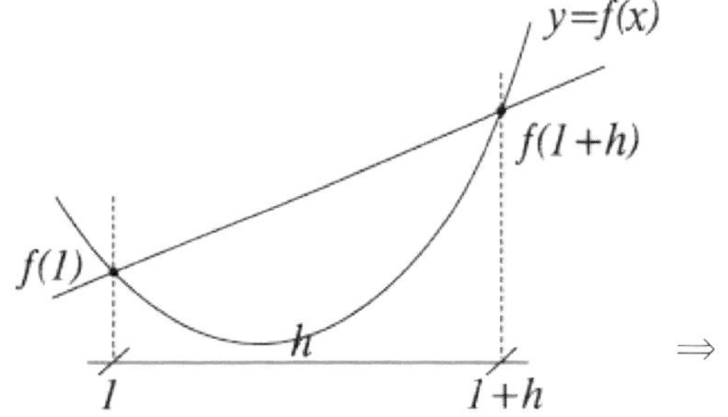

$$\lim_{h \to 0} \frac{f(1+h) - f(1)}{h}$$

$$\lim_{h \to 0} \frac{5(1+h)^2 - 3 - 2}{h} = \lim_{h \to 0} \frac{5 + 10h + 5h^2 - 5}{h}$$

$$\Rightarrow \quad = \lim_{h \to 0}(10 + 5h) = 10$$

다른 방법으로 다음과 같이 구할 수도 있다.

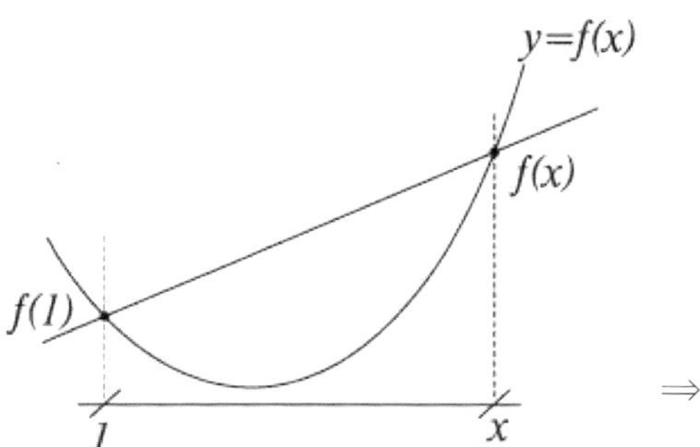

$$\lim_{x \to 1} \frac{f(x) - f(1)}{x - 1}$$

$$\lim_{x \to 1} \frac{5x^2 - 3 - 2}{x - 1} = \lim_{x \to 1} \frac{5(x^2 - 1)}{x - 1}$$

$$\Rightarrow \quad = \lim_{x \to 1} \frac{5(x-1)(x+1)}{x - 1} = \lim_{x \to 1} 5(x+1) = 10$$

정답　　　10

다음을 보자

$$\lim_{h \to 0} \frac{f(x+h)-f(x)}{h} = f'(x) \qquad f'(x)와\ f'(a)\ 모두\ 구할\ 수\ 있다.$$

$$\lim_{x \to a} \frac{f(x)-f(a)}{x-a} = f'(a) \qquad f'(a)만\ 구할\ 수\ 있다.$$

모든 식을 이와 같은 방법으로 하여 $f'(x)$ 또는 $f'(a)$를 구한다면 너무 번거로울 것이다.
다음 단원에서는 지금까지의 계산 결과를 공식으로 정리해 두었다. 꼭 암기해야 한다.

왜냐고? 일일이 이와 같이 계산 할 수 없기 때문에... 하지만, 이와 같이 번거 롭게 구하는 방법도 꼭 익혀두어야 한다. 미국에 있는 많은 수학 선생님들이 이 부분을 강조를 많이 하고, 시험도 많이 보기 때문이다. 뿐만 아니라, 5월 AP시 험에서도 은근히 까다롭게 출제 된다.

Problem 1

1. Let f be the function defined by $f(x) = x^2 + x$.
Find the average rate of change of f over $[-1, 3]$.

2. Find the instantaneous rate of change at $x = 1$ of the function f given by $f(x) = 3x^2 + 2x$.

Solution

1. $\dfrac{f(3) - f(-1)}{3 - (-1)} = \dfrac{12 - 0}{4} = 3$

2.

① $\displaystyle\lim_{h \to 0} \dfrac{f(x+h) - f(x)}{h} = \lim_{h \to 0} \dfrac{3(x+h)^2 + 2(x+h) - 3x^2 - 2x}{h}$

$$= \lim_{h \to 0} \dfrac{3x^2 + 6xh + 3h^2 + 2x + 2h - 3x^2 - 2x}{h}$$

$$= \lim_{h \to 0}(6x + 3h + 2) = 6x + 2 \qquad 즉,\ f'(x) = 6x + 2 \ 에서 \ f'(1) = 8$$

② $\displaystyle\lim_{x \to 1} \dfrac{f(x) - f(1)}{x - 1} = \lim_{x \to 1} \dfrac{3x^2 + 2x - 5}{x - 1} = \lim_{x \to 1} \dfrac{(3x + 5)(x - 1)}{x - 1} = 8$

정답　　(1) 3　　(2) 8

Problem 2

If f is a differentiable function such that $f(1)=3$ and $f'(1)=2$, which of the following statements could be false?

ⓐ $\displaystyle\lim_{x\to 1}\frac{f(x)-3}{x-1}=2$　　　　ⓑ $\displaystyle\lim_{h\to 0}\frac{f(1+h)-3}{h}=2$

ⓒ $\displaystyle\lim_{x\to 1}f'(x)=2$　　　　　　　ⓓ f is continuous at $x=1$

Solution

ⓐ $f(1)=3$이므로 $\displaystyle\lim_{x\to 1}\frac{f(x)-f(1)}{x-1}=f'(1)=2$

ⓑ $f(1)=3$이므로 $\displaystyle\lim_{h\to 0}\frac{f(1+h)-f(1)}{h}=f'(1)=2$

ⓓ $f'(1)=2$, 즉 $x=1$에서 f는 Differentiable

그러므로, $x=1$에서 Continuous 이고 $\displaystyle\lim_{x\to 1}f(x)$ exists 이다.

ⓒ $\displaystyle\lim_{x\to 1}f(x)$는 $\displaystyle\lim_{x\to 1^-}f(x)=\lim_{x\to 1^+}f(x)=f(1)=3$. $\displaystyle\lim_{x\to 1}f'(x)=2$ 인 것을 알 수 없다.

정답　　　　ⓒ

Problem 3

1. Find $f'(x)$, using the definition of the derivative, $f(x)=e^x$. $(\ast\ \lim_{x\to 0}\dfrac{e^x-1}{x}=1)$

2. Find $f'(2)$, using the definition of the derivative, $f(x)=3x^2+5x+1$.

Solution

1. $\displaystyle\lim_{x\to 0}\frac{f(x+h)-f(x)}{h}=\lim_{h\to 0}\frac{e^{x+h}-e^x}{h}=\lim_{h\to 0}\frac{e^x e^h-e^x}{h}=\lim_{h\to 0}e^x\frac{e^h-1}{h}=e^x\lim_{h\to 0}\frac{e^h-1}{h}=e^x$

2.

① $\displaystyle\lim_{h\to 0}\frac{f(2+h)-f(2)}{h}=\lim_{h\to 0}\frac{3(2+h)^2+5(2+h)+1-23}{h}=\lim_{h\to 0}\frac{3(4+4h+h^2)+10+5h-22}{h}$

$\displaystyle=\lim_{h\to 0}\frac{3h^2+17h}{h}=\lim_{h\to 0}(3h+17)=17$

② $\displaystyle\lim_{x\to 2}\frac{f(x)-f(2)}{x-2}=\lim_{x\to 2}\frac{3x^2+5x+1-23}{x-2}=\lim_{x\to 2}\frac{3x^2+5x-22}{x-2}=\lim_{x\to 2}\frac{(x-2)(3x+11)}{x-2}=17$

정답   (1) e^x (2) 17

02. Differentiation

1. 기본적인 Formula

2. 알까기! (Chain Rule)

3. $\dfrac{dy}{dx}$, $\dfrac{d^2y}{dx^2}$

4. Derivatives of Parametrically Defined Functions (BC)

시작에 앞서서...

앞 단원 마지막 부분에서 언급한 것처럼 모든 문제를 정의를 이용하여 구한다면 너무 번거로울 것이다. 그러므로, 이 단원에서 설명하는 공식들을 익힌 다음 $f'(x)$ or $\dfrac{dy}{dx}$ or y' 등을 구하도록 하자. 구구단을 모르면 그 이후의 계산을 할 수 없듯이 이 단원에 있는 계산법을 모르면 앞으로 CALCULUS의 모든 단원을 공부하기가 어려워진다. 독자들이 공식을 암기하고 이해하는데 도움을 주고자 조금씩 말장난을 하였으니 이해하기 바란다. ^^*

1. 기본적인 Formula

<table>
<tr><td rowspan="7" align="center">반드시 암기하자!

Formula
(1)</td></tr>
</table>

반드시 암기하자!

Formula (1)	
$y = x^n$	$\Rightarrow \quad y' = nx^{n-1}$
$y = f(x)g(x)$	$\Rightarrow \quad y' = f'(x)g(x) + f(x)g'(x)$
$y = f(x) \pm g(x)$	$\Rightarrow \quad y' = f'(x) \pm g'(x)$
$y = cf(x)$	$\Rightarrow \quad y' = cf'(x) \ (c \neq 0)$
$y = \dfrac{g(x)}{f(x)}$	$\Rightarrow \quad y' = \dfrac{g'(x)f(x) - g(x)f'(x)}{(f(x))^2} \quad$ (단, $f(x) \neq 0$)
$y = c$	$\Rightarrow \quad y' = 0$

위의 공식들을 익힌 후 다음의 예제들을 풀어보자.

(EX 1) Find $f'(x)$, using the formula(1).

(1) $f(x) = 5$ (2) $f(x) = x^2 + 2x$ (3) $f(x) = 3x^{100} - 26x^2 + 1$

(4) $f(x) = 15x^3(7x^3 - 3)$ (5) $f(x) = \dfrac{5x^3 - 3x^2}{2x + 5}$

Solution

(1) $f'(x) = 0$

(2) $f'(x) = 2x + 2$

(3) $f'(x) = 300x^{99} - 52x$

(4) $f'(x) = 45x^2(7x^3 - 3) + 15x^3(21x^2) = 315x^5 - 135x^2 + 315x^5 = 630x^5 - 135x^2$

(5) $f'(x) = \dfrac{(15x^2 - 6x)(2x + 5) - (5x^3 - 3x^2)2}{(2x + 5)^2} = \dfrac{20x^3 + 69x^2 - 30x}{(2x + 5)^2}$

정답

     (1) 0 (2) $2x + 2$ (3) $300x^{99} - 52x$

     (4) $630x^5 - 135x^2$ (5) $\dfrac{20x^3 + 69x^2 - 30x}{(2x + 5)^2}$

반드시 암기하자!

Formula(2)

① 삼각함수의 미분 ⟸ | c로 시작 → $-\csc$(단, $\sin x$, $\cos x$ 제외), t 포함 → $(\ )^2$ |

- $\sin x \to \cos x$
- $\cos x \to -\sin x$ (※ $\sin x$와 $\cos x$는 서로 주고 받는다.)
- $\tan x \to \sec^2 x$　　　(타면 → 시커멓다) (t 포함 → $(\ )^2$)
- $\sec x \to \sec x \tan x$　　　(시커멓다 → 석탄!)
- $\cot x \to -\csc^2 x$
- $\csc x \to -\csc x \cot x$　　　(코시커먼 것은 → 코탄것이다!)

② 역삼각함수의 미분

⟸ | c로 시작하면 Negative!
$\sin^{-1}x$, $\tan^{-1}x$, $\sec^{-1}x$ 만 암기하면 $\cos^{-1}x$, $\cot^{-1}x$, $\csc^{-1}x$는 앞에 $(-)$만 붙는다. |

- $\sin^{-1}x \to \dfrac{1}{\sqrt{1-x^2}}\,(-1 < x < 1)$
- $\cos^{-1}x \to -\dfrac{1}{\sqrt{1-x^2}}\,(-1 < x < 1)$
- $\sec^{-1}x \to \dfrac{1}{|x|\sqrt{x^2-1}}\,(|x| > 1)$
- $\csc^{-1}x \to -\dfrac{1}{|x|\sqrt{x^2-1}}\,(|x| > 1)$

- $\tan^{-1}x \to \dfrac{1}{1+x^2}$
- $\cot^{-1}x \to -\dfrac{1}{1+x^2}$

③ 그 외의 공식들

- $\log_a x \to \dfrac{1}{x\ln a}$　　　$a^x \to a^x \ln a$　　$\ln x \to \dfrac{1}{x}$　　$e^x \to e^x$

2. Chain Rule

I. Chain Rule

앞에서 설명한 공식들은 원래 모두 $\lim\limits_{h \to 0} \dfrac{f(x+h)-f(x)}{h} = f'(x)$에 의해서 구해진 것들이지만 엄밀히 말하자면 다음과 같은 규칙이 나오게 된다.

예를 들어, $y = x^2$을 미분(Differentiation) 하면 $y' = 2x$ 이지만 원래는 $y' = 2x^{2-1} x'$ 인 것이고 $y = \sin x$ 를 미분(Differentiation)하면 $y' = x' \cos x$ 이다. 어차피 x 는 미분(Differentiation)해봐야 1이므로 곱해봐야 눈에 보이지 않는다. 이와 같은 특징을 **(Chain Rule)**이라고 한다.

II. Chain Rule의 6가지 규칙

Shim's Tip!

(a) $y = (\bigcirc)^n \Rightarrow y' = n(\bigcirc)^{n-1} \cdot \bigcirc'$ (EX) $y = (3x^2 + 5x - 1)^3 \Rightarrow y' = 3(3x^2 + 5x - 1)^{3-1}(6x+5)$

(b) $y = \sin\bigcirc \Rightarrow y' = \bigcirc' \cdot \cos\bigcirc$ (EX) $y = \sec(5x+1) \Rightarrow y' = \sec(5x+1)\tan(5x+1) \times 5$

(c) $y = \sin^{-1}\bigcirc \Rightarrow y' = \dfrac{1}{\sqrt{1-\bigcirc^2}} \times \bigcirc'$ (EX) $y = \tan^{-1}(5x^2) \Rightarrow y' = \dfrac{1}{1+(5x^2)^2} \times 10x$

(d) $y = a^{\bigcirc} \Rightarrow y' = (a^{\bigcirc} \cdot \ln a) \times \bigcirc'$, $y = e^{\bigcirc} \Rightarrow y' = e^{\bigcirc} \times \bigcirc'$ (EX) $y = 3^{5x^3+7x} \Rightarrow y' = (3^{5x^3+7x} \cdot \ln 3)(15x^2 + 7)$

(e) $y = \log_a \bigcirc \Rightarrow y' = \dfrac{1}{\bigcirc \cdot \ln a} \times \bigcirc'$, $y = \ln\bigcirc \Rightarrow y' = \dfrac{1}{\bigcirc} \times \bigcirc'$ (EX) $y = \log_3(2x^5) \Rightarrow y' = \dfrac{1}{2x^5 \cdot \ln 3} \times 10x^4$

(f) $y = f(\bigcirc) \Rightarrow y' = f'(\bigcirc) \cdot \bigcirc'$ (EX) $y = f(10x) \Rightarrow y' = 10\,f'(10x)$

(※ 위의 (a) (b) (c) (d) (e) (f) 각 경우에 대해 한번씩 Chain Rule을 적용한다.)

지금까지의 내용들을 충분히 익힌 후 다음의 예제들을 풀어 보자.

$\left(\textbf{EX 2}\right)$ Find y'.

(1) $y = (2x-1)^5$

(2) $y = \tan(13x^3)$

(3) $y = \cos^{-1}(10x)$

(4) $y = \cot^2(2x^2)$

(5) $y = 5^{\sin x}$

(6) $y = \ln(3x)$

(7) $y = e^{5x^5}$

(8) $\tan^{-1}3x = e^{2y}$

Solution

(1) $y' = 5(2x-1)^{5-1}2 = 10(2x-1)^4$

(2) $y' = \sec^2(13x^3)39x^2 = 39x^2\sec^2(13x^3)$

(3) $y' = -\dfrac{1}{\sqrt{1-(10x)^2}} \times 10 = -\dfrac{10}{\sqrt{1-(10x)^2}}$

(4) $y = \{\cot(2x^2)\}^2 \Rightarrow y' = 2\{\cot(2x^2)\}^{2-1} \bullet \{-\csc^2(2x^2)\}4x$ 이므로 $y' = -8x\cot(2x^2)\csc(2x^2)$

(5) $y' = 5^{\sin x}\ln 5(\sin x)' = 5^{\sin x}\ln 5\cos x$

(6) $y' = \dfrac{1}{3x}3 = \dfrac{1}{x}$

(7) $y' = e^{5x^5}25x^4 = 25x^4e^{5x^5}$

(8) 양변에 ln을 취하면 $2y = \ln|\tan^{-1}3x|$ 이고, $y = \dfrac{1}{2}ln|\tan^{-1}3x|$ 에서

$$y' = \frac{1}{2}\frac{1}{\tan^{-1}3x}\frac{1}{1+(3x)^2}3 = \frac{3}{2(\tan^{-1}3x)(1+9x^2)}$$

정답

(1) $10(2x-1)^4$

(2) $39x^2\sec^2(13x^3)$

(3) $-\dfrac{10}{\sqrt{1-(10x)^2}}$

(4) $-8x\cot(2x^2)\csc(2x^2)$

(5) $5^{\sin x}\ln 5\cos x$

(6) $\dfrac{1}{x}$

(7) $25x^4e^{5x^5}$

(8) $\dfrac{3}{2(\tan^{-1}3x)(1+9x^2)}$

Problem 1

Find $f'(x)$.

① $f(x) = x\sqrt{3x^2 + 5}$　　② $f(x) = \dfrac{3}{\sqrt[3]{x^2 + 2x}}$　　③ $f(x) = \dfrac{e^{3x}}{x^2}$

④ $f(x) = \sec(e^{-2x})$　　⑤ $f(x) = e^{5\ln(x^3)}$

Solution

- $f(x) = e^{\ln f(x)} = \{f(x)\}^{\ln e} = f(x)$ 로 바꾸어서 $f'(x)$을 구하자.
- $f(x) = \sqrt[m]{(\ )^n} = (\ )^{\frac{n}{m}}$ 으로 바꾸어서 $f'(x)$을 구하자.
- $f(x) = \dfrac{a}{(\ )^n} = a(\ )^{-n}$ 으로 바꾸어서 $f'(x)$을 구하자.

(1) $f(x) = \sqrt{3x^4 + 5x^2} = (3x^4 + 5x^2)^{\frac{1}{2}}$ 에서

$$f'(x) = \frac{1}{2}(3x^4 + 5x^2)^{-\frac{1}{2}}(12x^3 + 10x) = \frac{12x^3 + 10x}{2\sqrt{3x^4 + 5x^2}} = \frac{6x^3 + 5x}{\sqrt{3x^4 + 5x^2}}$$

(2) $f(x) = 3(x^2 + 2x)^{-\frac{1}{3}}$ 에서 $f'(x) = 3(-\frac{1}{3})(x^2 + 2x)^{-\frac{4}{3}}(2x + 2) = -\dfrac{2(x+1)}{\sqrt[3]{(x^2 + 2x)^4}}$

(3) $f'(x) = \dfrac{3e^{3x}x^2 - e^{3x}2x}{x^4} = \dfrac{xe^{3x}(3x - 2)}{x^4} = \dfrac{e^{3x}(3x - 2)}{x^3}$

(4) $f'(x) = -2e^{-2x}\sec(e^{-2x})\tan(e^{-2x})$

(5) $f(x) = e^{\ln(x^3)^5} = e^{\ln(x^{15})} = (x^{15})^{\ln e} = x^{15}$ 에서 $f'(x) = 15x^{14}$

정답　　(1) $\dfrac{6x^3 + 5x}{\sqrt{3x^4 + 5x^2}}$　　(2) $-\dfrac{2(x+1)}{\sqrt[3]{(x^2 + 2x)^4}}$　　(3) $\dfrac{e^{3x}(3x - 2)}{x^3}$

　　　　(4) $-2e^{-2x}\sec(e^{-2x})\tan(e^{-2x})$　　　　(5) $15x^{14}$

Problem 2

1. If $f(x) = \ln(x^2 + 5 + e^{-2x})$, find $f'(0)$.

2. If $f(x) = (2x+1)^{\frac{2}{3}} + e^{2x^3}$, find $f'(0)$.

3. If $f(x) = \ln(x^3)$, find the slope of the tangent line at $x = e$.

Solution

(1) $f'(x) = \dfrac{2x - 2e^{-2x}}{x^2 + 5 + e^{-2x}}$ 에서 $f'(0) = \dfrac{-2}{5+1} = -\dfrac{1}{3}$

(2) $f'(x) = \dfrac{4}{3}(2x+1)^{-\frac{1}{3}} + 6x^2 e^{2x^2}$ 에서 $f'(0) = \dfrac{4}{3}$

(3) $f'(x) = \dfrac{3x^2}{x^3}$ 에서 $f'(e) = \dfrac{3e^2}{e^3} = \dfrac{3}{e}$

정답　　(1) $-\dfrac{1}{3}$　(2) $\dfrac{4}{3}$　(3) $\dfrac{3}{e}$

Problem 3

x	$f(x)$	$f'(x)$	$g(x)$	$g'(x)$
-2	2	4	3	5
1	1	-2	-1	7
5	3	5	-2	2

The table above gives values of f, f', g', and g at selected of x.
If $h(x) = (f \circ g)(x)$, then $h'(5) =$

<table><tr><td>

Solution

$h(x) = f(g(x))$에서 $h'(x) = f'(g(x))g'(x)$
$h'(5) = f'(g(5))g'(5) = f'(-2)g'(5) = 4*2 = 8$

정답　　　8

</td></tr></table>

3. $\dfrac{dy}{dx}$, $\dfrac{d^2y}{dx^2}$ ...

다음의 그림을 보자

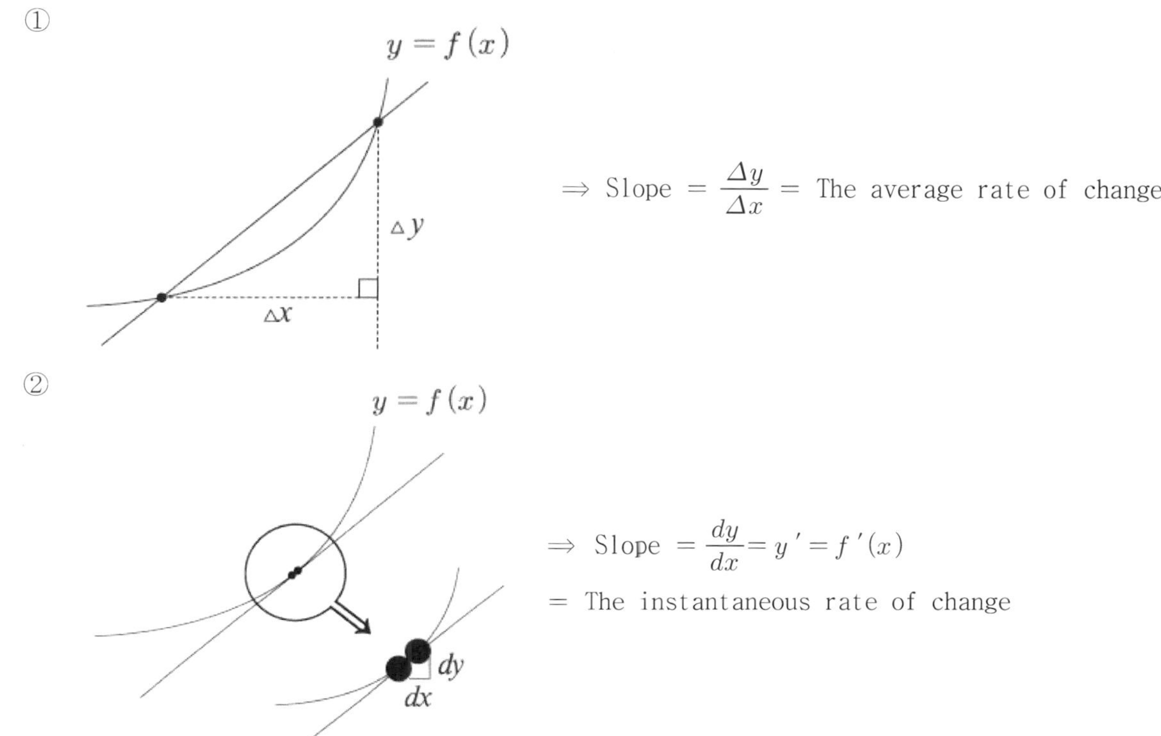

위의 그림에서

①의 경우 떨어진 두 점 사이의 Slope를 구하는 경우이고,

②의 경우는 붙은 두 점 사이의 기울기(Slope)를 구하는 것이다.

즉, 접선의 기울기(The slope of the tangent)는 $\dfrac{dy}{dx}$로 표현할 수 있고 이는 $f'(x)$, y' 등과 같은 표현이다.

I. $\dfrac{dy}{dx}$

다음을 보자.

ⓐ $\dfrac{d}{dx}(x^2)=2x$, ⓑ $\dfrac{d}{d\theta}(2\theta)=2$, ⓒ $\dfrac{d}{dy}(y)=1$, ⓓ $\dfrac{d}{dr}(r^2+1)=2r$ …에서 보는 바와 같이

분모(Denominator)의 문자와 같은 식만 미분(Differentiation)이 가능함을 알 수 있다.

그렇다면 다음의 경우에는 어떻게 할 것인가?

$\dfrac{d}{dx}(y)$ … 분모(Denominator)이 문자와 미분 (Differentiation)하려는 식이 문자가 다르다.

이럴 때에는 $\dfrac{d}{dy}(y)\dfrac{dy}{dx}=\dfrac{dy}{dx}$ 가 된다.

그럼, 다음의 예제들을 보자.

ⓐ $\dfrac{d}{dx}(y^2)=\dfrac{d}{dy}y^2\dfrac{dy}{dx}=2y\dfrac{dy}{dx}$ $\qquad\qquad$ ⓑ $\dfrac{d}{dx}(3r)=\dfrac{d}{dr}(3r)\dfrac{dr}{dx}=3\dfrac{dr}{dx}$

ⓒ $\dfrac{d}{dx}(3\theta^5)=\dfrac{d}{d\theta}(3\theta^5)\dfrac{d\theta}{dx}=15\,\theta^4\dfrac{d\theta}{dx}$ …

위의 ⓐ, ⓑ, ⓒ의 경우에는 간단히 다음처럼 생각해서 풀어도 된다.

분모(Denominator)와 문자가 다를 때에는 일단 그냥 미분 (Differentiation)을 하고 미분한 것에 $\dfrac{dy}{dx}$, $\dfrac{dr}{dx}$, $\dfrac{d\theta}{dx}$ 등을 취한다.

다음을 보자.

ⓐ $y=x^2$ 에서 y를 미분하면 1이고 x가 아닌 것을 미분 했으므로 미분한 것에 $\dfrac{dy}{dx}$ 를 취한다. 그러므로, $\dfrac{dy}{dx}=2x$.

ⓑ $r=3\sin\theta$ 에서 $\dfrac{dr}{d\theta}$ 을 구하려면 r을 미분하면 1이고 미분한 것에 $\dfrac{dr}{d\theta}$ 을 취하면 $\dfrac{dr}{d\theta}=3\cos\theta$ 가 된다. 이와 같이 알아 두는 것이 편할 때가 많다.

Shim's Tip!

많은 학생들이 $\dfrac{d}{dx}$ 를 매우 생소하게 느끼고 있다.
무슨 대단한 기호인 것으로 생각하고 있는데
사실은 명령문을 압축한 표현이라고 보면 된다.

$$\text{"Define the derivative of } x \text{"} = \dfrac{d}{dx}$$

즉, $\dfrac{d}{dx}$ 는 "x의 derivative를 밝혀내라!" 의 뜻이다

(**EX 3**)

1. If $y = \sin x$, find $\dfrac{dy}{dx}$.

2. If $(x^2 y + y)^3 = 8x$, then $x = y = 1$, find $\dfrac{dy}{dx}$.

3. If $\sin(x^2 y) = y^2$, find $\dfrac{dy}{dx}$.

Solution

1. Function 형태이므로 $\dfrac{dy}{dx}$ 는 구하기가 쉽다. $y' = \dfrac{dy}{dx} = \cos x$

2. $\dfrac{dy}{dx} = y'$ 으로 놓고 Chain Rule을 오버해서 적용시킨다.

$3(x^2 y + y)^{3-1} \times (x^2 y + y)' = 8x'$

$\Rightarrow 3(x^2 y + y)^2(2xx'y + x^2 y' + y') = 8x' \Rightarrow x' = 1$이므로 $3(x^2 y + y)^2(2xy + x^2 y' + y') = 8$

$\Rightarrow x = y = 1$을 대입하면 $3(2)^2(2 + y' + y') = 8$ 에서 $12(2 + 2y') = 8$

그러므로, $24 + 24y' = 8$에서 $y' = -\dfrac{16}{24}$ $\therefore \dfrac{dy}{dx} = -\dfrac{2}{3}$

3. $\dfrac{dy}{dx} = y'$ 으로 놓고 Chain Rule을 오버해서 적용시킨다.

$\cos(x^2 y) \times (x^2 y)' = (y^2)'$

$\Rightarrow \cos(x^2 y)(2xx'y + x^2 y') = 2yy' \Rightarrow \cos(x^2 y)(2xy + x^2 y') = 2yy'$

$\Rightarrow 2xy\cos(x^2 y) + x^2\cos(x^2 y)y' = 2yy' \Rightarrow (2y - x^2\cos(x^2 y))y' = 2xy\cos(x^2 y)$

$\Rightarrow \dfrac{dy}{dx} = y' = \dfrac{2xy\cos(x^2 y)}{2y - x^2\cos(x^2 y)}$

정답   1) $\cos x$ 2) $-\dfrac{2}{3}$ 3) $\dfrac{2xy\cos(x^2 y)}{2y - x^2\cos(x^2 y)}$

II. $\dfrac{d^2y}{dx^2}, \cdots, \dfrac{d^ny}{dx^n}$

여기에서 $\dfrac{d^2y}{dx^2} = \boxed{\dfrac{d}{dx} \;\bigg|\; \dfrac{dy}{dx}}$ 임을 알아두자. 즉, ① $\dfrac{dy}{dx}$ 를 먼저 구하고 그 다음 ② $\dfrac{d}{dx}$ 를 구한다.
$$② \qquad ①$$

또, $\dfrac{d^2y}{dx^2} = f''(x) = y''$ 임을 알아두자.

다음의 예제들을 풀어보자.

$\left(\textbf{EX 4}\right)$ Find $\dfrac{d^2y}{dx^2}$.

(1) $x^2 + 2y^2 = 3$ (2) $x^2 - 10x = 5y + 2$ (3) $y = \ln x^3$

Solution

(1) $2x + 4y\dfrac{dy}{dx} = 0$ 에서 $\dfrac{dy}{dx} = -\dfrac{x}{2y}$ 양변에 $\dfrac{d}{dx}$ 를 취하면 $\dfrac{d}{dx}\dfrac{dy}{dx} = \dfrac{d}{dx}\left(-\dfrac{x}{2y}\right)$, 우변의

$\dfrac{d}{dx}\left(-\dfrac{x}{2y}\right)$ 에서 $\dfrac{-2y + 2x\dfrac{dy}{dx}}{4y^2}$, $\dfrac{dy}{dx} = -\dfrac{x}{2y}$ 대입하면 $\dfrac{-2y - \dfrac{x^2}{y}}{4y^2} = \dfrac{\dfrac{-2y^2 - x^2}{y}}{4y^2} = \dfrac{-2y^2 - x^2}{4y^3}$

(2) $2x - 10 = 5\dfrac{dy}{dx}$ 에서 $\dfrac{dy}{dx} = \dfrac{2x}{5} - 2$ 양변에 $\dfrac{d}{dx}$ 를 취하면 $\dfrac{d^2y}{dx^2} = \dfrac{2}{5}$

(3) $y = \ln x^3 \Rightarrow y = 3\ln x$ 이므로 $\dfrac{dy}{dx} = 3\dfrac{1}{x}$ 에서 $\dfrac{dy}{dx} = \dfrac{3}{x}$ 양변에 $\dfrac{d}{dx}$ 를 취하면 $\dfrac{d^2y}{dx^2} = \dfrac{d}{dx}\left(\dfrac{3}{x}\right)$

즉, $\dfrac{d^2y}{dx^2} = \dfrac{d}{dx}(3x^{-1}) = -3x^{-2} = -\dfrac{3}{x^2}$

정답   1) $\dfrac{-2y^2 - x^2}{4y^3}$ 2) $\dfrac{2}{5}$ 3) $-\dfrac{3}{x^2}$

Problem 4

1. If $x^2 + x^3 y = 1$, then when $x = 1$, $\dfrac{dy}{dx}$ is

   ⓐ -4   ⓑ -2   ⓒ 0   ⓓ 1

2. If $y = xy + y^2 + 5$, then $y = 1$, $\dfrac{dy}{dx}$ is

   ⓐ $\dfrac{1}{4}$ ⓑ $\dfrac{1}{2}$ ⓒ 1   ⓓ 2

3. If $\sin(xy) = x^2$, then $\dfrac{dy}{dx}$ is

   ⓐ $\dfrac{y}{x} - 2\sec(xy)$ ⓑ $1 - \sin(xy)$ ⓒ $2\sec(xy) - \dfrac{y}{x}$ ⓓ $2\tan(xy) - \dfrac{y}{x}$

4. If $y = \arcsin(\cos x)$ and x is an acute angle, then $\dfrac{dy}{dx}$ is

   ⓐ $-\tan x$ ⓑ $\tan x$ ⓒ $\cot x$ ⓓ -1

5. If $y = \dfrac{\ln(3x)}{x^2}$, then $\dfrac{dy}{dx} =$

   ⓐ $\dfrac{3x + 2\ln(3x)}{x^3}$ ⓑ $\dfrac{\frac{1}{3}x - 2\ln(3x)}{x^3}$ ⓒ $\dfrac{3x - 2\ln(3x)}{x^3}$ ⓓ $\dfrac{1 - 2\ln(3x)}{x^3}$

Solution

(1) ⓑ

$$2x + 3x^2 y + (x^3)\frac{dy}{dx} = 0 \ \text{이고} \ x = 1 \text{일 때}, \ y = 0 \ \text{이므로} \ \frac{dy}{dx} = -2$$

(2) ⓐ

$$y = 1 \text{일 때}, \ 1 = x + 1 + 5 \ \text{에서} \ x = -5 \ \text{이고} \ \frac{dy}{dx} = y + x\frac{dy}{dx} + (2y)\frac{dy}{dx}, \ \text{그러므로},$$

$$\frac{dy}{dx} = 1 - 5\frac{dy}{dx} + 2\frac{dy}{dx} \ \text{에서} \ 4\frac{dy}{dx} = 1, \ \text{그러므로}, \ \frac{dy}{dx} = \frac{1}{4}$$

(3) ⓒ

$$\cos(xy)\left\{y + x\frac{dy}{dx}\right\} = 2x \ \text{에서} \ y\cos(xy) + x\cos(xy)\frac{dy}{dx} = 2x \ \text{에서}$$

$$\frac{dy}{dx} = \frac{2x - y\cos(xy)}{x\cos(xy)} = \frac{2}{\cos(xy)} - \frac{y}{x} = 2\sec(xy) - \frac{y}{x}$$

(4) ⓓ

$$y = \sin^{-1}(\cos x) \ \text{에서} \ \frac{dy}{dx} = \frac{1}{\sqrt{1 - \cos^2 x}}(-\sin x), \ \frac{dy}{dx} = \frac{-\sin x}{\sqrt{\sin^2 x}} = \frac{-\sin x}{\sin x} = -1$$

(5) ⓓ

$$\frac{dy}{dx} = \frac{\dfrac{3}{3x}x^2 - 2x\ln(3x)}{x^4} = \frac{x - 2x\ln(3x)}{x^4} = \frac{1 - 2\ln(3x)}{x^3}$$

정답　　(1) ⓑ　(2) ⓐ　(3) ⓒ　(4) ⓓ　(5) ⓓ

Problem 5

1. $\dfrac{d}{dx}(\sin^3(2x^5)) =$
2. $\dfrac{d}{dx}(3xe^{\ln x^3}) =$
3. $\dfrac{d}{dx}(\arctan(5x)) =$

Solution

$$e^{\ln f(x)} \Rightarrow (f(x))^{\ln e} = f(x) \quad \text{으로 놓고} \quad \frac{dy}{dx} \text{를 구한다.}$$

$$\sin^n f(x) \Rightarrow (\sin(f(x)))^n \quad \text{으로 놓고} \quad \frac{dy}{dx} \text{를 구한다.}$$

(1) $30x^4\sin(2x^5)\cos(2x^5)$

$\dfrac{d}{dx}(\sin(2x^5))^3 = 3(\sin(2x^5))^2\cos(2x^5)(10x^4)$ 에서 $30x^4\sin^2(2x^5)\cos(2x^5)$

(2) $12x^3$

$3xe^{\ln x^3} = 3x(x^3)^{\ln e} = 3x^4$ 이므로 $\dfrac{d}{dx}(3xe^{\ln x^3}) = \dfrac{d}{dx}(3x^4) = 12x^3$

(3) $\dfrac{5}{1+25x^2}$

$\dfrac{d}{dx}(\tan^{-1}(5x)) = \dfrac{1}{1+(5x)^2} \times 5 = \dfrac{5}{1+25x^2}$

정답   (1) $30x^4\sin(2x^5)\cos(2x^5)$ (2) $12x^3$ (3) $\dfrac{5}{1+25x^2}$

Problem 6

1. If $y = 3\sin(2x)$, find $\dfrac{d^2y}{dx^2}$

2. If $x^2 + y^2 = 5$, what is the value of $\dfrac{d^2y}{dx^2}$ at the point $(2,\ 1)$?

   ⓐ -5   ⓑ -3   ⓒ 0   ⓓ $\dfrac{1}{4}$

3. If $\dfrac{dy}{dx} = \sqrt{y^2 + 2}$, find $\dfrac{d^2y}{dx^2}$

Solution

$$\cdot \ \frac{d^2y}{dx^2} = \frac{d}{dx}\frac{dy}{dx} \qquad\qquad \cdot \ \frac{d}{dx} = \frac{dy}{dx}\frac{d}{dy}, \quad \frac{d}{dy} = \frac{dx}{dy}\frac{d}{dx} \ \cdots$$

(1) $-12\sin(2x)$

$\dfrac{dy}{dx} = 6\cos(2x)$에서 $\dfrac{d}{dx}\dfrac{dy}{dx} = \dfrac{d}{dx}(6\cos(2x)) = -12\sin(2x)$

(2) ⓐ

$2x + (2y)\dfrac{dy}{dx} = 0$에서 $\dfrac{dy}{dx} = -\dfrac{x}{y}$, $\dfrac{d}{dx}\dfrac{dy}{dx} = \dfrac{d}{dx}\left(-\dfrac{x}{y}\right) = -\dfrac{y - (x)\dfrac{dy}{dx}}{y^2} \ (※ \ \dfrac{dy}{dx} = -\dfrac{x}{y})$

$= -\dfrac{y + \dfrac{x^2}{y}}{y^2}$에서 $x = 2,\ y = 1$을 대입하면 $-\dfrac{1+4}{1} = -5$

(3) y

$\dfrac{d^2y}{dx^2} = \dfrac{d}{dx}\dfrac{dy}{dx} = \dfrac{d}{dx}\sqrt{y^2 + 2} \ (※ \ \dfrac{dy}{dx}\dfrac{d}{dy} = \dfrac{d}{dx}) = \dfrac{dy}{dx}\dfrac{d}{dy}(y^2 + 1)^{\frac{1}{2}} = \dfrac{dy}{dx}\left(\dfrac{1}{2}(y^2 + 2)^{-\frac{1}{2}}2y\right)$

$= \dfrac{dy}{dx}\dfrac{y}{\sqrt{y^2 + 2}} \ (※ \ \dfrac{dy}{dx} = \sqrt{y^2 + 2}) = \sqrt{y^2 + 2} \cdot \dfrac{y}{\sqrt{y^2 + 2}} = y$

정답   (1) $-12\sin(2x)$ (2) ⓐ   (3) y

Problem 7

1. If $y = 3^x$, find y'.

2. If $y = (2x+1)^x$, find y'.

3. If $f(x) = (3x^3 + 2x)^{(2x+1)}$, find $f'(1)$.

Solution

$$\text{①} \ \ y = 3^x \ \Rightarrow \ y' = 3^x \ln 3$$
$$\text{②} \ \ y = x^3 \ \Rightarrow \ y' = 3x^2$$
$$\text{③} \ \ y = x^x \ \Rightarrow \ \ln y = x \ln x$$

(1) $y' = 3^x \ln 3$

(2) $y' = (2x+1)^x \left\{ \ln(2x+1) + \dfrac{2x}{2x+1} \right\}$

양변에 $\ln$을 취하면 $\ln y = x \ln(2x+1)$ 에서 $\dfrac{y'}{y} = \ln(2x+1) + \dfrac{2x}{2x+1}$ 에서

$y' = y \left\{ \ln(2x+1) + \dfrac{2x}{2x+1} \right\}$ $y = (2x+1)^x$ 이므로 $y' = (2x+1)^x \left\{ \ln(2x+1) + \dfrac{2x}{2x+1} \right\}$

(3) $5^3 \left(\ln 25 + \dfrac{33}{5} \right)$

양변에 $\ln$을 취하면

$\ln(f(x)) = (2x+1)\ln(3x^3+2x)$ 에서 $\dfrac{f'(x)}{f(x)} = 2\ln(3x^3+2x) + (2x+1)\dfrac{(9x^2+2)}{3x^3+2x}$

$f(x) = (3x^3+2x)^{(2x+1)}$ 이므로 $f'(x) = (3x^3+2x)^{(2x+1)} \left\{ 2\ln(3x^3+2x) + (2x+1)\dfrac{(9x^2+2)}{3x^3+2x} \right\}$ 에서

$f'(1) = 5^3 \left\{ 2\ln 5 + 3\dfrac{11}{5} \right\} = 5^3 \left\{ \ln 25 + \dfrac{33}{5} \right\}$

정답   (1) $y' = 3^x \ln 3$ (2) $(2x+1)^x \left\{ \ln(2x+1) + \dfrac{2x}{2x+1} \right\}$ (3) $5^3 \left\{ \ln 25 + \dfrac{33}{5} \right\}$

4. Derivatives of Parametrically Defined Functions.(BC)

Parameter를 매개변수라고 한다. CALCULUS BC과정이며 간단하게 말해서 공통의 문자가 보이는 경우의 slope. 즉, $\dfrac{dy}{dx}$는 다음과 같이 구할 수 있다.

$x = f(t)$이고 $y = g(t)$이고 모두 미분가능(Differentiable)할 때,

$$\frac{dy}{dx} = \frac{\dfrac{dy}{dt}}{\dfrac{dx}{dt}}$$ 를 이용하여 구할 수 있다.

다음의 예제들을 풀어보자.

$\left(\textbf{EX 5}\right)$ Find $\dfrac{dy}{dx}$.

(1) $x = 3\cos\theta,\ y = 5\sin\theta$

(2) $x = 3 + \sin t,\ y = 5 + \cos t$

(3) $x = e^{2t} + 2,\ y = 3e^{t} - 1$

(4) $x = \sin^{3}\theta,\ y = -\cos^{3}\theta$

Solution

(1) $\dfrac{dy}{dx} = \dfrac{\dfrac{dy}{d\theta}}{\dfrac{dx}{d\theta}} = \dfrac{5\cos\theta}{-3\sin\theta} = -\dfrac{5}{3}\cot\theta$

(2) $\dfrac{dy}{dx} = \dfrac{\dfrac{dy}{dt}}{\dfrac{dx}{dt}} = \dfrac{-\sin t}{\cos t} = -\tan t$

(3) $\dfrac{dy}{dx} = \dfrac{\dfrac{dy}{dt}}{\dfrac{dx}{dt}} = \dfrac{3e^{t}}{2e^{2t}} = \dfrac{3}{2e^{t}}$

(4) $\dfrac{dy}{dx} = \dfrac{\dfrac{dy}{d\theta}}{\dfrac{dx}{d\theta}} = \dfrac{-3\cos^{2}\theta(-\sin\theta)}{3\sin^{2}\theta\cos\theta} = \dfrac{3\cos^{2}\theta\,\sin\theta}{3\sin^{2}\theta\,\cos\theta} = \cot\theta$

정답　　　(1) $-\dfrac{5}{3}\cot\theta$　　(2) $-\tan t$　　(3) $\dfrac{3}{2e^{t}}$　　(4) $\cot\theta$

다음과 같은 예제들도 풀어보자.

(EX 6) If $x = t^2 + 1$ and $y = t^4 + 2t^2$, then $\dfrac{d^2y}{dx^2}$ is

ⓐ 1　　　　ⓑ 2　　　　ⓒ 3　　　　ⓓ 4

Solution

$$\frac{dy}{dx} = \frac{\dfrac{dy}{dt}}{\dfrac{dx}{dt}} = \frac{4t^3 + 4t}{2t} = 2t^2 + 2 \ (\text{단}, t \neq 0)$$

$$\frac{d}{dx}\frac{dy}{dx} = \frac{d}{dx}(2t^2 + 2) = \frac{d}{dt}(2t^2 + 2)\frac{dt}{dx} = 4t\frac{dt}{dx} \ \text{에서} \ \frac{dx}{dt} = 2t \text{이므로} \ \frac{dt}{dx} = \frac{1}{2t} . \ \text{그러므로}, \ \frac{d^2y}{dx^2} = 2$$

정답　　　ⓑ

다음의 경우를 보자.

만약 $y = (f \circ g)$를 미분(Differentiation)하면 어떻게 될까?
이를 해결하기 위해 Precalculus에서 공부했던 내용을 다시 보면

반드시 알아두자!

$$f \circ g = (f \circ g)(x) = f(g(x))$$

$y = f \circ g = f(g(x))$ 이므로 $y' = f'(g(x))g'(x)$

$\left(\text{EX 7}\right)$ If $f(x) = x^2 + 2x$ and $g(x) = \sin x$, then $(g \circ f)'$ is

ⓐ $-2\sin(x^2 + 2x)$ ⓑ $-2(x+1)\cos(2x+2)$ ⓒ $2(x+1)\cos(x^2+2x)$ ⓓ $\cos(x^2+2x)$

Solution

$g \circ f = g(f(x)) = \sin(x^2 + 2x)$ 에서 $(g \circ f)' = (2x+2)\cos(x^2+2x) = 2(x+1)\cos(x^2+2x)$

정답   ⓒ

반드시 알아두자!

Vector는 다음과 같이 나타 낼 수 있다.

- $f(t) = (x(t), y(t)) = x(t)i + y(t)j \;\Rightarrow\; f'(t) = (x'(t), y'(t)) \;\Rightarrow\; f''(t) = (x''(t), y''(t))$

$\left(\text{EX 8}\right)$ If f is a vector-valued function defined by $f(t) = (e^t, t^3 - 2t^2)$, then $f'(t) =$

ⓐ $(e^t, 3t^2 - 4t)$ ⓑ $(e^t, 6t - 4)$ ⓒ $(e^{2t}, 3t^2 - 4t)$ ⓓ $(e^t, 6)$

Solution

$f'(t) = (e^t, 3t^2 - 4t)$

정답   ⓐ

(BC) Problem 8

1. If $x = e^t$ and $y = \tan(3t)$, find $\dfrac{dy}{dx}$.

2. If $x(t) = t^2 + 1$ and $y(t) = t^4 - 1$, for $t > 0$, then in terms of t, $\dfrac{d^2y}{dx^2} =$

ⓐ t^2 ⓑ 1 ⓒ 2 ⓓ $-t^2$

3. If f is a vector-valued function defined by $f(t) = (\sin(3t), e^{2t})$, then $f'(t) =$

ⓐ $(\cos(3t), e^{3t})$ ⓑ $(3\cos(3t), 2e^{2t})$ ⓒ $(\cos(3t), 2e^{2t})$ ⓓ $(-3\cos(3t), 2e^{2t})$

Solution

(1) $\dfrac{3\sec^2(3t)}{e^t}$

$\dfrac{dy}{dx} = \dfrac{\frac{dy}{dt}}{\frac{dx}{dt}} = \dfrac{3\sec^2(3t)}{e^t}$

(2) $\dfrac{dy}{dx} = \dfrac{\frac{dy}{dt}}{\frac{dx}{dt}} = \dfrac{4t^3}{2t} = 2t^2$

$\dfrac{d^2y}{dx^2} = \dfrac{d}{dx}\dfrac{dy}{dx} = \dfrac{d}{dx}(2t^2) \Rightarrow \dfrac{dt}{dx}\dfrac{d}{dt}(2t^2)$

$\Rightarrow \dfrac{dt}{dx}(4t).$ $\dfrac{dt}{dx} = \dfrac{1}{2t}$ 이므로

$(\dfrac{1}{2t})(4t) = 2$

(3) $f'(t) = (3\cos(3t), 2e^{2t})$

정답   (1) $\dfrac{3\sec^2(3t)}{e^t}$ (2) ⓒ   (3) ⓑ

심선생의 주절주절 잔소리 2

어느 학생들의 경우 Algebra2반에 갔더니 교사가 하는 수업내용이 너무 쉬워 그 시간에 본인 공부를 하고 수업도 안 듣는 학생들이 있었다. 이 학생의 경우 학교의 모든 시험을 만점을 받았고 수학에 재능이 있다고 교사로부터 찬사를 받았다. 하지만 결과가 좋지 않았다면 왜일까? 과연 그 교사는 이 학생을 진심으로 좋아했을까?

절대로 아니라고 말씀드리고 싶다. 항상 겸손한 학생이 대우를 받는다. 제자 중에 소위 남들이 말하는 미국 최고의 대학에 진학한 한 학생은 뻔히 아는 내용을 수업을 하더라도 수업에 집중을 하였고 알면서도 잘 모르는 척 교사에게 기초적인 질문을 하면서 지냈고 나중에는 일부로 그 질문의 질을 높여가며 교사와 친분을 쌓았다. 물론 시험도 잘보고 과제도 잘했었다. 이런 학생이 교사가 봤을 때에는 정말로 가르친 보람이 있는 학생이 되는 것이고 높게 평가받는 학생이 된다. "아" 다르고 "어" 다르다고 하는 것처럼 교사의 멘트 또한 대학 진학에 크게 영향을 준다.

한국대학 입시도 많이 변하였다고는 하지만 아직도 점수가 우선시 되는 것이 사실이다. 하지만 미국의 경우 점수도 좋으면 좋겠지만 교사들로부터 좋은 평을 받는 게 더 중요시 된다. 학교에서 대학으로 보내는 Recommendation을 학생들과 부모님들은 볼 수가 없다. 여기에 만약 안 좋은 말이라도 들어간다면 사실상 원하는 대학은 힘들다고 봐야한다.

예전에 지도했던 학생 중 학교 수학교사와 자주 다투는 학생이 있었다. 학생 말에 따르면 교사가 가끔 문제도 잘못 출제하고 내용을 잘못 설명할 때가 있다고 한다. 그때마다 이 학생은 그 교사에게 따졌었고 결국에는 큰 사건이 터지고 말았는데...파이널 시험지 답안에 "이 문제는 잘못 출제되었음"이라고 적어서 제출을 하였다고 한다. 나중에 학생이 가져온 문제를 봤을 때 필자의 눈에 문제에 오류가 있는 것이 확인되었다. 본인 이외에는 그 어떤 학생도 그 문제를 못 풀었다고 한다. 나중에 학생 성적표의 교사의 멘트가 심상치 않을 것이라는 불길한 예감이 들었는데....아니나 다를까..교사의 멘트가 상당히 적대적이었던 것이 기억이 난다. 당시 SAT 2360점으로 거의 만점에 가까웠고 전체적인 학점도 좋았으며 AP성적도 5개가 만점 이었던 학생이 진학했던 대학은 본인 생각에 완전 Safety학교인 대학에 진학을 하게 되었다. 본인이 원했던 모든 대학은 모두 Reject가 되었다. 과연 이것이 우연일까 싶다.

항상 겸손한 태도로 학교생활을 해야 한다는 말씀을 드리고 싶다.

03. (T, D, M, L)

1. Tangents and Normals
2. Derivative of Inverse Functions
3. Mean Value Theorem and Rolle's Theorem
4. L'Hopital's Rule

시작에 앞서서...

네 개의 주제들을 한 단원으로 묶어 보았다. Derivative of Inverse Functions과 Mean Value Theorem and *Rolle's Theorem* 단원은 내용은 간단하면서도 은근히 문제를 보면 까다로운 부분이다. 반복해서 보도록 하자.

1. Tangents and Normals

I. Tangents and Normals

접선의 방정식(The equation of the tangent line)은 다음과 같이 구한다.

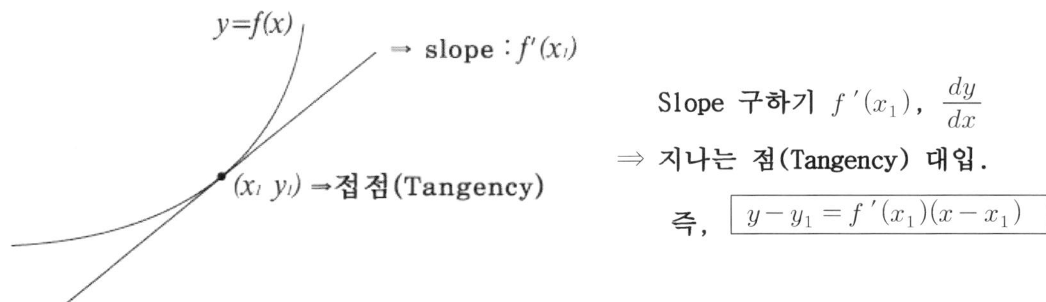

Slope 구하기 $f'(x_1)$, $\dfrac{dy}{dx}$

⇒ 지나는 점(Tangency) 대입.

즉, $\boxed{y - y_1 = f'(x_1)(x - x_1)}$

II. Normals

Normal line 방정식은 다음과 같이 구한다.

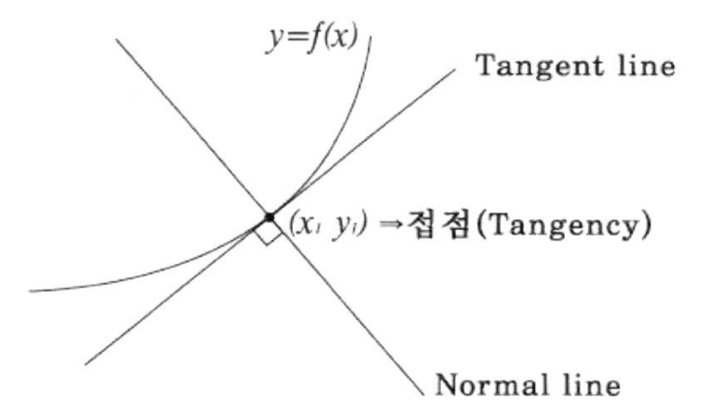

⇒

1. Tangent line Slope 구하기

$f'(x_1)$, $-\dfrac{dx}{dy}$

2. Normal line Slope 구하기

$-\dfrac{1}{f'(x_1)}$, $-\dfrac{dy}{dx}$

(※두 직선이 수직(Perpendicular)이면 기울기 끼리 곱은 -1이다.)

3. 지나는 점(Tangency) 대입

즉, $\boxed{y - y_1 = -\dfrac{1}{f'(x_1)}(x - x_1)}$

III. Tangent to Parametrically Defined Curve(BC)

1. Slope 구하기. $\dfrac{dy}{dx} = \dfrac{\dfrac{dy}{dt}}{\dfrac{dx}{dt}} = \dfrac{\dfrac{dy}{d\theta}}{\dfrac{dx}{d\theta}}$

2. 지나는 점(Tangency) 대입

IV. Slope

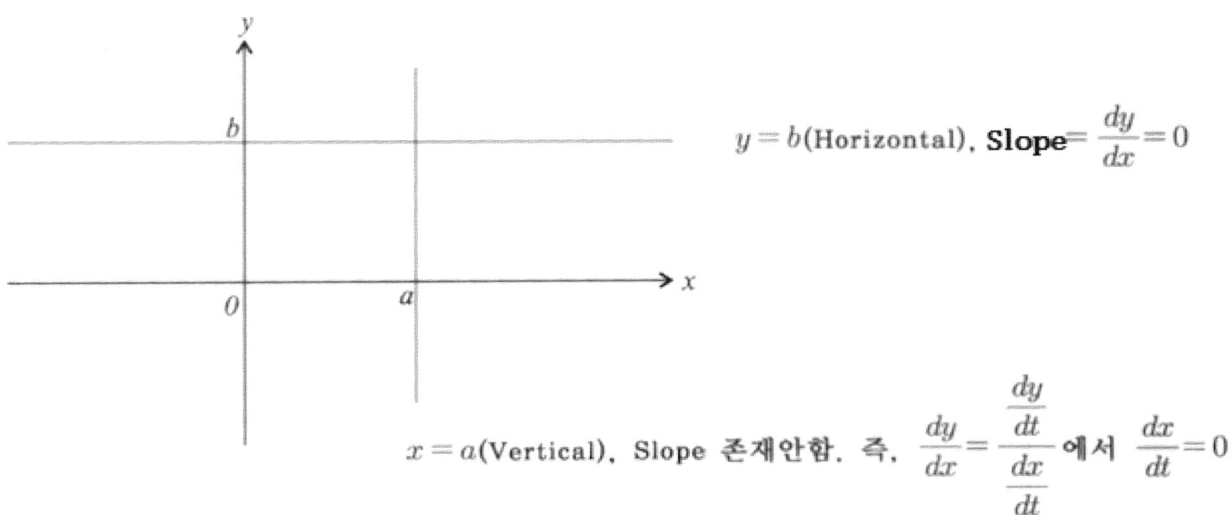

$y = b$(Horizontal), **Slope** $= \dfrac{dy}{dx} = 0$

$x = a$(Vertical), Slope 존재안함. 즉, $\dfrac{dy}{dx} = \dfrac{\dfrac{dy}{dt}}{\dfrac{dx}{dt}}$ 에서 $\dfrac{dx}{dt} = 0$

다음의 예제들을 풀어보자.

(EX 1) Find the equation of the tangent line to the graph of $y = x^3 + 2$ at $x = 2$

Solution

① Slope $f'(2) = 3 \cdot 2^2 = 12$
② Tangency는 $(2, 10)$이므로 $y - 10 = 12(x - 2)$ 에서 $y = 12x - 14$

정답 $y = 12x - 14$

(EX 2) Find the equation of the normal line to the graph of $y = \sqrt{2x}$ at $x = 2$.

Solution

① Tangent line slope $f'(2) = \dfrac{1}{\sqrt{2 \cdot 2}} = \dfrac{1}{2}$

② Normal line slope $\dfrac{1}{2} m = -1$ 에서 $m = -2$

③ Tangency 는 $(2, 2)$이므로 $y - 2 = -2(x - 2)$ 에서 $y = -2x + 6$

정답 $y = -2x + 6$

$\left(\text{BC}\right)\left(\text{EX 3}\right)$ Find the equation of the tangent to $(5t+1, 4t-2)$ at the point where $t=0$.

Solution

$x=5t+1$, $y=4t-2$ 이므로 Slope는 $\dfrac{dy}{dx}=\dfrac{\frac{dy}{dt}}{\frac{dx}{dt}}=\dfrac{4}{5}$ 이고 tangency는 $(1, -2)$이므로

$y+2=\dfrac{4}{5}(x-1)$ 에서 $y=\dfrac{4}{5}x-\dfrac{14}{5}$

정답 $y=\dfrac{4}{5}x-\dfrac{14}{5}$

Problem 1

(1) Find the slope of the line tangent to the curve $y^3 + xy = 1$ at $(0, 1)$.

(2) Let f be a differentiable function with $f(-2) = 5$ and $f'(-2) = 3$, and let g be the function defined $g(x) = x^2 f(x)$. Find the equation of the line tangent to the graph of g at the point where $x = -2$.

(3) At what point on the graph $y = x^2$ is the tangent line parallel to the line $2x - y = 5$?
   ⓐ $(0, 0)$ ⓑ $(0, -1)$ ⓒ $(1, 1)$ ⓓ $(-1, 2)$

Solution

(1) $-\dfrac{1}{3}$

$3y^2 \dfrac{dy}{dx} + y + x \dfrac{dy}{dx} = 0$ 에서 $(3y^2 + x)\dfrac{dy}{dx} = -y$. 그러므로, $\dfrac{dy}{dx} = -\dfrac{1}{3}$. 즉, Slope는 $-\dfrac{1}{3}$

(2) $y = -8x + 4$
Slope는 $g'(-2)$이고 $g'(x) = 2xf(x) + x^2 f'(x)$ 에서
$g'(-2) = -4f(-2) + 4f'(-2) = -20 + 12 = -8$
$g(-2) = 4f(-2) = 20$이므로 $(-2, 20)$을 지남.
그러므로, $y - 20 = -8(x + 2)$ 에서 $y = -8x + 4$

(3) ⓒ
$y' = 2x$ 이고 평행이면 Slope가 같으므로 $y = 2x - 5$ 에서 $2x = 2$.
그러므로, $x = 1$이고 $y = 1$. 그러므로, 정답은 ⓒ

정답   (1) $-\dfrac{1}{3}$ (2) $y = -8x + 4$ (3) ⓒ

(BC) Problem 2

(1) Find the equation of the line tangent to $(\sin\theta, \cos\theta)$ at the point where $\theta = \dfrac{\pi}{3}$.

(2) A curve P is defined by the parametric equations $x = t^2 - 2t + 3$ and $y = t$.
Find the equation of the line tangent to the graph of P at the point $(2, 1)$.

(3) For what values of t does the curve given the parametric equations $x = \dfrac{1}{3}t^3 - \dfrac{1}{2}t^2 + 5$

and $y = t^4 + 3t^3 + 2t^2 + 5t - 3$ have a vertical tangent?

ⓐ 0 　　　　ⓑ 0 and 1 　　　　ⓒ 1 　　　　ⓓ -1, 0 and 1

Solution

(1) $y = -\sqrt{3}\,x + 2$

$x = \sin\theta, y = \cos\theta$이므로 $\dfrac{dy}{dx} = \dfrac{\dfrac{dy}{d\theta}}{\dfrac{dx}{d\theta}} = -\dfrac{\sin\theta}{\cos\theta} = -\tan\theta$ 이고 $\theta = \dfrac{\pi}{3}$이면 $-\sqrt{3}$이고 $(\sin\dfrac{\pi}{3}, \cos\dfrac{\pi}{3})$

즉, $(\dfrac{\sqrt{3}}{2}, \dfrac{1}{2})$을 지나므로 $y - \dfrac{1}{2} = -\sqrt{3}(x - \dfrac{\sqrt{3}}{2})$ 에서 $y = -\sqrt{3}\,x + \dfrac{3}{2} + \dfrac{1}{2}$ 에서 $y = -\sqrt{3}\,x + 2$

(2) $x = 2$

Slope를 구해보면, $\dfrac{dy}{dx} = \dfrac{\dfrac{dy}{dt}}{\dfrac{dx}{dt}} = \dfrac{1}{2t - 2}$, $y = 1$이므로 $t = 1$. $t = 1$일 때 $\dfrac{dx}{dt} = 0$ 이므로 Slope가 존

재하지 않는다. 즉, Vertical line. 그러므로, $x = 2$

(3) ⓑ

Vertical tangent는 $\dfrac{dx}{dt} = t^2 - t = 0$ 에서 $t = 0, 1$. 그러므로, 정답은 ⓑ

정답　　　(1) $y = -\sqrt{3}\,x + 2$　　　(2) $x = 2$　　　(3) ⓑ

2. Derivative of Inverse Functions

한 마디로 말해서 역함수(Inverse Function)의 미분(Differentiation)방법이다. 다음을 보자.

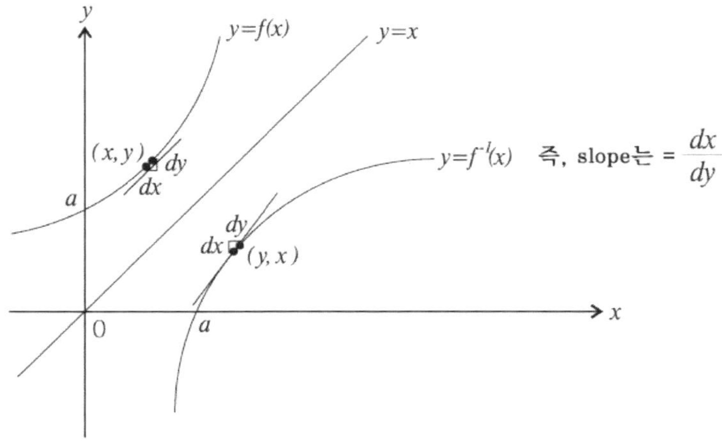

① Inverse function은 $y = x$에 대해 원래함수와 대칭이 된다. 또한 $y = f(x)$ 위의 한 점 (x, y)를 $y = x$에 대해 대칭시키면 (y, x)가 된다.

② $y = f(x)$의 Derivative는 $\dfrac{dy}{dx}$ 이지만 $y = f^{-1}(x)$의 Derivative는 $\dfrac{dx}{dy}$ 이다.

③ $y = f(x) \Rightarrow x = f^{-1}(y)$

위의 ①, ②, ③을 자세히 보면 다음과 같은 규칙이 나온다.

반드시 암기하자!

Derivative of Inverse Functions

$$(f^{-1})'(\bigcirc) = \frac{dx}{dy} = \frac{1}{\dfrac{dy}{dx}} = \frac{1}{f'(\triangle)} : \bigcirc 은\ y값,\ \triangle 은\ x값을\ 나타낸다.$$

x값

$: y = f(x)$에서 y값으로부터 x값을 찾는다.

문제를 풀다보면 생각보다 많이 헷갈리는 부분이기도 하다. 필자는 이 부분과 관련하여 시험 전에 학생들에게 위의 내용을 필기하라고 하였다. "Derivative of Inverse Functions"와 관련된 문제들은 위의 내용으로 모두 해결이 된다.

다음의 예제들을 통해서 앞의 설명들을 이해해 보자.

EX 4) If $f(x) = x + 2$ and $g(x) = f^{-1}(x)$, then find $g'(3)$.

Solution

$g'(3) = (f^{-1})'(3)$ 에서 3은 y값 이므로 $x + 2 = 3$ 에서 $x = 1$. 그러므로, $g'(3) = \dfrac{1}{f'(1)} = 1$

정답　　1

EX 5) Suppose $f(1) = 5$, $f'(1) = 4$ and $f'(3) = 2$, then find $(f^{-1})'(5)$.

Solution

$(f^{-1})'(5)$ 에서 5는 y값 이므로 $f(1) = 5$에서 $y = 5$ 일 때, $x = 1$. 즉 $(f^{-1})'(5) \dfrac{1}{f'(1)}$ 이므로 $\dfrac{1}{4}$

정답　　$\dfrac{1}{4}$

Problem 3

(1) If g is the inverse function of f and if $f(x) = x^3 + 1$, then $g'(9) =$

(a) 1   (b) $\dfrac{1}{12}$ (c) 12   (d) $\dfrac{1}{243}$

x	$f(x)$	$f'(x)$
1	2	1
2	5	2
3	10	3

(2) The table above gives selected values for a differentiable function f and its derivative. If g is the inverse function of f, what is the value of $g'(5)$?

(a) $\dfrac{1}{10}$ (b) $\dfrac{1}{3}$ (c) $\dfrac{1}{2}$ (d) 1

Solution

(1) (b)

$$g'(9) = (f^{-1})'(9) = \frac{1}{f'(2)} \quad (\text{※ } x^3 + 1 = 9 \text{에서 } x = 2)$$

（y값 / x값찾기）

$f'(x) = 3x^2$에서 $f'(2) = 12$. 그러므로, $g'(9) = \dfrac{1}{f'(2)} = \dfrac{1}{12}$

(2) (c)

$$g'(5) = (f^{-1})'(5) = \frac{1}{f'(2)} = \frac{1}{2} \quad (\text{※ } f(2) = 5 \text{에서 } x = 2)$$

（y값 / x값찾기）

정답   (1) (b)   (2) (c)

3. Mean Value Theorem and Rolle's Theorem

I. Mean Value Theorem

$y = f(x)$의 그래프가 주어진 구간에서 반드시 연속(Continuous)이고 미분가능 (Differentiable)할 때, 다음의 이론이 성립한다.

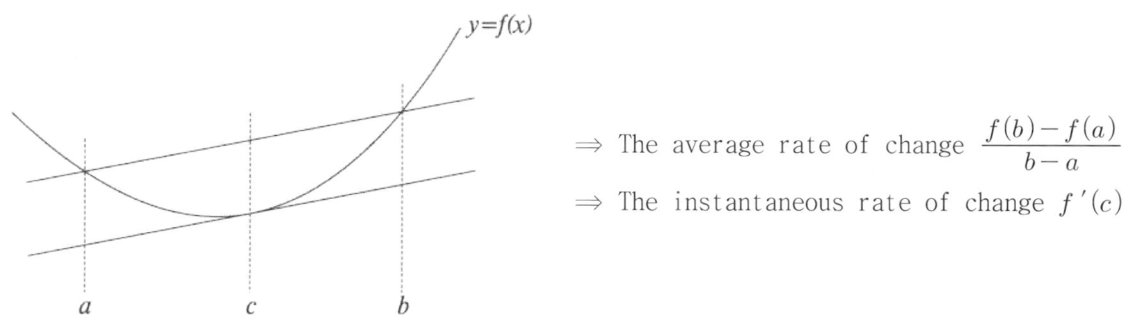

$\Rightarrow$ The average rate of change $\dfrac{f(b)-f(a)}{b-a}$

$\Rightarrow$ The instantaneous rate of change $f'(c)$

$y = f(x)$가 주어진 구간 $[a, b]$에서 연속 (Continuous)이고 미분가능(Differentiable)할 때, $\dfrac{f(b)-f(a)}{b-a} = f'(c)$을 만족하는 c값이 구간 $[a, b]$내에 **적어도 한 개(At least one) 존재한다.**

II. Rolle's Theorem

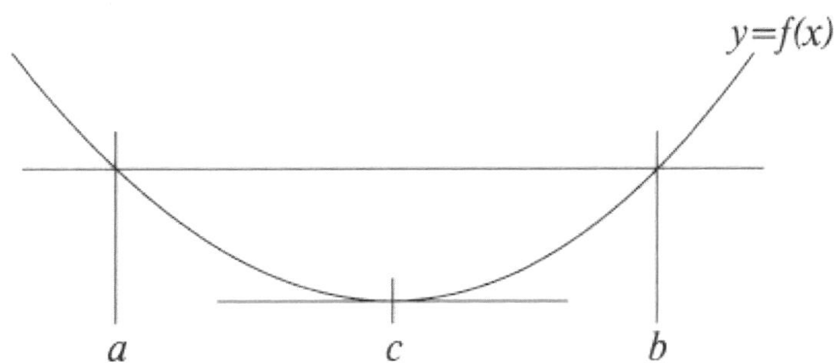

$y = f(x)$가 주어진 구간 $[a, b]$에서 **연속(Continuous)이고 미분가능(Differentiable)하고** $f(a) = f(b)$**일 때,** $f'(c) = 0$**을 만족하는** c**값이 구간** $[a, b]$**내에 적어도 한 개(At least one) 존재한다.**

III. Extreme Value Theorem, IVT, MVT, Rolle's Theorem.

이 단원에서는 "Limit" 단원에서 설명했던 Intermediate Value Theorem(IVT), Extreme Value Theorem 과 Mean Value Theorem(MVT), Rolle's Theorem에 대해 종합적으로 설명하고자 한다.
간단한 이론 같으면서도 실제 AP 시험에서는 은근히 까다롭게 느껴지는 내용들이다.

다음을 보자.

(1) Extreme Value Theorem

(2) Intermediate Value Theorem

주어진 구간 내에서 연속(Continuous)이면 된다.

(3) Mean Value Theorem

(4) Rolle's Theorem

주어진 구간 내에서 반드시 미분가능(Differentiable)이어야 한다.

(1) Extreme Value Theorem

주어진 구간 내에서 $y = f(x)$가 연속(Continuous)이라면 반드시 Maximum value와 Minimum value가 구간 내에 존재.
구간 내에 $f'(x)$가 존재 할 수도 있고 안 할 수도 있다.
즉, $f'(x)$가 반드시 존재하는 것은 아니다.

다음의 경우를 보자.

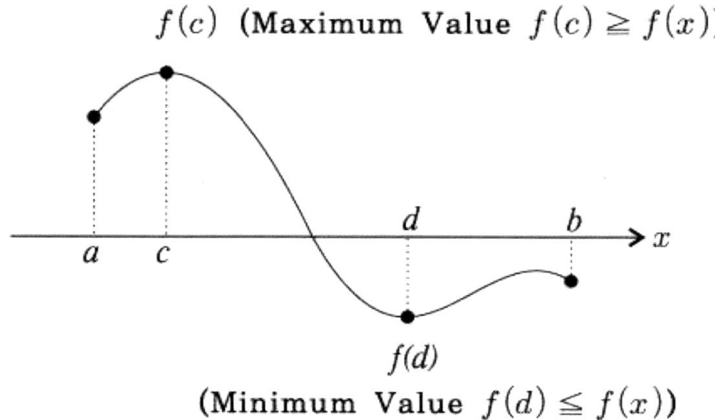

ⓐ 주어진 구간 내에 $f'(x)$ 존재.
ⓑ 주어진 구간 내에서 연속이기만 하면 반드시 Maximum Value와 Minimum Value 존재.

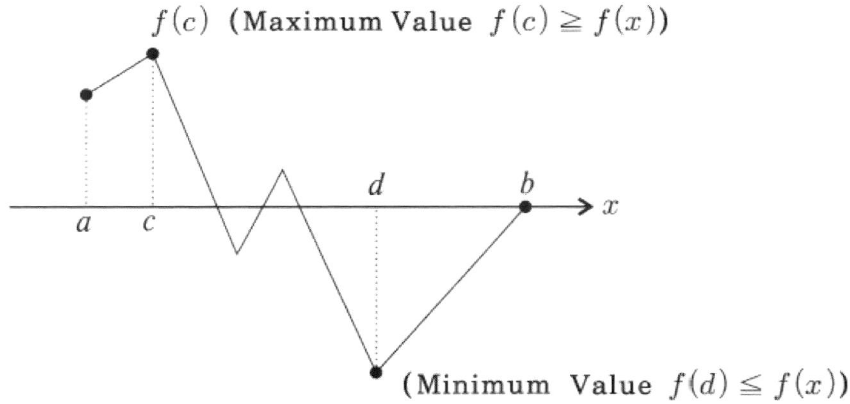

ⓐ 주어진 구간 내에 $f'(x)$ 존재 안함.

ⓑ 주어진 구간 내에서 연속(Continuous)이기만 하면 반드시 Maximum Value와 Minimum Value 존재.

ⓒ $\dfrac{f(b)-f(a)}{b-a}=f'(c)$인 c가 존재 안함.

(2) Intermediate Value Theorem(IVT)

- $y=f(x)$가 주어진 구간에서 연속(Continuous)이기만 하면 적용 가능한 이론.
- $y=f(x)$가 반드시 미분가능(Differentiable)일 필요는 없다.
- 구간 $[a,b]$가 주어진다면 반드시 $f(a)$와 $f(b)$를 알아야 적용이 가능한 이론.
- 구간 $[a,b]$가 주어졌을 때 반드시 $f(a)$와 $f(b)$가 Maximum Value 또는 Minimum Value가 되는 것은 아니다.

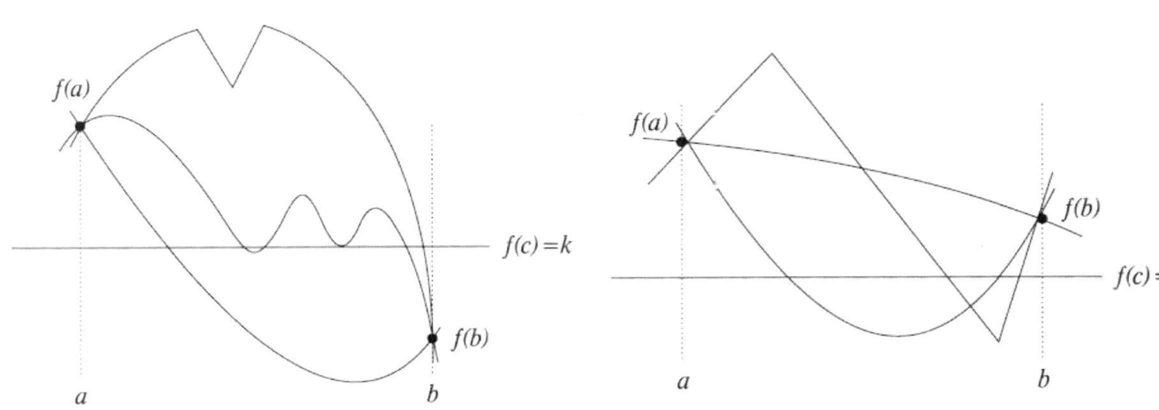

ⓐ $f(c) = k$인 c가 반드시 $[a, b]$내에 1개 이상(at least one)존재.

ⓑ $f'(c)$가 반드시 $[a, b]$내에 존재 하는 것은 아니다.

　　즉, $\dfrac{f(b) - f(a)}{b - a} = f'(c)$인 c가 존재 할 수도 있고 안 할 수도 있다.

ⓒ $f(a)$, $f(b)$가 반드시 Maximum Value 또는 Minimum Value는 아니다.

(3) Mean Value Theorem(MVT)

• $y = f(x)$가 주어진 구간 $[a, b]$내에서 미분가능(Differentiable) 일 때 적용가능.
(Differentiable 이면 반드시 Continuous 이다.)

• $\dfrac{f(b) - f(a)}{b - a} = f'(c)$인 c가 구간 내에 적어도 한 개(at least one)존재.

(4) Rolle's Theorem

• $y = f(x)$가 주어진 구간 $[a, b]$내에서 미분가능 (Differentiable)이고 반드시 $f(a) = f(b)$ 일 때 적용 가능.

• $f'(c) = 0$인 c가 구간 내에 적어도 한 개 (at least one) 존재.

• $f(a)$, $f(b)$ 값을 알아야만 Rolle's Theorem을 적용 시킬 수 있다.

Problem 4

(1) Find the value of c that satisfy the mean value theorem for
$f(x) = 3x^2 + 24x + 2$ in the interval $[-2, 2]$.

(2) Find the value of c that satisfy the Rolle's Theorem for $f(x) = 2x^3 - 2x$ in the interval $[-1, 1]$.

Solution

(1) 0

$f(x) = 3x^2 + 24x + 2$ 는 구간 $[-2, 2]$에서 연속이고 미분 가능하므로 $\dfrac{f(2) - f(-2)}{2 - (-2)} = f'(c)$에서

$24 = 6c + 24$ 이므로 $c = 0$이고 $c = 0$은 구간 $[-2, 2]$내에 포함되므로 OK.

(2) $\pm \dfrac{\sqrt{3}}{3}$

$f(x) = 2x^3 - 2x$는 구간 $[-1, 1]$에서 연속이고 미분 가능하고, $f(-1) = f(1)$ 이므로

$f'(0) = 0$에서 $6c^2 - 2 = 0$ 에서 $c = \pm \dfrac{1}{\sqrt{3}} = \pm \dfrac{\sqrt{3}}{3}$. $\pm \dfrac{\sqrt{3}}{3}$은 모든 구간 $[-1, 1]$내에 포함되므로

OK

정답   (1) 0 (2) $\pm \dfrac{\sqrt{3}}{3}$

Problem 5

If f is a continuous function on the closed interval $[1,5]$, which of the following must be true?

ⓐ There is a number c in the open interval $(1,5)$ such that $f'(c) = \dfrac{f(5)-f(1)}{4}$.

ⓑ There is a number c in the open interval $(1,5)$ such that $f'(c) = 0$.

ⓒ There is a number c in the open interval $(1,5)$ such that $f(c) = 0$.

ⓓ There is a number c in the open interval $(1,5)$ such that $f(c) \leq f(x)$ for all x in $[1,5]$.

Solution

ⓐ MVT를 적용 시킬 수 없다. "Differentiable..." 조건이 없기 때문이다.

ⓑ "Differentiable" 조건도 없고 $f(1)$과 $f(5)$의 값을 몰라서 Rolle's Theorem을 적용 시킬 수 없다.

ⓒ $f(1)$과 $f(5)$의 값을 모르기 때문에 알 수 없다. ($\Rightarrow$ Intermediate Value Theorem)

ⓓ f가 $[1,5]$에서 연속이기 때문에 구간 내에 반드시 Maximum Value, Minimum Value가 존재한다.

정답　　ⓓ

Problem 6

If f is differentiable when $a \leq x \leq b$, which of the following could be false?

ⓐ f has a minimum value on $a \leq x \leq b$.

ⓑ There exists c, where $a < x < b$, such that $f(c) = 0$

ⓒ $f'(c) = \dfrac{f(b) - f(a)}{b - a}$ for some c such that $a < c < b$.

ⓓ If $f(a) = f(b)$, $f'(c) = 0$ for some c such that $a < c < b$.

Solution

ⓐ Differentiable 이면 당연히 Continuous 이므로 주어진 구간 내에서 Maximum value, Minimum Value가 존재한다.

ⓑ $f(a)$와 $f(b)$의 값을 알아야 Intermediate Value Theorem(IVT)를 적용시킬 수 있다.

ⓒ Differentiable이면 MVT 적용이 가능

ⓓ $f(a) = f(b)$이고 differentiable 이면 Rolle's Theorem 적용가능

정답   ⓑ

4. L'Hopital's Rule(로피탈 정리)

계산이 잘 안될 것 같은 limit 값을 미분(Differentiation)의 방법을 통해서 구하는 것이다.
한 마디로 limit 값을 쉽게 구하는 "limit 계산의 꼼수" 라고나 할까...^^*

다음과 같이 그냥 간단히 따라 하시면 되느니라~!

반드시 알아두자!

$\dfrac{\infty}{\infty}$, $\dfrac{0}{0}$ 꼴의 limit 값은
분모(Denominator), 분자(Numerator)를 따로 계속 미분(Differentiation)!

그럼 언제까지 미분(Derivative)하지?
보통 분모(Denominator)나 분자(Numerator) 중에 0 or ∞이 벗어나는 값이 한 개라도 나오면 그만하도록 한다.

위의 설명이 무슨 소리인지는 다음의 예제를 통해서 알아보도록 하자.

$\left(\textbf{EX 6}\right)$ Evaluate $\displaystyle\lim_{x\to\infty}\dfrac{2x^2-3}{5x^2+3x-1}$.

Solution

x 대신에 ∞를 대입시켜보면 $\dfrac{\infty}{\infty}$꼴이므로 분모, 분자를 따로 계속 미분해나가면

$$\lim_{x\to\infty}\dfrac{(2x^2-3)'}{(5x^2+3x-1)'}=\lim_{x\to\infty}\dfrac{(4x)'}{(10x+3)'}\Rightarrow\lim_{x\to\infty}\dfrac{4}{10}=\dfrac{2}{5}$$

정답 $\qquad \dfrac{2}{5}$

$\left(\text{EX 7}\right)$ Evaluate $\lim\limits_{x \to 0}\dfrac{\sin 3x}{2x}$.

Solution

x대신에 0을 대입시켜보면 $\dfrac{0}{0}$꼴이므로 분모(Denominator), 분자(Numerator)를 따로 계속 미분(Differentiation)해나가면

$$\lim\limits_{x \to 0}\dfrac{(\sin 3x)'}{(2x)'} \Rightarrow \lim\limits_{x \to 0}\dfrac{3\cos 3x}{2} \quad (\Rightarrow x \text{ 대신에 } 0\text{을 대입! } \dfrac{0}{0}\text{꼴이 안되므로...}) = \dfrac{3}{2}$$

정답 $\quad \dfrac{3}{2}$

$\left(\text{EX 8}\right)$ Evaluate $\lim\limits_{x \to \infty}\dfrac{x}{e^x}$.

Solution

x대신에 ∞을 대입시켜보면 $\dfrac{\infty}{\infty}$꼴이므로

분모(Denominator), 분자(Numerator)를 따로 계속 미분(Differentiation)해나가면

$$\lim\limits_{x \to \infty}\dfrac{(x)'}{(e^x)'} = \lim\limits_{x \to \infty}\dfrac{1}{e^x} = 0$$

정답 $\quad 0$

Problem 7

(1) Find $\displaystyle\lim_{x\to 0}\frac{5x+\sin 2x}{x}$

(2) Find $\displaystyle\lim_{x\to\frac{\pi}{3}}\frac{x-\frac{\pi}{2}}{\cos x}$

(3) Find $\displaystyle\lim_{x\to\infty}xe^{-2x}$

(4) Find $\displaystyle\lim_{x\to\infty}e^{-x}\ln x$

Solution

(1) 7

$\frac{0}{0}$꼴 이므로 로피탈 정리를 사용하면 $\displaystyle\lim_{x\to 0}\frac{(5x+\sin 2x)'}{(x)'}=\lim_{x\to 0}(5+2\cos 2x)=5+2=7$

(2) -1

$\frac{0}{0}$꼴 이므로 로피탈 정리를 사용하면 $\displaystyle\lim_{x\to\frac{\pi}{2}}\frac{(x-\frac{\pi}{2})'}{(\cos x)'}=\lim_{x\to\frac{\pi}{2}}\frac{1}{-\sin x}=-1$

(3) 0

$\frac{\infty}{\infty}$꼴 이므로 로피탈 정리를 사용하면 $\displaystyle\lim_{x\to\infty}\frac{(x)'}{(e^{2x})'}=\lim_{x\to\infty}\frac{1}{2e^{2x}}=0$

(4) 0

$\frac{\infty}{\infty}$꼴 이므로 로피탈 정리를 사용하면 $\displaystyle\lim_{x\to\infty}\frac{(\ln x)'}{(e^x)'}=\lim_{x\to\infty}\frac{\frac{1}{x}}{e^x}=\frac{0}{\infty}=0$

정답　　(1) 7　(2) -1 (3) 0　(4) 0

Problem 8

1. $\displaystyle\lim_{x \to 0} \frac{2\tan x}{e^{5x} - 1}$

2. $\displaystyle\lim_{x \to \infty} \frac{e^x + 5x}{3x}$

3. $\displaystyle\lim_{x \to 0} \frac{x^2}{3 - 3\cos x}$

4. $\displaystyle\lim_{x \to \infty} \frac{2x^2}{e^{2x}}$

Solution

1. $\dfrac{0}{0}$ 모양이므로 L' Hopital's Rule 적용!

$$\lim_{x \to 0} \frac{(2\tan x)'}{(e^{5x} - 1)'} = \lim_{x \to 0} \frac{2\sec^2 x}{5e^x} = \frac{2}{5}$$

2. $\dfrac{0}{0}$ 모양이므로 L' Hopital's Rule 적용!

$$\lim_{x \to \infty} \frac{(e^x + 5x)'}{(3x)'} \Rightarrow \lim_{x \to \infty} \frac{e^x + 5}{3} = \frac{\infty}{3} = \infty$$

3. $\dfrac{0}{0}$ 모양이므로 L' Hopital's Rule 적용!

$$\lim_{x \to 0} \frac{(x^2)'}{(3 - 3\cos x)'} \Rightarrow \lim_{x \to 0} \frac{(2x)'}{(3\sin x)'} \Rightarrow \lim_{x \to 0} \frac{2}{3\cos x} = \frac{2}{3}$$

4. $\dfrac{\infty}{\infty}$ 모양이므로 L' Hopital's Rule 적용!

$$\lim_{x \to \infty} \frac{(2x^2)'}{(e^{2x})'} \Rightarrow \lim_{x \to \infty} \frac{(4x)'}{(2e^{2x})'} \Rightarrow \lim_{x \to \infty} \frac{4}{4e^{2x}} = \frac{4}{\infty} = 0$$

정답　　1) $\dfrac{2}{5}$　2) ∞　3) $\dfrac{2}{3}$　4) 0

04. Graph 해석

1. Graph 그리기.
2. Graph의 추정
3.
$$y = f(x) \implies y = f'(x) \text{ Graph 추정하기.}$$
$$y = f'(x) \implies y = f(x) \text{ Graph 추정하기.}$$

사실 수많은 Graph가 존재하는데 문제는 그 Graph 들을 정확하게 그리기가 어렵다는 점이다.
어차피 계산기를 이용하여 Graph를 그려도 정확한 Graph가 그려지지는 않는다.
대략 어느 정도만 맞게 그려지는 것이다.

Graph 단원에서는 크게 두 단원으로 구분된다.
Graph 그리기
Graph 추정

AP Calculus 시험에서는 2. Graph의 추정만 출제가 되지만 학교에서는 Graph 그리기도 수업은 하므로
두 가지 모두 자세히 공부하여야 한다.

시작에 앞서서...

CALCULUS를 공부하는데 있어서 너무나 중요한 단원이다. 필자가 강조하는 부분은 숙달 될 때까지 반
복하기 바란다. 학교 시험에서도 그렇고 5월 AP CALCULUS 시험에서도 비중이 상당히 높은 단원이다.

1. Graph 그리기

I. Polynomial function이란?

$y = ax^n + bx^{n-1} + cx^{n-2} + \cdots + z$ 와 같이 생긴 function이며 Polynomial function은 그 모양이 어느 정도 정해져 있다.

다음과 같이 알아두자.

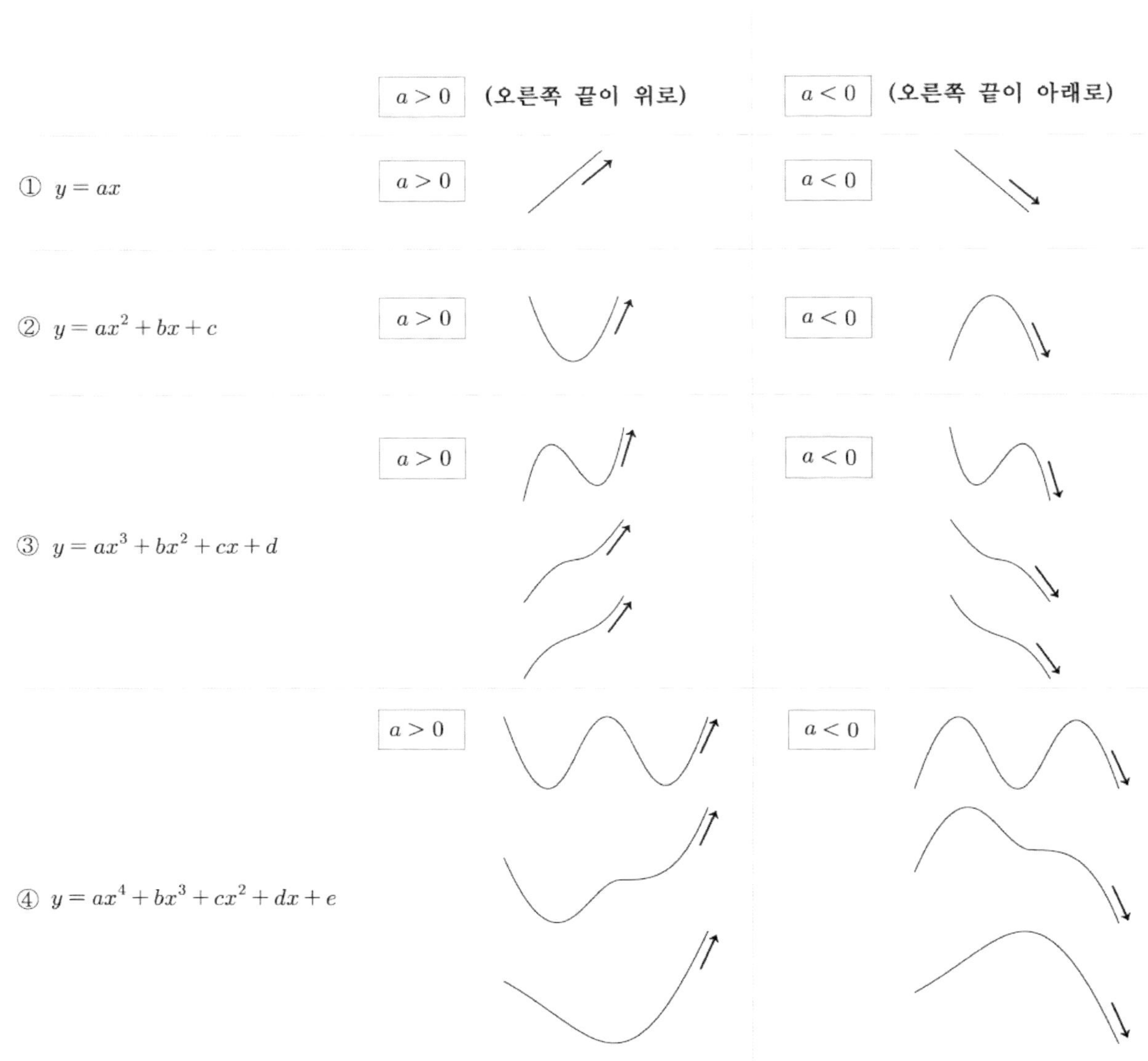

Shim's Tip!

Polynomial Function Graph 그리기

1. 앞에서 설명한 대로 그래프의 개형을 대략적으로 그리기.
2. $f'(x) = 0$이 되게 하는 x값 찾기.

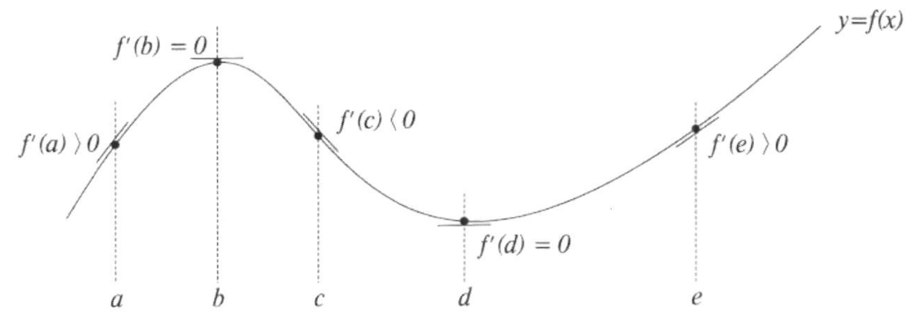

3. $y-$ intercept 찾기 ($x = 0$ 대입).

다음의 예제들을 통해서 Polynomial Function Graph들을 대략적으로 그려보자.

$\left(\text{ EX 1 }\right)$ Graph of $y = x^3 - 6x^2 + 9x - 4$

Solution

① 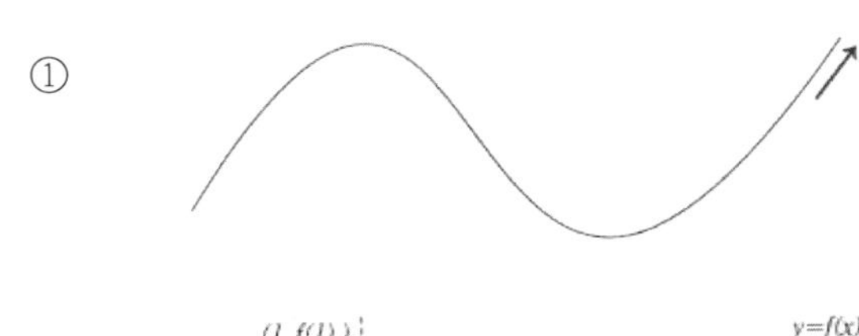

x^3의 Coefficient가 (+)이므로 오른쪽 끝이 위로 올라간다.
일단 다음과 같이 그린다.

② 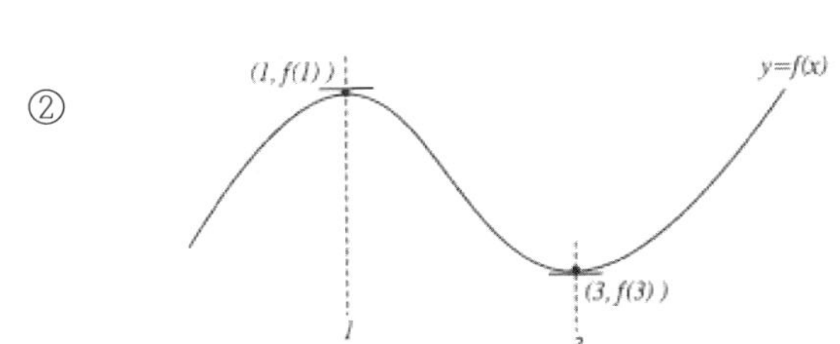

$f'(x) = 0$인 x값을 찾는다. $3x^2 - 12x + 9 = 0$ 에서 $x = 1, 3$
그러므로, 이 그래프는 그림과 같이 그려진다.

$\left(\text{EX 2}\right)$ Graph of $y = -\dfrac{1}{3}x^3 + x^2 - x + 1$

Solution

① x^3의 Coefficient가 (−)이므로
오른쪽 끝이 밑으로 간다.
일단 다음과 같이 그린다.

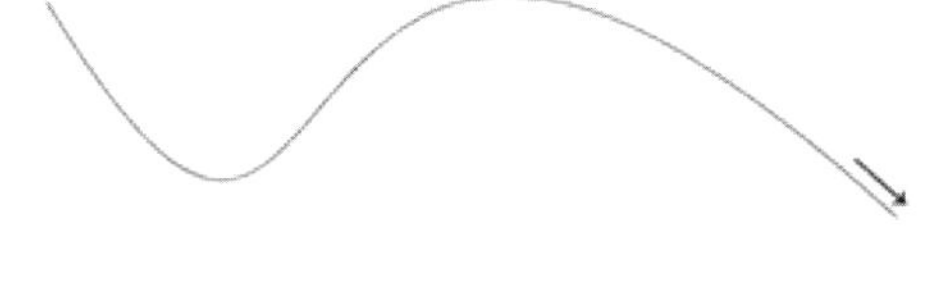

② $f'(x) = 0$인 x값을 찾는다.
$y' = -x^2 + 2x - 1$ 에서 $(x-1)^2 = 0$ 에서 $x = 1$
즉, x값이 하나만 나오므로 위의 그래프 형태가 아닌 그림과 같은 형태가 된다.

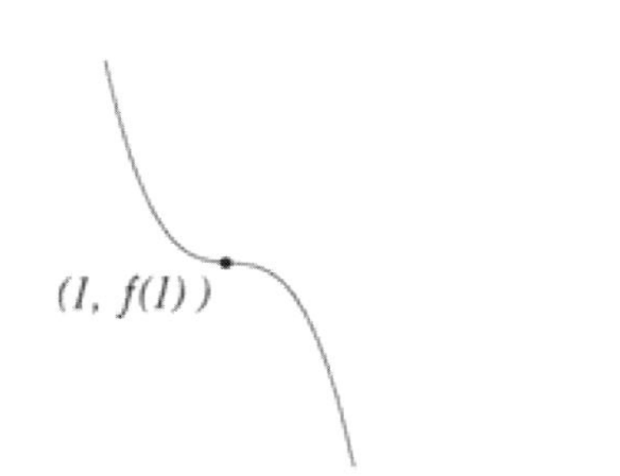

$\left(\text{EX 3}\right)$ Graph of $y = \dfrac{1}{3}x^3 + \dfrac{1}{2}x^2 + 2x + 1$

Solution

① x^3의 Coefficient가 (+)이므로 오른쪽 끝이 위로 간다. 일단 다음과 같이 그린다.

② $f'(x) = 0$인 x값을 찾는다.
$y' = x^2 + x + 2$, $x^2 + x + 2 = 0$ 에서 x값은 허수(Imaginary Number)가 된다.
즉, $f'(x) = 0$을 만족하는 실수(Real Number)가 없다.
따라서, $y = f(x)$의 Graph는 단조롭게 증가(Monotone Increasing)하는 모양을 나타내게 된다.

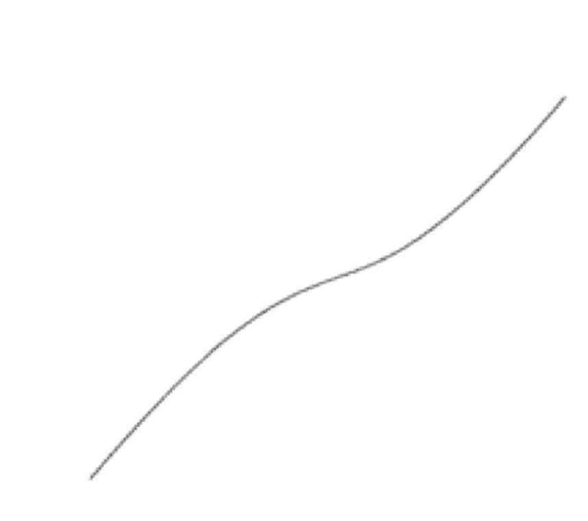

$\left(\text{EX 4}\right)$ Graph of $y = -x^2 + 3x + 4$

Solution

① x^2의 Coefficient가 (-)이므로 오른쪽 끝이 밑으로 향한다. 일단 다음과 같이 그린다.

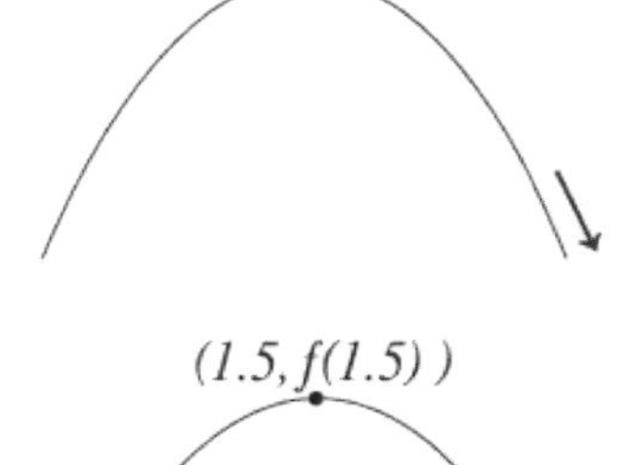

② $f'(x) = 0$인 x값을 찾는다.
$y' = -2x + 3$ 에서 $x = 1.5$

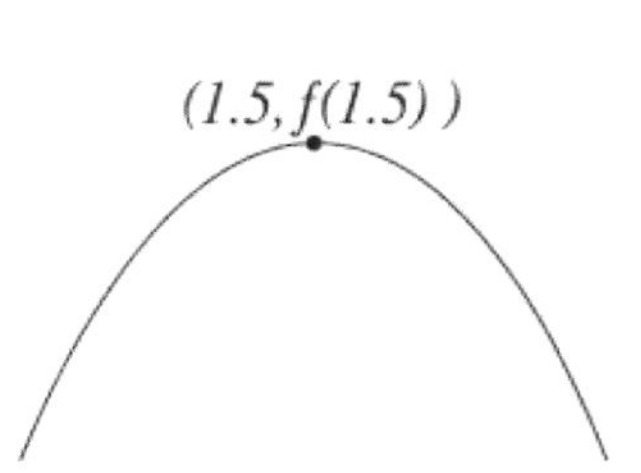

Quadratic Function들의 Graph들은 이처럼 미분(Differentiation)을 이용하면 보다 쉽게 그릴 수 있다.

III. Polynomial Function Graph 그리기 ②

예를 들어, $f(x) = (x-1)(x-2)^2(x-3)^3(x-4)^4$ 의 개형을 그려서 부분적으로 자세히 확대해서 보면 다음과 같다.

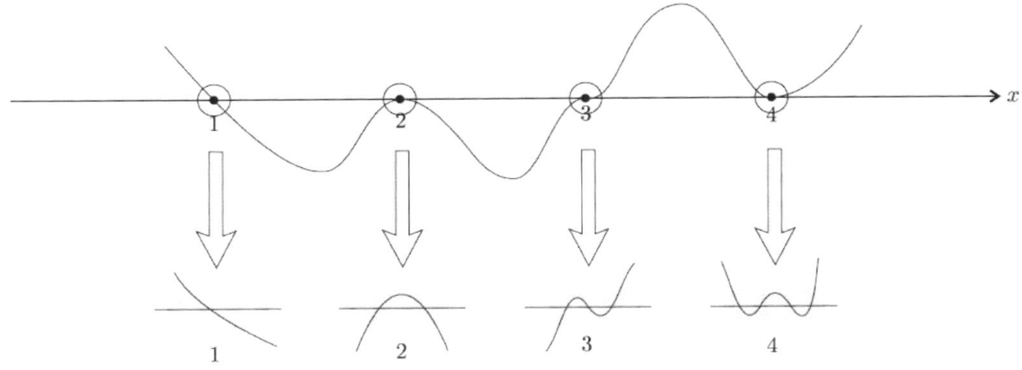

위의 그림에서 보는 것처럼 $f(x) = (\ )^n$에서 n이 even이면 x축에 접하고(tangent) n이 odd이면 x축을 지난다.

IV. Transcendental Function Graph 그리기

예를 들어, Polynomial Function 이나 Rational Function이 아닌 Exponential Function, Logarithmic Function, Trigonometric Function, Inverse Trigonometric Function 등을 말한다.

Polynomial Function Graph는 앞에서 설명한 것처럼 규칙이 있지만 Transcendental Function Graph들은 그러한 규칙이 없다. 필자 나름대로의 방법을 소개하고자 한다.

Shim's Tip!

Transcendental Function Graph 그리기

① $f'(x) = 0$이 되는 x값을 찾고 표시하기.

② 각 구간에서 $f'(c)$의 부호를 조사하여 $f'(c) > 0$이면 ↗(Increasing), $f'(c) < 0$이면 ↘ (Decreasing) 모양으로 그린다.

③ Domain이 주어지지 않은 경우에는 $\lim\limits_{x \to \infty} f(x)$와 $\lim\limits_{x \to -\infty} f(x)$를 조사한다.

단, $\log x$ 또는 $\ln x$ 등은 $\lim\limits_{x \to -\infty} f(x)$ 대신 $\lim\limits_{x \to 0^+} f(x)$를 조사한다.

다음 두 개의 예제를 통해서 Transcendental Function Graph을 대략적으로 그려보도록 하자.

$\left(\textbf{EX 5}\right)$ Graph of $y = x + 2\sin x \,(0 < x < 2\pi)$

Solution

① $y' = 1 + 2\cos x$ 에서 $1 + 2\cos x = 0$, $x = \dfrac{2}{3}\pi, \dfrac{4}{3}\pi$

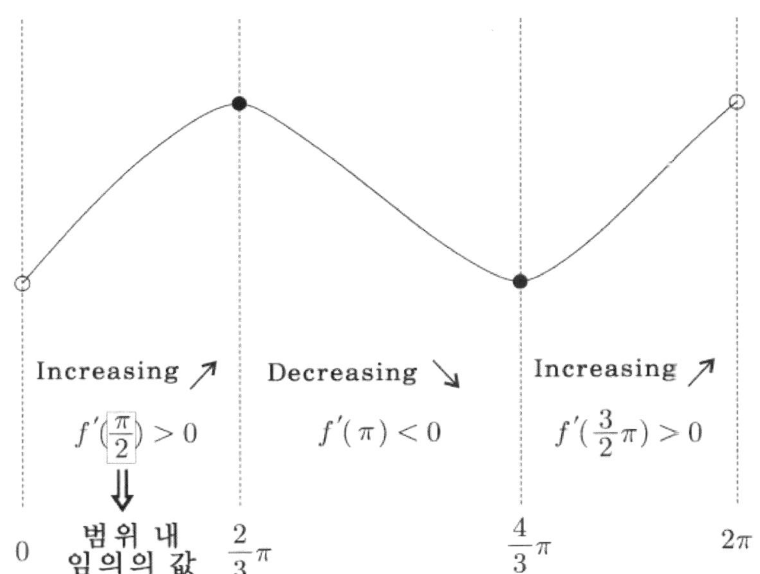

② y'에 각 구간 임의의 값을 대입하여 Increasing 또는 Decreasing을 조사한 후 위와 같이 그렸다.

③ $0 < x < 2\pi$ 로 범위가 정해져 있으므로 $\lim\limits_{x \to \infty} f(x)$ 또는 $\lim\limits_{x \to -\infty} f(x)$ 는 조사하지 않는다.

$\left(\text{EX 6}\right)$ Graph of $y = xe^{-x}$

Solution

① $y' = -(x-1)e^{-x}$ 에서 $-(x-1)e^{-x} = 0$, $x = 1$

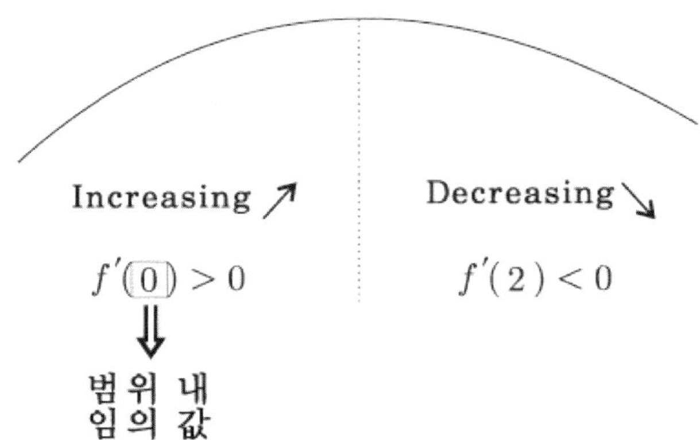

② y'에 각 구간 임의의 값을 대입하여 Increasing 또는 Decreasing을 조사한 후 위와 같이 그렸다.

③ Domain이 주어지지 않았으므로 $\lim\limits_{x \to \infty} f(x)$와 $\lim\limits_{x \to -\infty} f(x)$를 조사한다.

- $\lim\limits_{x \to \infty} \dfrac{x}{e^x} \;\Rightarrow\; \text{L'Hopital's Rule} \;\Rightarrow\; \lim\limits_{x \to \infty} \dfrac{1}{e^x} = 0$

- $\lim\limits_{x \to -\infty} \dfrac{x}{e^{-x}} = -\infty$

그러므로, 다시 그려보면 대략 다음과 같다.

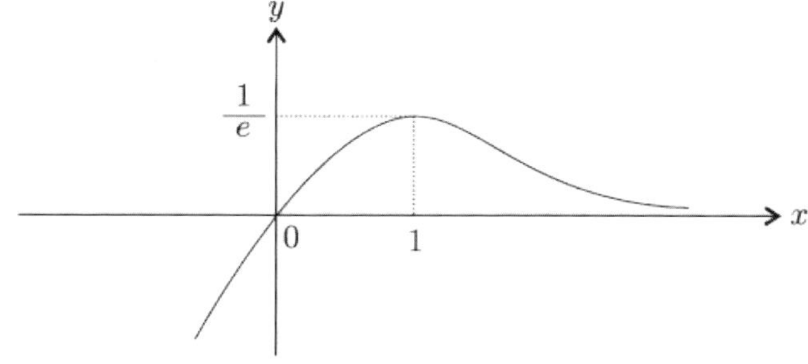

y''을 구하여 Concavity까지 조사하면 더욱 정확한 Graph를 그릴 수 있다.

2. Graph의 추정

다음 그림과 함께 용어들을 익혀두자.

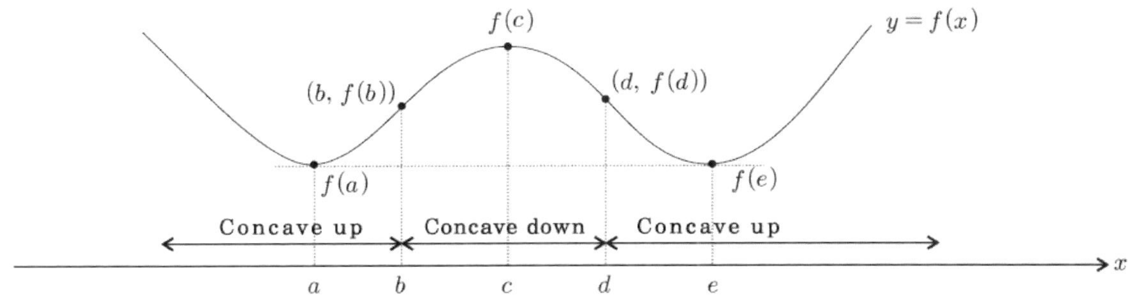

$\Rightarrow$ ① Relative(Local) Maximum   : $f(c)$
② Relative(Local) Minimum   : $f(a)$, $f(e)$
③ Inflection point   : $(b, f(b))$, $(d, f(d))$
④ Extreme Value   : $f(a)$, $f(c)$, $f(e)$

※ • Relative(Local) Maximum 또는 Relative(Local) Minimum은 $y = f(x)$ Graph의 가장 크거나 작은 값을 의미하는 것은 아니다.

• Inflection Point는 Concave Downward와 Concave Upward가 교차하는 점을 말하며 이점에서 변화율은 빠르게 나타난다.

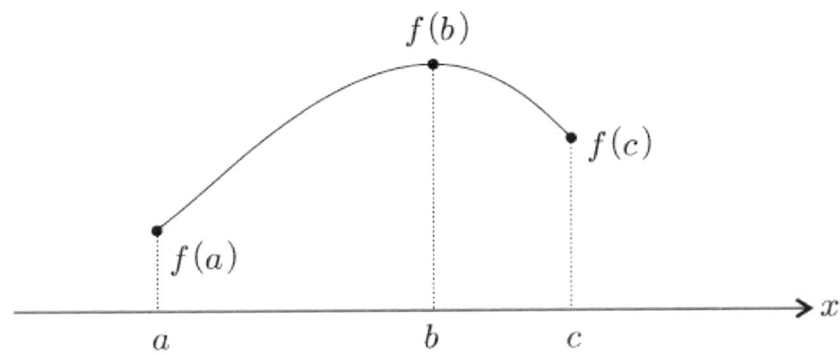

$\Rightarrow$ ① Absolute Maximum : $f(b)$
② Absolute Minimum : $f(a)$

※ Absolute Maximum 또는 Absolute Minimum은 정의역(Domain)내에서 가장 높거나 낮은 점을 말한다.

$y = f(x)$의 Graph가 Increasing인 구간에서는 $f'(x) > 0$이고 $y = f(x)$의 Graph가 Decreasing인 구간에서는 $f'(x) < 0$ 이다.

$f(x)$	$f'(x)$
Increasing ↗	(+)
Decreasing ↘	(−)

즉, $y = f(x)$ Graph에서는 Increasing, Decreasing만을, $y = f'(x)$에서는 부호(Sign)만 따지면 된다.

I. $y = f(x) \Rightarrow y = f'(x)$ 추정하기   Increasing INC $\Rightarrow$ Positive

         Decreasing DEC $\Rightarrow$ Negative

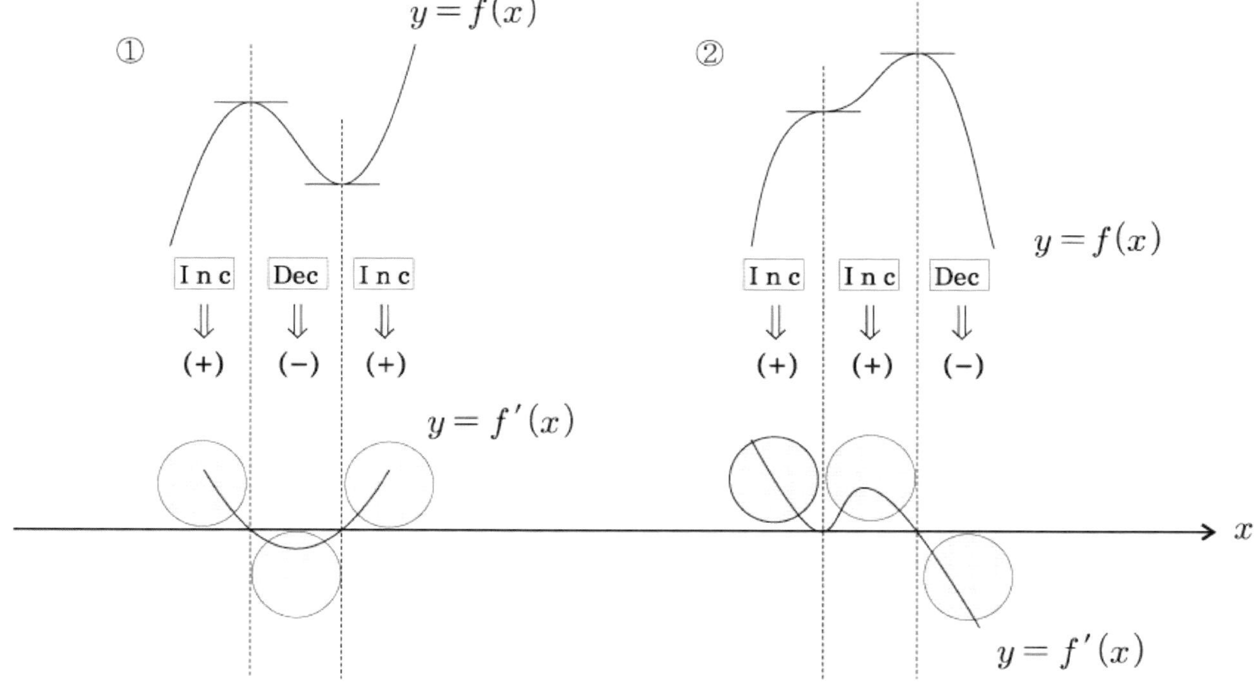

③

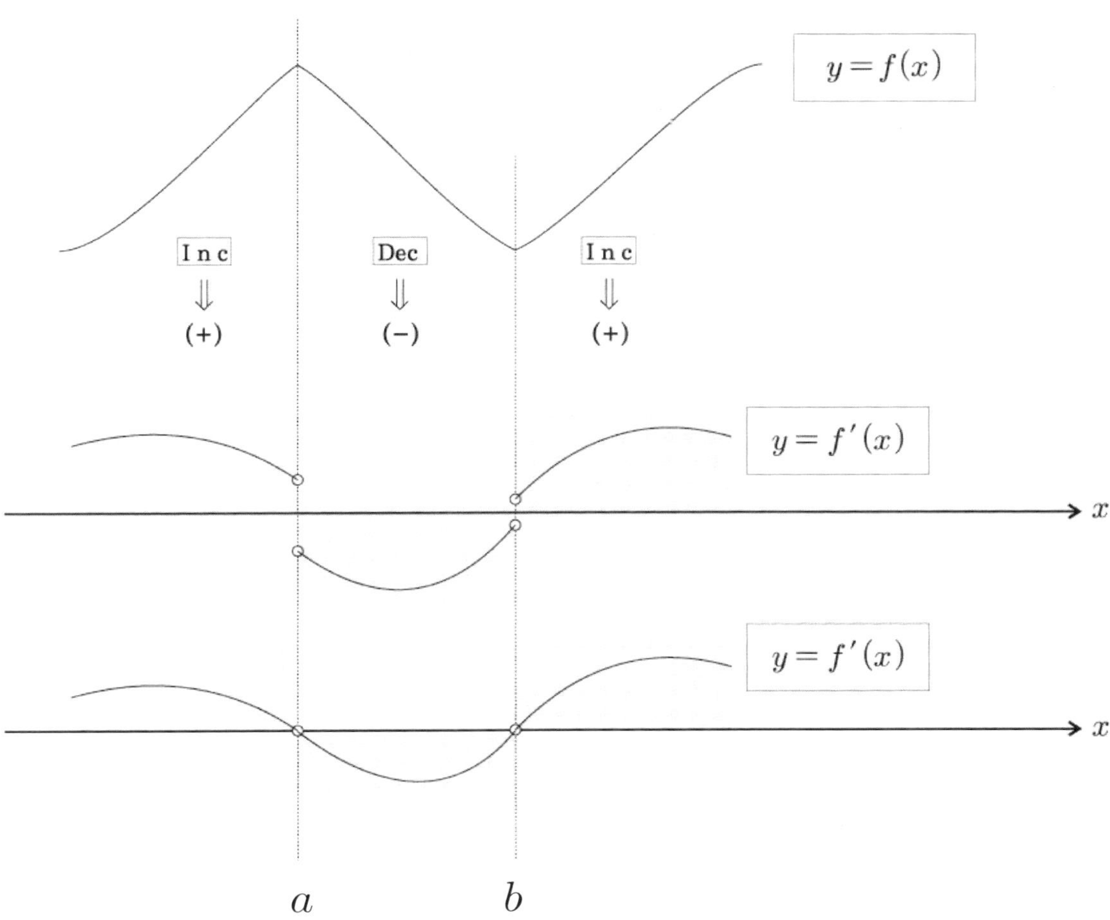

위의 Graph들을 정리해 보면 ...

①, ② 번 Graph에서 보면 $y = f(x)$가 Increasing 하는 구간에서 $y = f'(x)$는 x축 위 (Positive)를 지나고 $y = f(x)$가 Decreasing 하는 구간에서 $y = f'(x)$는 x축 아래(Negative)를 지난다.

③ 번 Graph에서 a, b점에서는 $y = f(x)$가 Cusp이므로 미분 불가능 (Not Differentiable). 그러므로, $f'(a)$, $f'(b)$는 존재하지 않는다.

II. $y = f'(x) \Rightarrow y = f(x)$ **추정하기**   Positive $\Rightarrow$ Increasing $\boxed{\text{INC}}$

Negative $\Rightarrow$ Decreasing $\boxed{\text{DEC}}$

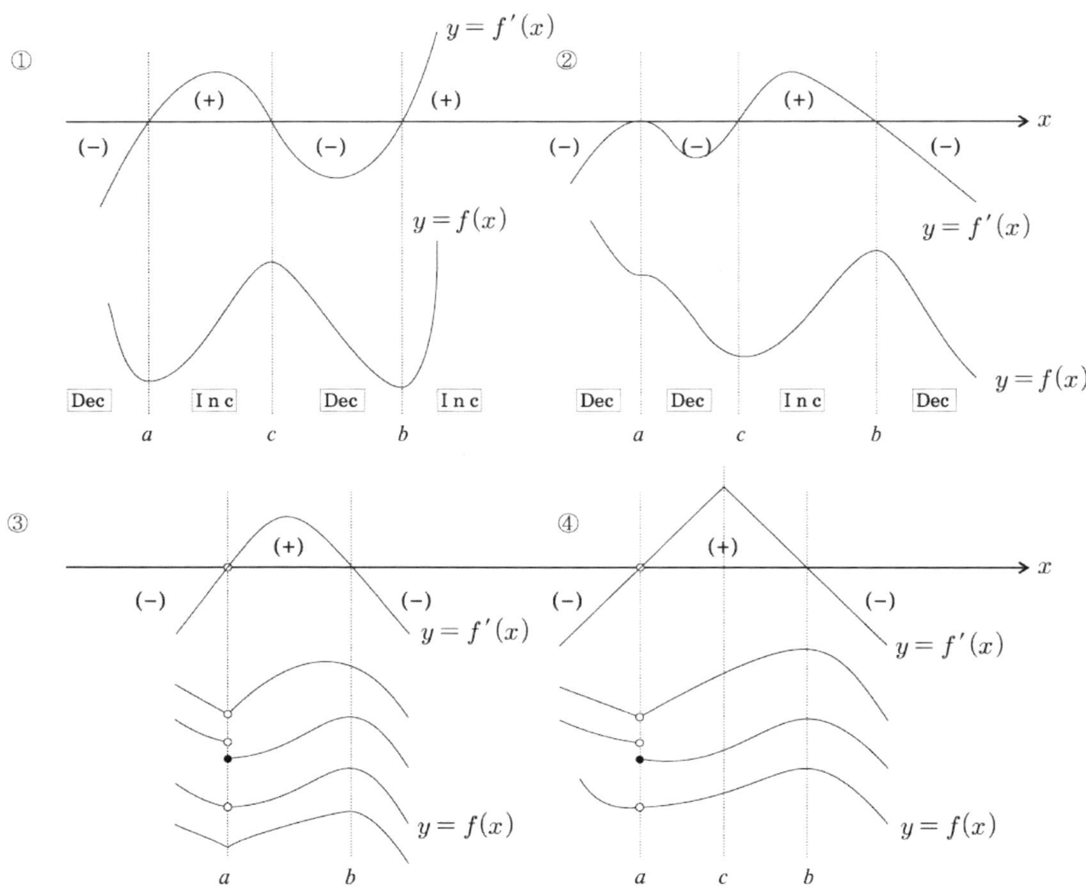

위의 Graph들을 정리해 보면...

③, ④번 Graph에서 $f'(a)$가 존재하지 않으므로 $y = f(x)$ Graph는 $x = a$에서 미분불가능(Not Differentiable)이므로 Cusp, Discontinuity, $f(a)$ does not exist, $\lim_{x \to a} f(x)$ does not exist 중 하나이다.

④번 Graph에서 $x = c$에서 $f'(x)$가 Cusp인 것이지 $f(x)$가 Cusp인 것이 아니다. 즉, $f'(c)$는 존재하므로 $x = c$에서 $y = f(x)$는 미분가능(Differentiable)이다. $f'(x)$가 Positive일 때는 $f(x)$는 Increasing하고 $f'(x)$가 Negative일 때는 $f(x)$가 Decreasing 한다.

III. $y = f(x)$, $y = f'(x)$, $y = f''(x)$ Graphs 총정리

다음의 설명은 너무나 중요하다. 1000번을 강조해도 지나치지 않는다!

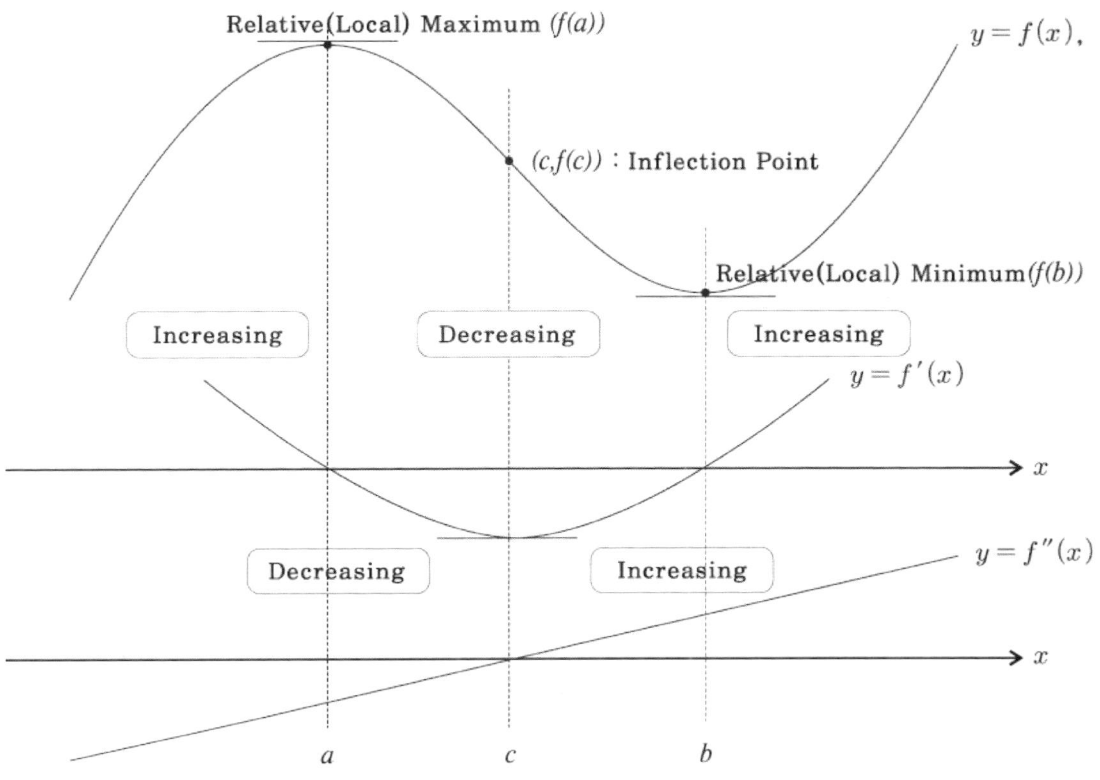

$y = f(x)$, $y = f'(x)$, $y = f''(x)$의 Graph를 보면서 알 수 있는 것들을 정리해 보면 다음과 같다. 너무나 중요한 내용이니 그림과 함께 숙달 될 때까지 여러 번 써보자. 필자는 수업시간에 이 부분과 관련하여 쪽지 시험을 자주 보곤 한다. 위의 그림과 다음의 내용을 여러 번 비교해 보면서 읽어보자.

다음의 내용은 너무나 중요하다!

<table>
<tr><td colspan="2">Shim's Tip!</td></tr>
<tr><td>Graph 해석의 모든 것!</td><td>

<u>(1) Relative Maximum</u> $f(a)$

① $f'(x)$가 Positive에서 Negative로 바뀌는 점.

② $f'(x) = 0$ 이면서 $f''(x) < 0$인 점.

<u>(2) Relative Minimum</u> $f(b)$

① $f'(x)$가 Negative에서 Positive로 바뀌는 점.

② $f'(x) = 0$ 이면서 $f''(x) > 0$인 점.

</td></tr>
</table>

(3) Inflection Point $(c, f(c))$

- $y = f(x)$의 Graph의 Concavity가 바뀌는 점.
- The slope of the tangent line의 변화가 급격하게 일어나는 점.

① $f'(x)$가 Decreasing에서 Increasing으로 바뀌는 점.
  또는 Increasing에서 Decreasing으로 바뀌는 점.

② $f''(x)$의 부호가 바뀌는 점

(EX) f has a inflection point at $x =$

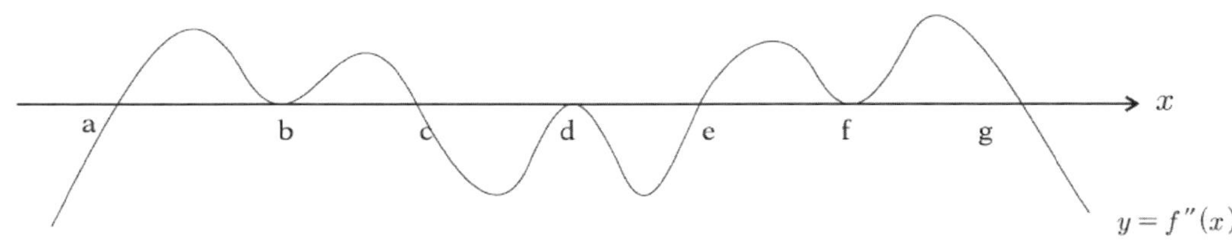

Solution

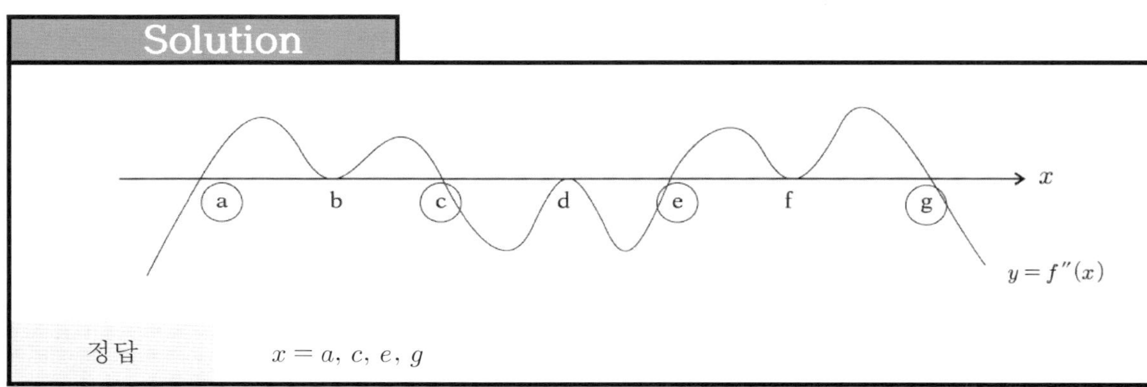

정답 $x = a,\ c,\ e,\ g$

(4) Concave upward
  ① $f'(x)$이 Increasing하는 구간   ② $f''(x) > 0$인 구간, 즉, x값의 범위.

(5) Concave downward
  ① $f'(x)$이 Decreasing하는 구간   ② $f''(x) < 0$인 구간, 즉, x값의 범위.

(6) $y = f(x)$가 Increasing 하는 구간
  ① $f'(x) > 0$ 인 구간.

(7) $y = f(x)$가 Decreasing 하는 구간
  ① $f'(x) < 0$ 인 구간.

(8) Critical point
  ① $f'(x) = 0$ 이 되게 하는 x값, 또는 $f'(x)$가 정의가 안 되는 x값,
  여기서는 $x = a, b$

Critical Point

Critical Point란 $f'(a)=0$인 a값 이거나 $f'(a)$가 정의가 안 되는 a값을 Critical Point라고 한다.

다음의 Example들을 통해서 자세히 알아보도록 하자.

$\left(\text{EX 1}\right)$ $f(x)=3x^3-9x$ 에서 $f'(x)=9x^2-9$ 이므로 $9x^2-9=0$ 에서 $x=\pm1$
즉, Critical Point는 $x=\pm1$

$\left(\text{EX 2}\right)$ $f(x)=3x^3+x$ 에서 $f'(x)=9x^2+1$이므로 $f'(x)=0$인 x값은 존재 안함
그러므로, Critical Point는 존재 안함

$\left(\text{EX 3}\right)$ $f(x)=\sqrt{x-2}$ 에서 $f'(x)=\dfrac{1}{2}(x-2)^{-\frac{1}{2}}=\dfrac{1}{2\sqrt{x-2}}$ 이므로 $x=2$에서 $f'(x)$는 존재하지 않
으므로 Critical Point는 $x=2$

즉, $x=c$ 에서

① $f'(c)=0$ 이면 Critical Point는 $x=c$

② $f'(c)\neq0$ 이면 Critical Point는 존재 안함

③ $f'(c)$가 정의되지 않으면 Critical Point $x=c$

Problem 1

Sketch the Graph
1) $f(x) = x^3 - 3x - 2$
2) $f(x) = x^3 - 3x^2 + 3x + 1$

Solution

1)
① 대략적으로 그려본다.

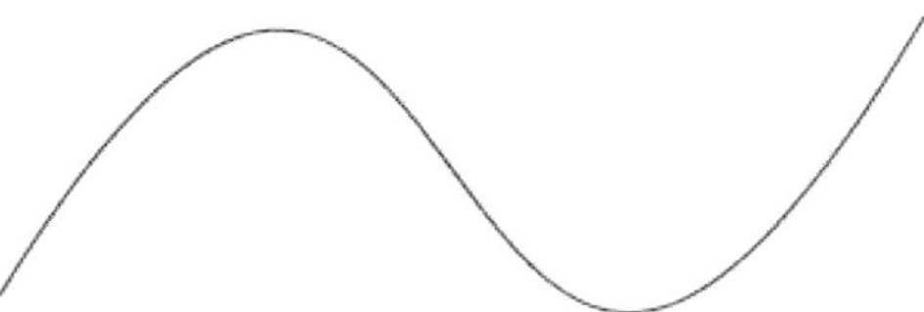

② $f'(x) = 0$ 인 x값을 찾아본다.
$f'(x) = 3x^2 - 3 = 0$ 에서 $x = \pm 1$

③ $f(1) = -4,\ f(-1) = 0$

④ $y-$intercept를 찾는다.
$f(0) = -2$

⑤ 좌표에 옮긴다.

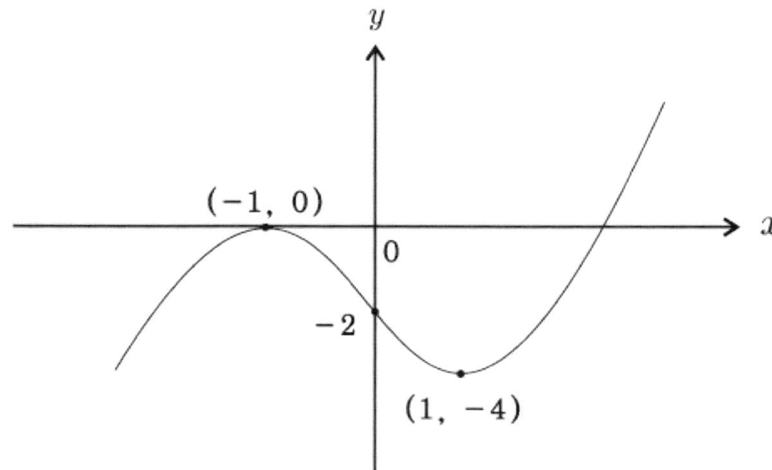

Solution

2)

① 대략적으로 그려본다.

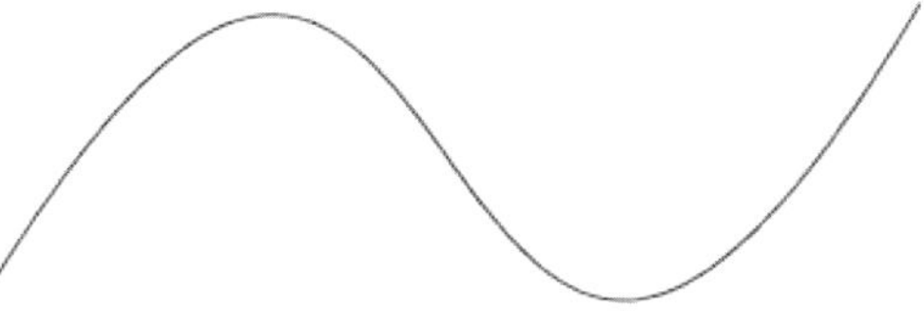

② $f'(x) = 0$ 인 x값을 찾아본다.

$f'(x) = 3x^2 - 6x + 3 = 0$ 에서 $x = 1$

③ $f(1) = 2$

④ $y-$ intercept를 찾는다.

$f(0) = 1$

⑤ 좌표에 옮긴다.

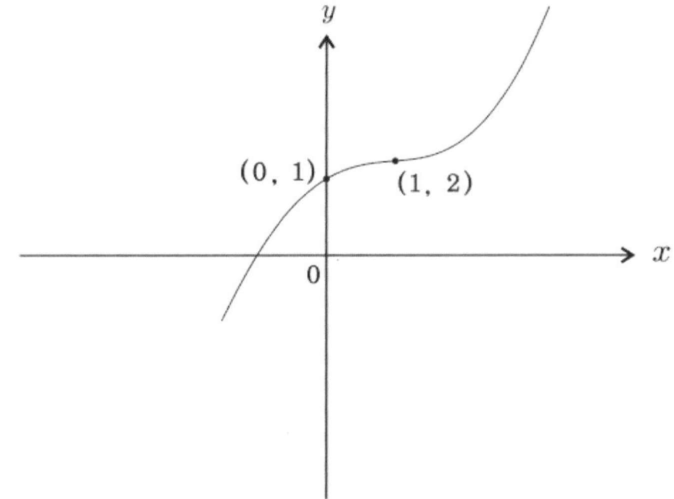

Problem 2

Sketch the Graphs.

1. $f(x) = e^{-x^2}$

2. $f(x) = \dfrac{x}{e^x}$

Solution

1. $f(x) = e^{-x^2}$

① $f'(x) = 0$인 x값을 찾고 각 구간에서 $f'(x)$의 부호(Sign)를 조사한다.

$f'(x) = -2xe^{-x^2} = 0$ 에서 $x = 0$

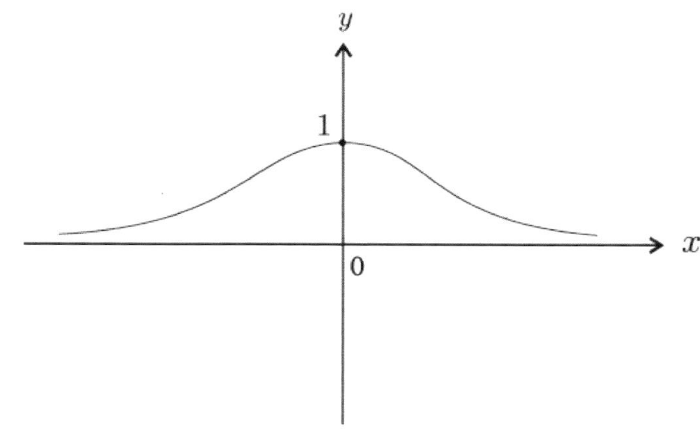

② $\displaystyle\lim_{x \to \infty} e^{-x^2} = 0$ $\qquad$ $\displaystyle\lim_{x \to -\infty} e^{-x^2} = 0$

③ $y-$ intercept를 찾는다.

$f(0) = 1$

④ 좌표에 옮긴다.

Solution

2. $f(x) = \dfrac{x}{e^x}$

① $f'(x) = 0$인 x값을 찾고 각 구간에서 $f'(x)$의 부호(Sign)를 조사한다.

$$f'(x) = \frac{x' \times e^x - x(e^x)'}{(e^x)^2} \Rightarrow f'(x) = \frac{e^x - xe^x}{e^{2x}} = 0 \Rightarrow f'(x) = \frac{e^x(1-x)}{e^{2x}} = 0 \qquad \text{에서} \ x = 1$$

$$\begin{array}{c|c} \begin{array}{l} f'(0) > 0 \\ f'(0) \nearrow \end{array} & \begin{array}{l} f'(2) < 0 \\ f \searrow \end{array} \end{array}$$

1보다 큰 아무값이나 대입

② $\displaystyle \lim_{x \to \infty} \frac{x}{e^x} \Rightarrow \frac{\infty}{\infty}$ 모양 이므로 L'Hopital's Rule 적용!

$$\lim_{x \to \infty} \frac{(x)'}{(e^x)'} \Rightarrow \frac{1}{e^x} = \frac{1}{\infty} = 0$$

• $\displaystyle \lim_{x \to -\infty} \frac{x}{e^x} \Rightarrow \frac{\infty}{\infty}$ 모양이 아니므로 x대신 $-\infty$ 대입!

$$\lim_{x \to -\infty} \frac{x}{e^x} \Rightarrow \frac{-\infty}{e^{-\infty}} = -\infty \times e^{\infty} = -\infty$$

③ $y-$ intercept를 찾는다.

$f(0) = 0$

④ 좌표에 옮긴다.

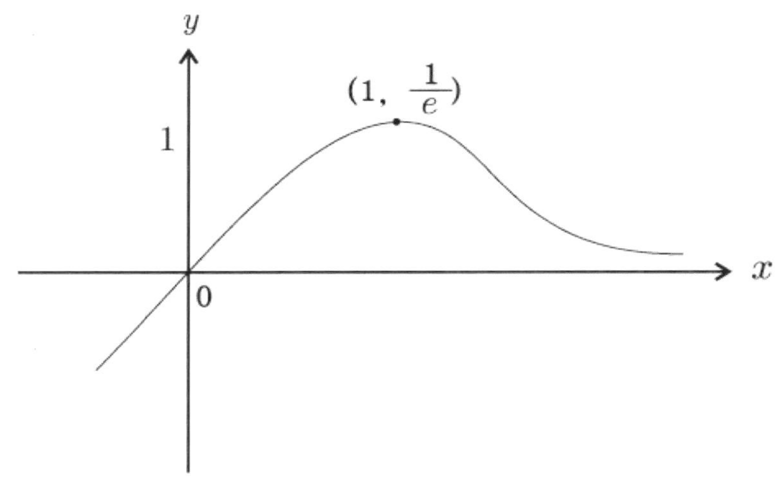

Problem 3

Sketch the Graphs.
$f(x) = x - 2\cos x \ (0 \le x < 2\pi)$

Solution

x값의 범위가 정해져 있으므로 $\displaystyle\lim_{x \to \pm\infty} f(x)$는 구하지 않아도 된다.

① $f'(x) = 0$인 x값을 찾고 각 구간에서 $f'(x)$의 부호(Sign)를 조사한다.

$f'(x) = 1 + 2\sin x = 0$ 에서 $\sin x = -\dfrac{1}{2}$이므로 $x = \dfrac{7}{6}\pi, \dfrac{11}{6}\pi$

②

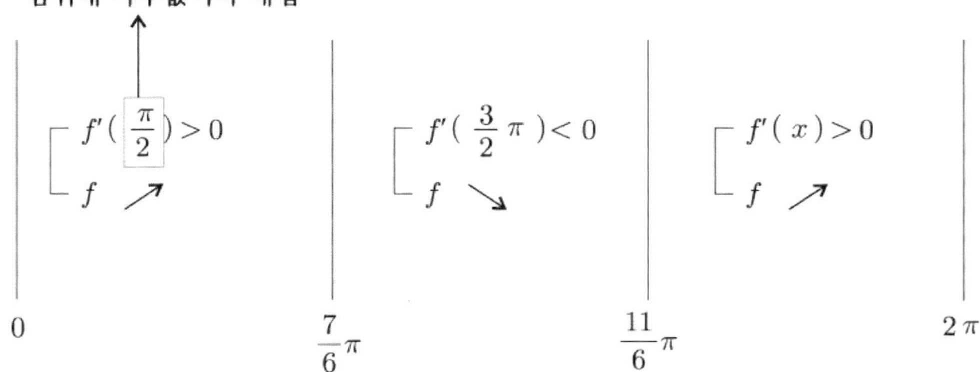

Solution

③ $f(0) = -2$, $f(\frac{7}{6}\pi) = \frac{7}{6}\pi + \sqrt{3}$, $f(\frac{11}{6}\pi) = \frac{11}{6}\pi - \sqrt{3}$, $f(2\pi) = 2\pi - 2$

④ 좌표에 옮긴다.

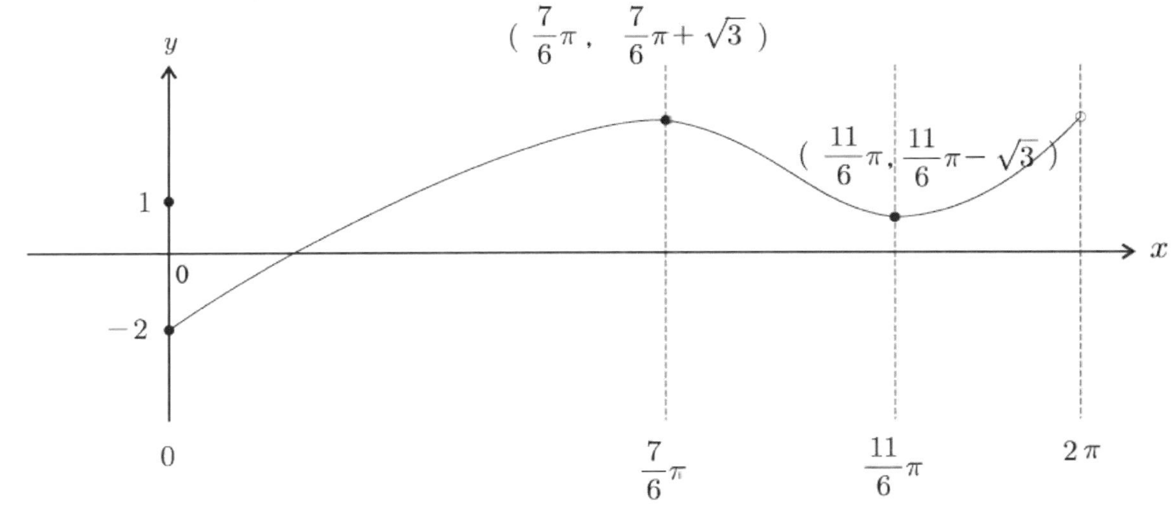

Problem 4

Graph of

(1) $f(x) = (x-1)^2(x+1)(x+2)^3$

(2) $f(x) = -2(x-1)^3(x+3)^2$

Solution

(1)

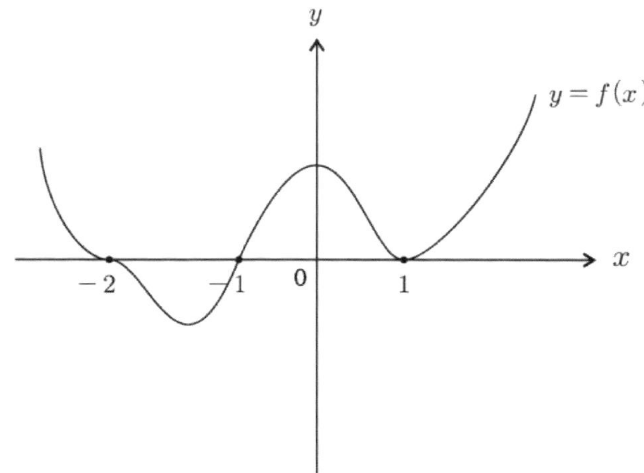

(2)

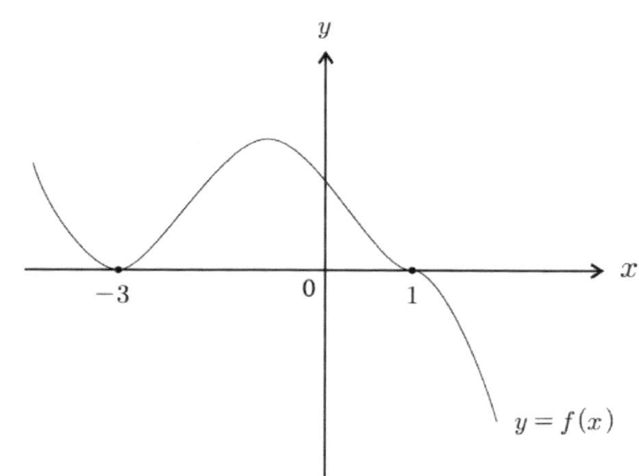

Problem 5

(1) If $f''(x) = (x-1)^2(x+1)(x+3)^3$, then the graph of $f(x)$ has inflection point(s) when $x =$

  ⓐ -3 ⓑ -1 ⓒ 1 ⓓ $-3, -1$

(2) The graph of the function $y = \dfrac{1}{3}x^3 + 3x^2 + 3$ changes concavity at $x =$

  ⓐ -3 ⓑ -2 ⓒ 0 ⓓ 1

(3) The function f has second derivative given by $f''(x) = \sqrt{x}\,cosx - e^x + 3$, what is the $x-$coordinate of the inflection poit of the graph of f?

  ⓐ 0.87 ⓑ 0.98 ⓒ 1.22 ⓓ 1.38

Solution

(1) f'' Graph가 0이 되면서 부호가 바뀌는 점에서 Inflection Point를 가져오므로 $x = -3, -1$

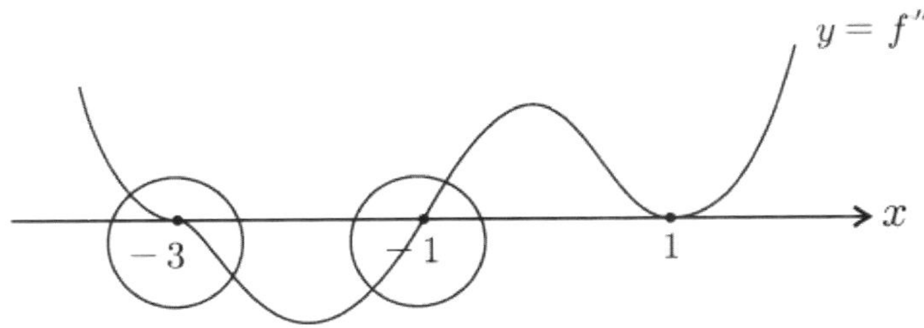

그러므로, 정답은 ⓓ

(2) Change concavity $\Rightarrow$ Inflection Point!

$y' = x^2 + 6x$, $y'' = 2x + 6$ 에서 $x = -3$. $y' = x^2 + 6x$ Graph를 그려보면 $x = -3$ 에서 부호가 바뀌므로 정답은 ⓐ

(3) $y = f''(x)$ Graph를 그려보면 $x = 1.22$을 지나감. 즉, $x = 1.22$에서 $f''(x) = 0$이면서 부호가 바뀌므로 $x = 1.22$ 에서 Inflection Point를 갖는다. 그러므로, 정답은 ⓒ

정답   (1) ⓓ   (2) ⓐ   (3) ⓒ

Problem 6

(1) The function f given by $f(x) = -2x^3 + 9x^2 - 12x + 6$ has a relative maximum at $x =$

(2)

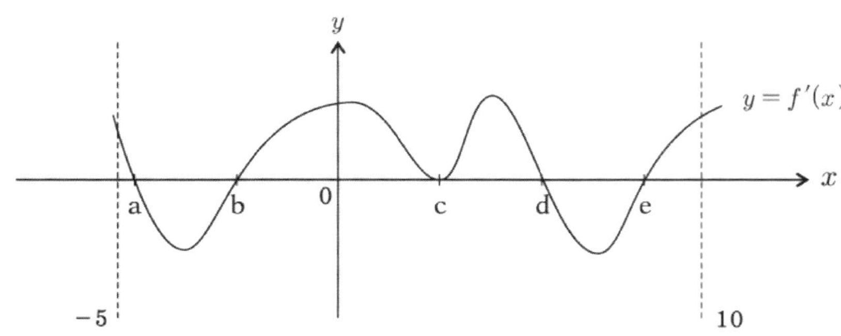

The graph of f', the derivative of f, is shown in the figure above. Which of the following describe all relative extremes of f on the open interval $(-5, 10)$?

ⓐ f has relative maxima at $x = a, c$

ⓑ f has two relative maxima and three relative minima.

ⓒ f has two relative maxima and two relative minima.

ⓓ f has three critical points.

Solution

(1) • $f'(x) = -6x^2 + 18x - 12$ 에서 $-6x^2 + 18x - 12 = 0$ 을 만족하는 x는 $1, 2$

• $f''(x) = -12x + 18$ 에서 $f''(1) = 6 > 0$, $f''(2) = -6 < 0$ 이므로 $x = 2$에서 $f(x)$는 Relative Maximum을 갖는다. 그러므로, 정답은 $x = 2$

(2) f' Graph가 Positive에서 Negative로 바뀌는 점에서 Relative Maximum $(x = a, d)$을 Negative에서 Positive로 바뀌는 점에서 Relative Minimum $(x = b, c)$을 갖는다.

그러므로, 정답은 ⓒ

정답　　(1) $x = 2$　　(2) ⓒ

Problem 7

(1) The function f is given by $f(x) = x^3 - 3x - 2$. On which of the following intervals is f decreasing?

ⓐ $(-1, 1)$　　　ⓑ $(-1, 2)$　　　ⓒ $(1, 2)$　　　ⓓ $(-\infty, \infty)$

(2)

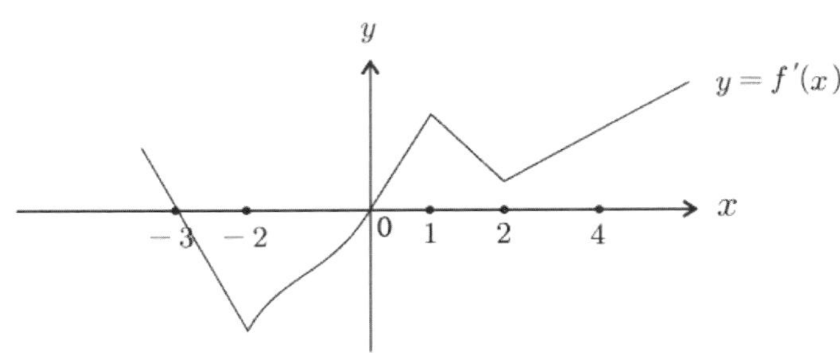

The graph of f', the derivative of the function f, is shown above.

Which of the following statements is true about f?

ⓐ f has a relative maximum at $x = 1$.　　ⓑ f is decreasing for $1 \leq x \leq 2$.

ⓒ f is increasing for $0 \leq x \leq 4$.　　ⓓ f is not differentiable at $x = -2, 1, \text{and } 2$.

Solution

(1) $f'(x) < 0$ 인 x값의 범위를 찾는다.

$f'(x) = 3x^2 - 3 < 0$ 에서 $x^2 - 1 < 0$. 즉, $(x-1)(x+1) < 0$ 에서 $-1 < x < 1$ 이므로 정답은 ⓐ

(2) $f'(x) > 0$ 인 구간에서 f는 Increasing하므로 정답은 ⓒ

$f'(-2)$, $f'(1)$, $f'(2)$ 모두 존재 하므로 ⓓ는 틀린 설명. 만약 f Graph가 위와 같았다면 ⓓ는 옳은 답이 되었을 것이다.

f는 $x = -3$ 에서 Relative maximum을 $x = 0$에서 Relative minimum을 갖는다.

그러므로, ⓐ는 틀린 답이다. 정답은 ⓒ

정답　　(1) ⓐ　　　　(2) ⓒ

Problem 8

(1) The graph of $y = \dfrac{1}{12}x^4 - \dfrac{1}{3}x^3 - \dfrac{3}{2}x^2 + 5x + 1$ is concave down for

ⓐ $-1 < x < 0$ ⓑ $0 < x < 3$ ⓒ $-3 < x < 1$ ⓓ $-1 < x < 3$

(2)

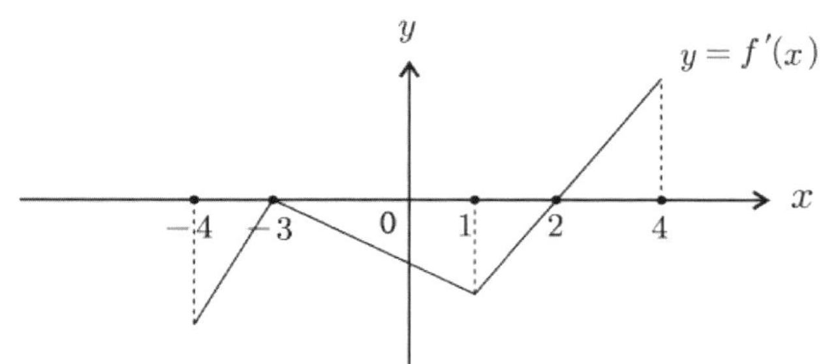

The graph of f', the derivative of the function f, is shown above.
Which of the following statements about f are true?

> I. f is concave down for $-3 < x < 1$.
> II. f is concave up for $1 < x < 4$.
> III. f is increasing for $1 < x < 4$.

ⓐ I ⓑ II ⓒ I, II ⓓ I, III

Solution

(1) $y'' < 0$ 인 x값의 범위를 찾는다.

$y' = \dfrac{1}{3}x^3 - x^2 - 3x + 5$, $y'' = x^2 - 2x - 3$ 이므로 $x^2 - 2x - 3 < 0$ 에서 $(x-3)(x+1) < 0$ 이므로 $-1 < x < 3$. 그러므로, 정답은 ⓓ

(2) $f'(x)$가 Increasing 하는 구간에서 f는 Concave up이고 $f'(x)$가 Decreasing하는 구간에서 f는 Concave down 이므로 보기 중 옳은 것은 I, II. 그러므로, 정답은 ⓒ

정답　　　(1) ⓓ　　　(2) ⓒ

Problem 9

The function f has the property that $f'(x) < 0$ and $f''(x) > 0$ for all x in the closed interval $[1,4]$. Which of the following could be a table of values for f?

ⓐ

x	$f(x)$
1	10
2	5
3	3
4	2

ⓑ

x	$f(x)$
1	10
2	9
3	7
4	2

ⓒ

x	$f(x)$
1	10
2	11
3	12
4	13

ⓓ

x	$f(x)$
1	2
2	7
3	9
4	10

Solution

$f'(x) < 0$인 것은 $[1,4]$에서 Decreasing. $f''(x) > 0$인 것은 $[1,4]$에서 Concave up이므로 $f(x)$ Graph는 다음과 같은 형태가 된다.

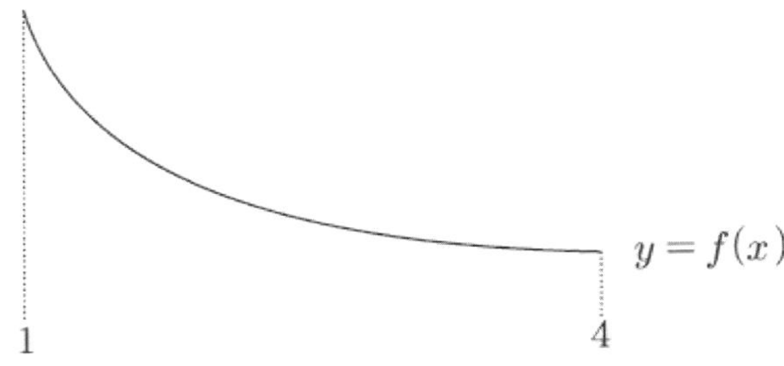

즉, 처음에는 급격하게 감소하다가 나중에는 감소하는 폭이 작아진다.
이를 만족하는 Table은 보기 중 ⓐ. 그러므로, 정답은 ⓐ

정답　　　ⓐ

Problem 10

(1) Let f be the function with derivative given by $f'(x) = \cos(2x^2)$.

How many relative extreme does f have on the interval $0 < x < 3$?

ⓐ Three   ⓑ Four   ⓒ Five   ⓓ Six

(2) Let f be the function with derivative given by $f'(x) = \sin(x^2)$ on the interval $0 < x < 4$.

How many points of inflection does the graph of f have on this interval?

ⓐ Two   ⓑ Three   ⓒ Four   ⓓ Five

(3) The first derivative of the function f is given by $f'(x) = \ln(2x) + \cos^2(5x) - 2$.

How many critical value does f have on the open interval $(3, 7)$?

ⓐ One   ⓑ Two   ⓒ Three   ⓓ Four

Solution

(1) ⓓ

$f'(x)$ graph를 계산기로 그려보면 $(0, 3)$에서 x축을 6번 지난다. 즉, $f'(x)$ 의 부호가 6번 바뀌므로 Relative maximum or Relative minimum은 주어진 구간 내에서 6개이다.

그러므로, 정답은 ⓓ

(2) ⓓ

$f'(x) = \sin(x^2)$ 을 계산기로 그려보면 주어진 구간 $(0, 4)$에서 Increasing에서 Decreasing 또는 Decreasing에서 Increasing으로 바뀌는 점이 5개 있다. 그러므로, 정답은 ⓓ

(3) ⓑ

$f'(x)$ graph를 계산기로 그려보면, $f'(x) = 0$인 점은 주어진 구간 내에서 두 개다.

그러므로, 정답은 ⓑ (※ $f'(x) = 0$) 인 x값 or $f'(x)$가 정의되지 않는 x값이 Critical Value이다.)

정답   (1) ⓓ   (2) ⓓ   (3) ⓑ

05. The Slope of a Polar Curve (BC)

많은 학생들이 어려워하는 단원이다. 하지만, 간단한 원리만 알면 쉽게 해결되는 내용이니 필자가 설명하는 것을 꼼꼼히 공부하기 바란다.

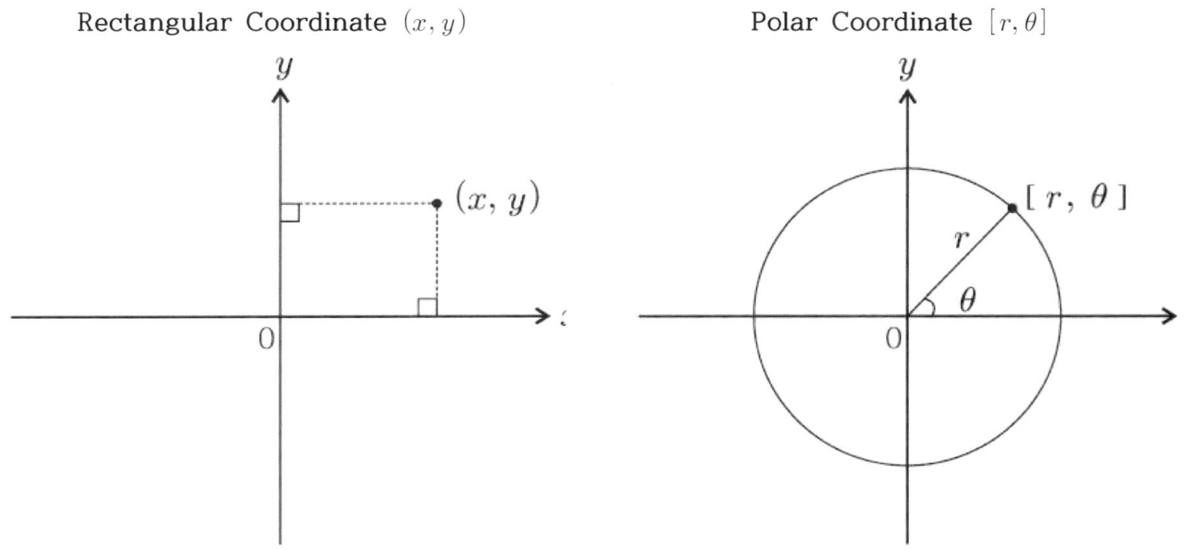

Rectangular Coordinate (x, y) Polar Coordinate $[r, \theta]$

위의 두 그림을 하나로 합쳐서 그려보면

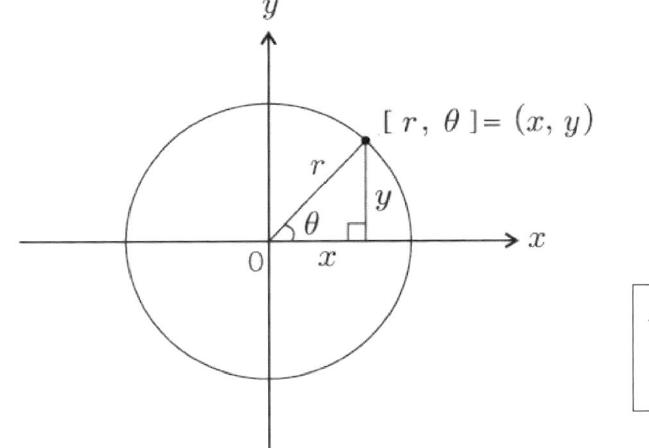

$$\Leftarrow \quad \frac{y}{r} = \sin\theta \text{에서 } y = r\sin\theta$$

$$\frac{x}{r} = \cos\theta \text{에서 } x = r\cos\theta$$

$x = r\cos\theta,\ y = r\sin\theta$ 이므로 Slope는 $\dfrac{dy}{dx} = \dfrac{\dfrac{dy}{d\theta}}{\dfrac{dx}{d\theta}}$

Problem 1

Find the slope of the tangent to the curve $r = 1 + 2\sin\theta$.

Solution

$$\text{Slope} = \frac{dy}{dx} = \frac{\dfrac{dy}{d\theta}}{\dfrac{dx}{d\theta}} \text{에서} \quad y = r\sin\theta \Rightarrow y = (1 + 2\sin\theta)\sin\theta \quad \text{이므로}$$

$$\frac{dy}{d\theta} = 2\cos\theta\sin\theta + (1 + 2\sin\theta)\cos\theta = 4\sin\theta\cos\theta + \cos\theta$$

$$x = r\cos\theta = (1 + 2\sin\theta)\cos\theta \quad \text{이므로}$$

$$\frac{dx}{d\theta} = 2\cos\theta\cos\theta + (1 + 2\sin\theta)(-\sin\theta) = 2\cos^2\theta - 2\sin^2\theta - \sin\theta$$

$$\frac{dy}{dx} = \frac{\dfrac{dy}{d\theta}}{\dfrac{dx}{d\theta}} = \frac{4\sin\theta\cos\theta + \cos\theta}{2(\cos^2\theta - \sin^2\theta) - \sin\theta} \quad \Leftarrow \sin\theta\cos\theta = \sin2\theta,\ \cos^2\theta - \sin^2\theta = \cos2\theta$$

$$\therefore\ \frac{dy}{dx} = \frac{2\sin2\theta + \cos\theta}{2\cos2\theta - \sin\theta}$$

정답 $\qquad \dfrac{dy}{dx} = \dfrac{2\sin2\theta + \cos\theta}{2\cos2\theta - \sin\theta}$

06. Related Rates

보통 변화율을 구하는 단원이다. 비교적 문장이 긴 문제들을 풀어야 하는 경우가 많은데
알고 보면 생각보다 쉽다.

변화율이란?
"짧은 시간동안 일어나는 미세한 부피(Volume), 길이(Length), 반지름(Radius)
… 등의 변화비율"

정리해 보면 다음과 같다.

- 부피의 변화율 $\dfrac{dV}{dt}$
- 면적의 변화율 $\dfrac{dA}{dt}$
- 길이의 변화율 $\dfrac{dL}{dt}$
- 반지름의 변화율 $\dfrac{dr}{dt}$

Shim's Tip!

Related Rates 문제는 다음과 같이 해결한다.

① 구하고자 하는 목적이 무엇인지 파악한다.
(거의 문장 끝에 나온다. 길이의 변화율… 부피의 변화율…)

② 구하고자 하는 주제에 대해서 식을 세운다.
(예를 들어, 원의 면적이면 $A = \pi r^2$, 구의 부피이면 $V = \dfrac{4}{3}\pi r^3 \cdots$ 등등 …)

③ 양변을 시간 t에 대해서 미분(Differentiation). 즉, 양변에 $\dfrac{d}{dt}$를 한다.

④ 문장 중에 필요한 수치는 다 준다. 즉, 걱정할 필요가 없다.…^^*

Problem 1

The radius of a circle is increasing at a constant rate of 0.03 inches per second.
In terms of the circumference P, what is the rate of change of the area of the circle in square inch per second?

ⓐ $0.03P$ ⓑ $(0.03)2\pi P$ ⓒ $\dfrac{0.03}{2\pi}P$ ⓓ $\dfrac{2\pi}{0.03}P$

Solution

① 목적, Circle의 면적(Area)을 A라고 하면 $\dfrac{dA}{dt}$

② 식 세우기, $A = \pi r^2$

③ 양변에 $\dfrac{d}{dt}$ 하기! (양변을 시간 t에 대해 미분(Derivative))

$$\frac{dA}{dt} = (2\pi r)\frac{dr}{dt}$$

④ "필요한 수치는 다 준다!". $\dfrac{dr}{dt} = 0.03$

원 둘레(Circumference)길이는 $P = 2\pi r$ 이므로 $\dfrac{dA}{dt} = 0.03P$

정답　　ⓐ

Problem 2

(1) A circle is increasing in area at rate of $12\pi \, in^2/\sec$.
When the radius of the circle is 4 inches, how fast does the radius of this circle increases?

(2) The radius of a circle is increasing at a constant rate of 0.5 meters per second.
What is the rate of increase in the area of the circle at the instant when the circumference of the circle is 40π meters?

ⓐ $0.2\pi \, m^2/\sec$ ⓑ $10\pi \, m^2/\sec$ ⓒ $20\pi \, m^2/\sec$ ⓓ $40\pi \, m^2/\sec$

Solution

(1) ① 구하고자 하는 목적 $\Rightarrow$ How fast does the radius$\cdots$ $= \dfrac{dr}{dt}$

② 원의 면적에 관련된 문제이므로 원의 면적에 대해서 식을 세운다. $A = \pi r^2$

③ 양변을 시간 t에 대해 미분(Differentiation) 한다. $\dfrac{dA}{dt} = \dfrac{dr}{dt}(2\pi r)$

$\Rightarrow$ $\dfrac{d}{dt}A = \pi \cdot r^2 \dfrac{d}{dt}$ $\Rightarrow$ $\dfrac{dA}{dt}\dfrac{d}{dA}(A) = \dfrac{dr}{dt}\dfrac{d}{dr}(\pi \cdot r^2)$ $\Rightarrow$ $\dfrac{dA}{dt} = \dfrac{dr}{dt}(2\pi r)$

또는 A와 r^2을 미분(Differentiation)한 후 $\dfrac{dA}{dt}, \dfrac{dr}{dt}$을 한다.

④ 문장 중에 increasing in area at the rate of $12\pi \, in^2/\sec \cdots = \dfrac{dA}{dt} = 12\pi \, in^2/\sec$ 이고

$12\pi \, in^2/\sec = 2 * \pi * 4 \dfrac{dr}{dt}$ 에서 $\dfrac{dr}{dt} = \dfrac{3}{2} \, in/\sec$

(2) ① 구하고자 하는 목적 $\Rightarrow$ Circle의 면적(Area)을 A라고 하면, 구하고자 하는 것은 $\dfrac{dA}{dt}$

② 식 세우기, $A = \pi r^2$

③ 양변에 $\dfrac{d}{dt}$ 하기! $\dfrac{dA}{dt} = (2\pi r)\dfrac{dr}{dt}$

④ 필요한 수치는 문장 중에 모두 있다. $\dfrac{dr}{dt} = 0.5$이고 $2\pi r = 40\pi$에서 $r = 20$

그러므로, $\dfrac{dA}{dt} = 2\pi \cdot 20 \times 0.5 = 20\pi \, m^2/\sec$

정답   (1) $\dfrac{3}{2} \, in/\sec$ (2) ⓒ

Problem 3

A water tank is in the shape of an inverted cone. Water is leaking out from the bottom of the inverted cone so that water is falling at the rate of $\frac{1}{4}m/\sec$.

If the tank has a height of 10meters and a radius of 3 meters, at what rate is the water leaking when the water is 3 meters in depth?

Solution

① 목적을 파악하기 위해 주어진 상황을 그려본다.

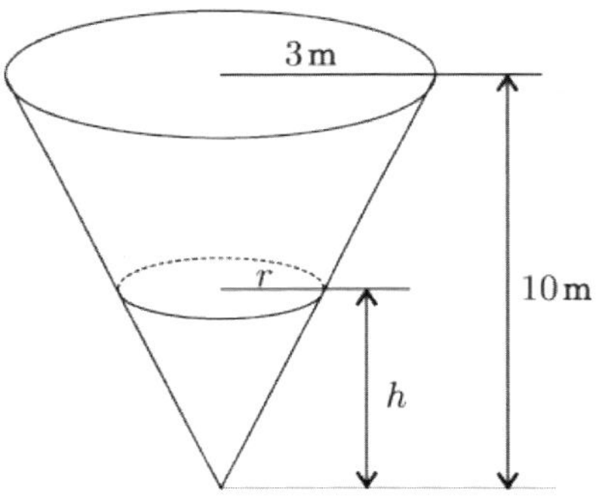

② "식 세우기" $V = \frac{1}{3}\pi r^2 h$

③ 양변을 시간 t에 대해 미분(Differentiation)한다."

$3 : r = 10 : h$에서 $r = \frac{3}{10}h$ 에서 $V = \frac{1}{3}\pi\frac{9}{100}h^3$ 이므로

$$V = \frac{3}{100}\pi h^3 \Rightarrow \frac{dV}{dt} = \frac{3}{100}\pi(3h^2)\frac{dh}{dt}$$

④ 필요한 수치는 문장 중에 모두 있다.

$\frac{dh}{dt} = -\frac{1}{4}$, $h = 3$이므로 $\frac{dV}{dt} = \frac{3}{100}\pi 3^3\left(-\frac{1}{4}\right) = -\frac{81}{400}\pi m^3/\sec$

정답 $-\frac{81}{400}\pi m^3/\sec$

Problem 4

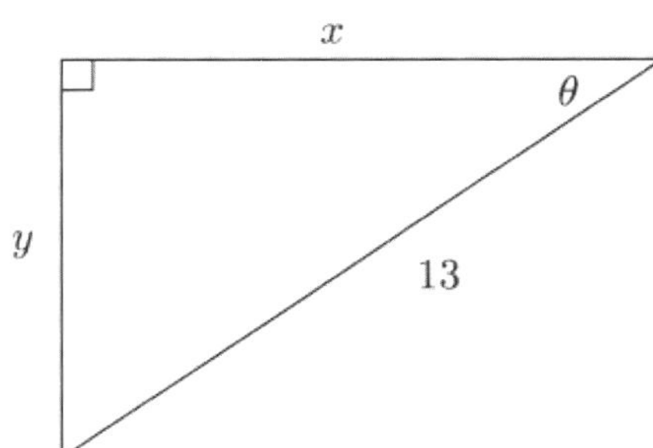

(1) In the triangle shown above, if θ increases at a constant rate of 2 radians per second, at what rate is y increasing in units per second when y equals 5 units?

ⓐ 2   ⓑ 4   ⓒ 12   ⓓ 24

(2) A hot air balloon is rising vertically at a rate of 30 meters per second.
A student on the ground is standing 100 meters away from the launching point of the hot air balloon. At what rate does the angle between the ground and the hot air balloon increases when the hot air balloon is 50 meters away from the ground?
(Disregard the student's height.)

Solution

(1)

① 구하고자 하는 목적... $\dfrac{dy}{dt}$

② 식을 세운다. $\sin\theta = \dfrac{y}{13}$

③ 양변을 시간 t에 대해서 미분(Differentiation)한다! $\cos\theta \dfrac{d\theta}{dt} = \dfrac{1}{13}\dfrac{dy}{dt}$

④ 필요한 수치는 문장 중에 모두 있다. $\dfrac{d\theta}{dt}=2$, $y=5$일 때, $13^2 = x^2 + y^2$에서 $x=12$이므로 $\cos\theta = \dfrac{12}{13}$. 그러므로 $\dfrac{12}{13}2 = \dfrac{1}{13}\dfrac{dy}{dt}$에서 $\dfrac{dy}{dt}=24$

Solution

(2)

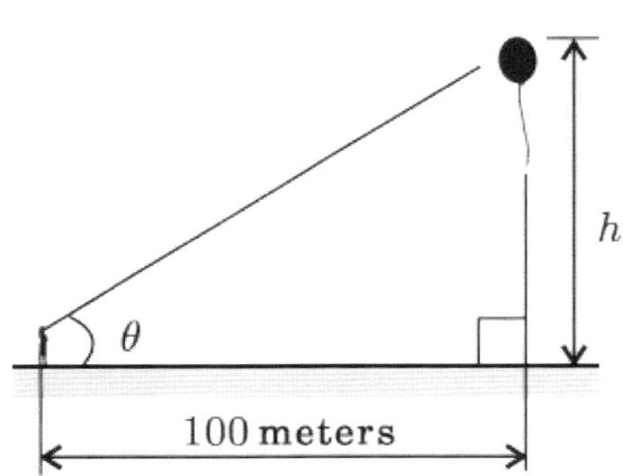

① 구하고자 하는 목적… $\Rightarrow$ At what rate does the angle … $\dfrac{d\theta}{dt}$

② 각(Angle)에 관련된 문제이므로 삼각함수를 이용한다. $\tan\theta = \dfrac{h}{100}$

③ 양변을 시간 t에 대해서 미분(Differentiation) 한다.

$\sec^2\theta \dfrac{d\theta}{dt} = \dfrac{1}{100}\dfrac{dh}{dt}$, $\dfrac{dh}{dt} = 30m/\sec$이고 $\sec^2\theta$는

$1+\tan^2\theta = \sec^2\theta$ (일단 타면 시켜멓다)로 구한다. $h=50$일 때, $\tan\theta = \dfrac{50}{100} = \dfrac{1}{2}$이고

$\sec^2\theta = 1 + \dfrac{1}{4} = \dfrac{5}{4}$ 이다. 그러므로, $\dfrac{5}{4}\dfrac{d\theta}{dt} = \dfrac{1}{100}30$에서 $\dfrac{d\theta}{dt} = \dfrac{6}{25}rad/\sec$

정답　　(1) ⓓ　(2) $\dfrac{6}{25}rad/\sec$

07. Applied Maximum and Minimum Problems

Applied Maximum and Minimum Problems

주어진 상황에서 Absolute Maximum Value 또는 Absolute Minimum Value를 구하는 단원이다.

다음과 같이 구해보자.

Applied Maximum and Minimum Problems
① 무엇을 구하는지 파악한다. 즉, 목적을 파악한다. (Area, Volume...)
② 식을 세우고 한 문자에 대해서 정리한다.
③ 범위를 설정한다.
- x, y는 길이 $\Rightarrow x > 0$, $y > 0$
- $\Rightarrow 0 < x < a$
- $\left.\begin{array}{l} \sin x = t \\ \cos x = t \end{array}\right\rangle \Rightarrow -1 \leq t \leq 1$
④ Graph를 이용하여 주어진 구간 내에서 Maximum Value or Minimum Value를 찾는다.

시작에 앞서서...

주어진 상황에서 Absolute Maximum 또는 Absolute Minimum을 구하는 단원이다.

Applied Maximum and Minimum Problems

Problem 1

The graph of $y = -2x + 4$ encloses a region with the $x-$axis and $y-$axis in the first quadrant. A rectangle in the enclosed region has a vertex at the origin and the opposite vertex on the graph of $y = -2x + 4$. Find the maximum area of the rectangle.

Solution

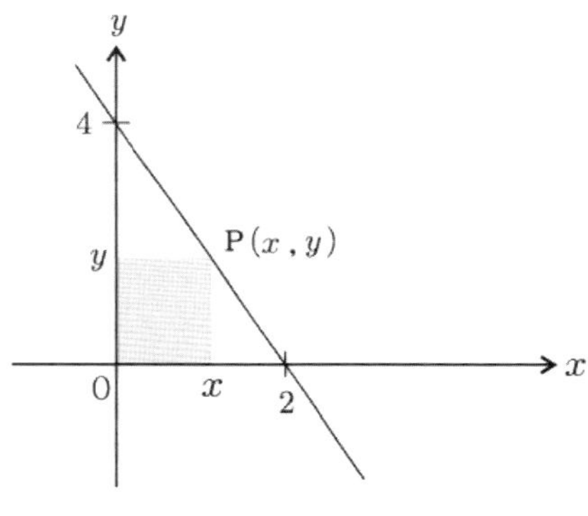

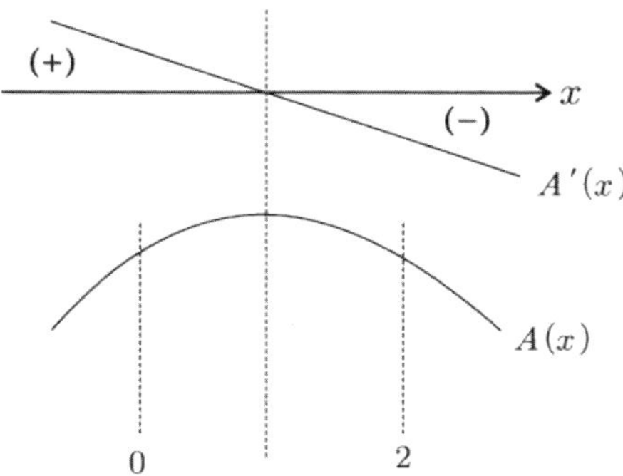

① 사각형의 넓이를 $A(x)$라고 하면 $A(x) = xy$

② $y = -2x + 4$ 에서 $A(x) = x(-2x + 4) = -2x^2 + 4x$

③ $0 < x < 2$

④ $A'(x) = -4x + 4$ 에서 $A'(x)$는 $x = 1$에서 0 된다.

$A(x)$는 $x = 1$에서 Maximum Value를 갖는다. 그러므로 $A(1) = -2 + 4 = 2$

정답　　2

Problem 2

A man wants to design an open box having a square base and a surface area of 64 square inches. What dimensions will produce a box with maximum volume?

Solution

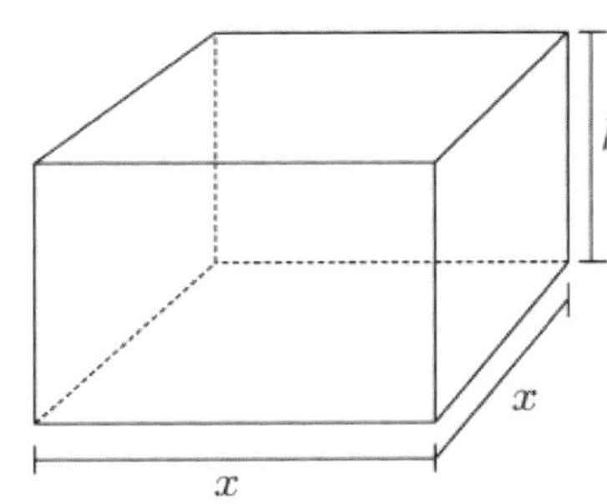

$$\Rightarrow \quad \begin{cases} \textbf{Volume } = x^2h \\ \textbf{Surface Area } = x^2 + 4xh = 64 \end{cases}$$

- $V = x^2h$ 에서 Surface area로부터 $h = \dfrac{64 - x^2}{4x}$. 그러므로, $V = x^2\left(\dfrac{64 - x^2}{4x}\right) = 16x - \dfrac{1}{4}x^3$

- x는 길이 이므로 반드시 $x > 0$

- Surface area는 반드시 Positive $x^2 + 4xh = 64$ 로부터 $h = \dfrac{64 - x^2}{4x} > 0$

- $\dfrac{dV}{dx} = 16 - \dfrac{3}{4}x^2 = 0$ 에서 $x = \pm \dfrac{8}{\sqrt{3}}$

V 의 graph를 대략적으로 그려보면...

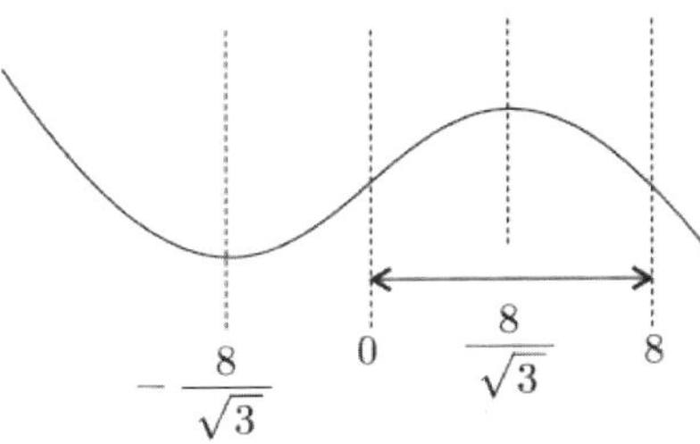

- $x = \dfrac{8}{\sqrt{3}}$ 에서 Volume은 Maximum Value를 갖는다.

- $x^2 + 4xh = 64$ 에서 $\dfrac{64}{3} + \dfrac{32}{\sqrt{3}}h = 64$ 에서 $h = \dfrac{4}{3}\sqrt{3}$

그러므로, $\dfrac{8}{3}\sqrt{3} \times \dfrac{8}{3}\sqrt{3} \times \dfrac{4}{3}\sqrt{3}$

정답 $\dfrac{8}{3}\sqrt{3} \times \dfrac{8}{3}\sqrt{3} \times \dfrac{4}{3}\sqrt{3}$

Problem 3

Albert has 48 meters of wire fence with which he plans to build two identical rectangular adjacent fence. What are the dimensions of the enclosure that has the maximum area?

Solution

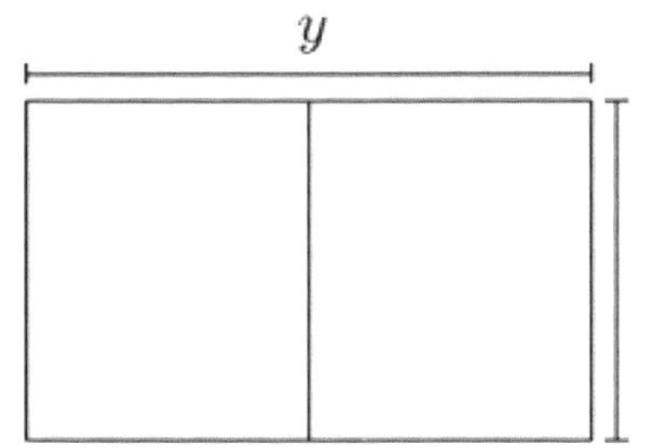

$\Rightarrow$
- $3x + 2y = 48$
- Total Area $= xy$

- Total area $= xy$ 에서 $3x + 2y = 48$ 으로부터 $y = 24 - \dfrac{3}{2}x$ 이므로 total area는 $x\left(24 - \dfrac{3}{2}x\right)$

- Total area $= 24x - \dfrac{3}{2}x^2$

- $x > 0$이고 $y > 0$이므로 $24 - \dfrac{3}{2}x > 0$ 이고 $0 < x < 16$

- Total Area는 A라고 하면, $A = 24x - \dfrac{3}{2}x^2$ 에서 $\dfrac{dA}{dx} = 24 - 3x = 0$ 에서 $x = 8$

Total area $A = 24x - \dfrac{3}{2}x^2$ 의 Graph를 대략적으로 그려보면,

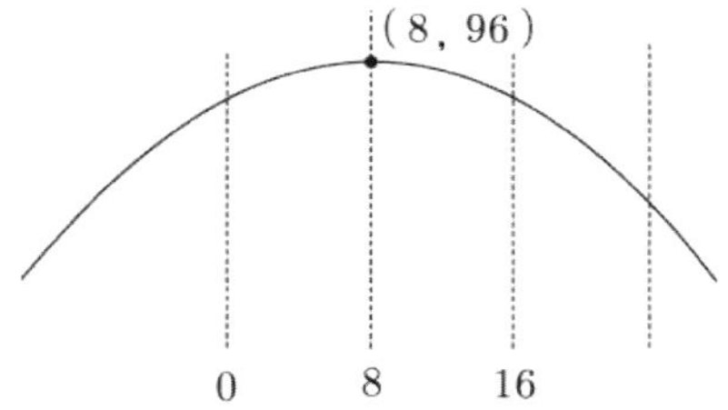

즉, $x = 8$에서 Total Area는 Maximum Value를 갖는다.
그러므로 $x = 8$이고 $3*8 + 2y = 3*8 + 2*12 = 48$
에서 $y = 12$

정답   Width : 8, Length : 12

08. Approximation

5월 AP 시험에는 가끔 나오는 내용이지만 대부분의 학교에서는 수업을 하는 내용이니 반드시 알아두어야 한다.

1. Differentials and Approximations

앞에서 배운 The Definition of the derivative 은 다음과 같다.

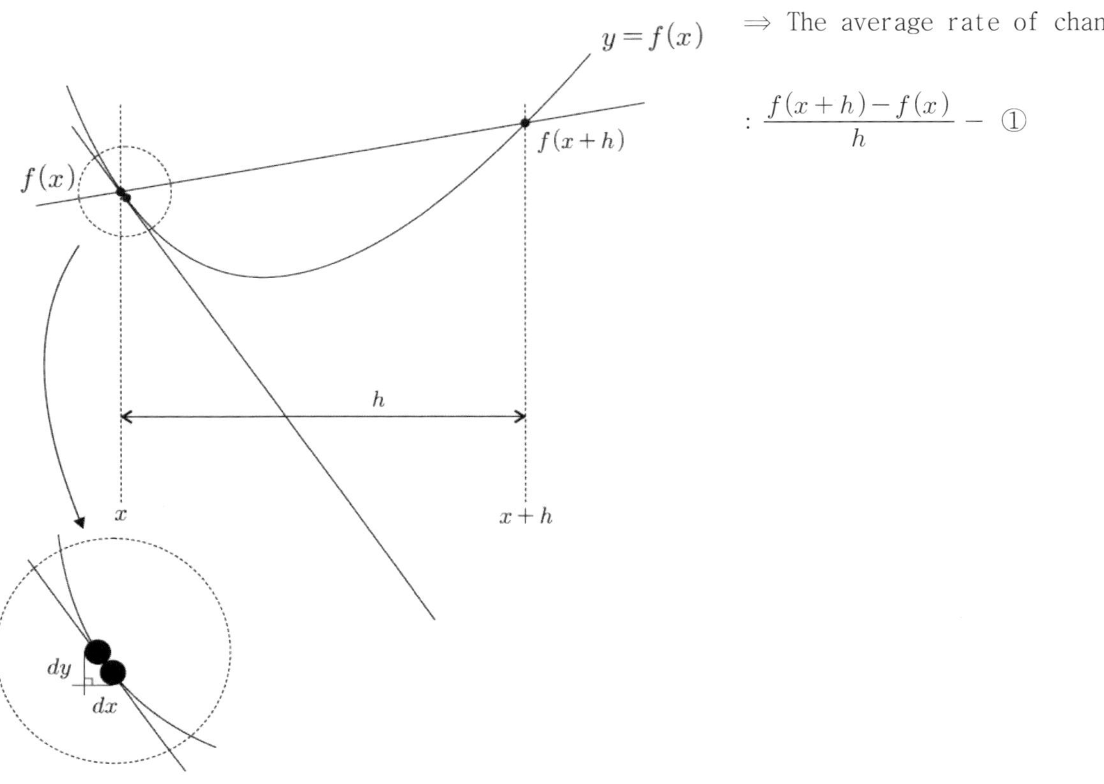

$\Rightarrow$ The average rate of change

$$: \frac{f(x+h)-f(x)}{h} - ①$$

$\Rightarrow$ The instantaneous rate of change

$$\lim_{h\to 0}\frac{f(x+h)-f(x)}{h}=f'(x)=\frac{dy}{dx} - ②$$

위의 ②가 바로 The Definition of the derivative 였다.

$\lim_{h\to 0}\dfrac{f(x+h)-f(x)}{h}=f'(x)$ 에서 $\lim_{h\to 0}h$ 는 아주 미세한 x 값의 변화. $\cdots$ 즉, dx 이다.

위의 The Definition of the derivative를 다음과 같이 써보자.

$$f(x+h) - f(x) = f'(x) \boxed{\lim_{h \to 0} h}$$
$$= dx$$

y값의 변화($\triangle y$)　아주 미세한 y값의 변화(dy)　($※\ f'(x)dx = dy \Rightarrow f'(x) = \dfrac{dy}{dx}$)

위로부터 다음과 같은 결과를 얻을 수 있다.

반드시 알아두자!

$$f(x+dx) \approx f(x) + dy = f(x) + f'(x)dx$$

다음의 예제를 보자.

(**EX 1**) Using differentiable :

(1) Approximate : $\sqrt{4.2}$　　　　　　(2) Approximate : $\sqrt{8.2}$

Solution

(1) $f(4+0.2) \approx f(4) + dy$ 에서 $f(x) = \sqrt{x}$ 라고 하면 $f'(x) = \dfrac{dy}{dx} = \dfrac{1}{2\sqrt{x}}$ 에서

$dy = \dfrac{1}{2\sqrt{x}}dx$, $x = 4$일 때, $dx = 0.2$ 이므로 $dy = \dfrac{1}{2\sqrt{4}}(0.2) = \dfrac{0.2}{4} = 0.05$

그러므로, $\sqrt{4.2} \approx \sqrt{4} + 0.05 = 2.05$

(2) $f(9-0.8) \approx f(9) + dy$ 에서

$dy = \dfrac{1}{2\sqrt{x}}dx$ 이므로 $X = 9$ 일 때, $dx = -0.8$ 이므로 $dy = \dfrac{1}{2\sqrt{9}}(-0.8) = \dfrac{-0.8}{6} \approx -0.133$

그러므로, $\sqrt{8.2} \approx \sqrt{9} - 0.133 = 2.867$

　정답　　　(1) 2.05　　　(2) 2.867

(EX 2) The side of a cube is measured to be 6in with an error of ± 0.2 inches. Estimate the error in the volume of the cube.

Solution

Cube의 Volume은 $6^3 = 216$

Cube의 한 변의 길이를 x 라고 하면, $V = x^3$ 에서 $\dfrac{dV}{dx} = 3x^2 \Rightarrow dV = 3x^2 dx$, $x = 6$ 일 때,

$dx = 0.2$ 이므로 $\Delta V \approx dV = 3(6)^2(0.2) = 21.6$

그러므로, Cube의 Volume $= 216 \pm 21.6$ cubic inches.

> ※ 여기에서 21.6을 "Absolute Error" 라고 한다.
>
> $\dfrac{\Delta V}{V} \approx \dfrac{dV}{V} \approx \dfrac{21.6}{216} = 0.1$ 에서 0.1을 "Relative Error" 이라고 한다.
>
> 그러므로, Relative Error는 0.1.

정답 　Absolute Error : 21.6　　Relative Error : 0.1

Problem 1

Use differentiable to approximate the given number.

(1) $\sqrt{35.7}$

(2) $\sqrt[3]{63.91}$

Solution

(1) $f(36-0.3) \approx f(36)+dy$ 에서 $f(x)=\sqrt{x}$ 라고 하면 $\dfrac{dy}{dx}=\dfrac{1}{2\sqrt{x}}$ 이므로 $dy=\dfrac{1}{2\sqrt{x}}dx$

$x=36$일 때, $dx=-0.3$ 이므로 $dy=\dfrac{1}{2\sqrt{36}}(-0.3)=\dfrac{-0.3}{12}=-0.025$

그러므로, $\sqrt{35.7}=\sqrt{36}-0.025=5.975$

(2) $f(64-0.09) \approx f(64)+dy$ 에서 $f(x)=\sqrt[3]{x}=x^{\frac{1}{3}}$ 에서 $\dfrac{dy}{dx}=\dfrac{1}{3}x^{-\frac{2}{3}}$ 이므로 $dy=\dfrac{1}{3}x^{-\frac{2}{3}}dx$.

$x=64$일 때, $dx=-0.09$ 이므로, $dy=\dfrac{1}{3}(64)^{-\frac{2}{3}}(-0.09)=-\dfrac{0.09}{48} \approx -0.001875$

그러므로, $\sqrt[3]{63.91} \approx \sqrt[3]{64}-0.001875=3.998125$

그러므로 3.998125

정답   (1) 5.975   (2) 3.998125

Problem 2

Use differentials to approximate the increase in the area of a sphere when its radius increases from 3 inches to 3.02 inches.

Solution

Sphere의 표면적 $A = 4\pi r^2$ 이고 $\dfrac{dA}{dr} = 8\pi r$ 에서 $dA = 8\pi r \, dr$,

$r = 3$일 때, $dr = 0.02$이므로, $\Delta A \approx dA = 8\pi(3)(0.02) = 0.48\pi$ square inches

정답 0.48π square inches

Integration

Integration

1. Indefinite Integrals

1. Integral?
2. Formula
3. 기본적인 공식 문제
4. 미분관계(U-Substitution)
5. 약간 복잡한 공식 형태
6. Integration by Parts (BC)
7. Partial Fraction (BC)

시작에 앞서서...

"Indefinite Integrals"를 한국 수학에서는 "부정적분"이라고 한다. 적분은 곡선으로 둘러싸인 부분의 면적이나 부피 등을 구할 때 쓰는 이론이지만 부정적분(Indefinite Integrals)에서는 범위가 없어서 어디부터 어디까지 구해야 하는지 알 수가 없다.

하지만 구구단을 알아야 다른 계산들도 할 수 있듯이 부정적분(Indefinite Integrals)에 나오는 모든 계산 방법을 마스터해야만 뒤에 나오는 모든 문제를 해결할 수 있게 된다.

많은 학생들이 Integration 단원이 어렵다고들 한다. 문제를 보는 순간 무엇부터 해야 할지 감이 안 온다고 말하는 학생들이 많다. 이에 필자는 문제풀이를 최대한 필자 나름대로 풀이 방법에 따라 위의 1~8처럼 소단원으로 분류하여 보았다. 이 책에서 필자가 제시하는 방법대로 따라해 보기 바란다.

1. Integral?

" 'Integral(적분)' 은 처음에 미분과 몇 개의 분야로 시작하였다가 적분 값을 나타내는 함수가 역도함수와 같다는 것이 미적분학(CALCULUS)의 기본정리를 통해 증명되면서 미적분학으로 발전되었다. …"
백과사전을 찾아보면 이와 같이 설명이 되어 있을 것이다. 이를 한마디로 말하자면

적분(Integral)은 미분(Differentiation)의 반대다!!

즉, Anti-differentiation!

Integral은 어떤 함수 사이의 면적이나 부피를 구할 때 사용된다.

다음 그림에서 구간 $[a, b]$에서 함수 $y = f(x)$와 x축 사이의 면적을 구한다면

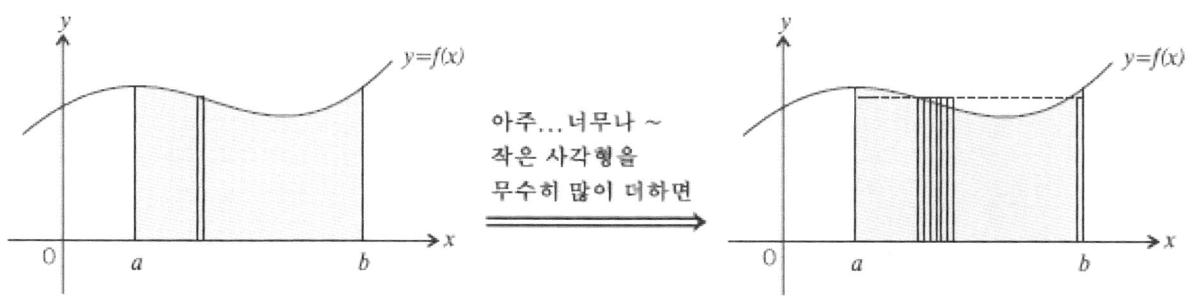

우리가 구하고자 하는 면적은 정확히 구할 수 없지만 얼추 비슷하게 구할 수는 있다. 앞으로 우리가 Integral을 통해서 구한 면적, 부피 등은 정확한 값이 아니라 근사값인 것들이다.

다음의 두 경우를 비교해 보았을 때...

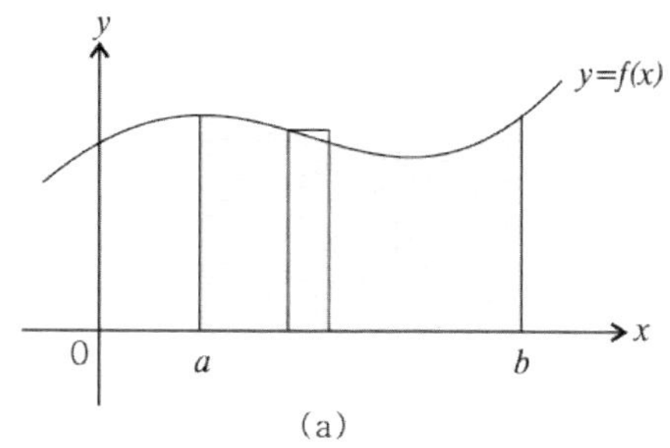

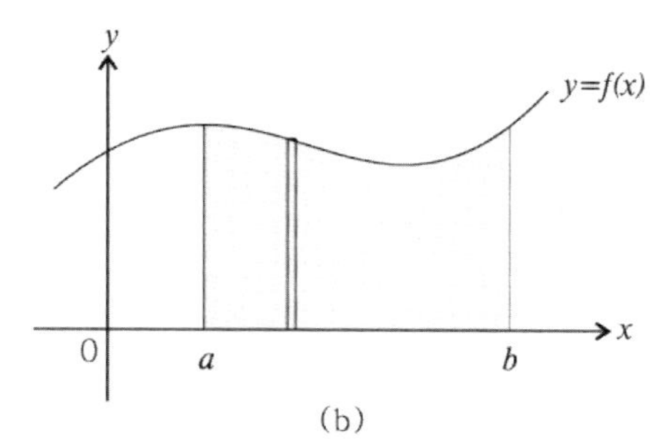

☞ 심선생 Math Series

(a)의 경우 보다 (b)의 경우 사각형의 밑변을 작게 하여 더하게 되면 $y=f(x)$와 x축 사이의 면적은 (b)의 경우가 좀 더 실제 면적과 비슷하게 될 것이다. 이처럼 사각형의 밑변을 아주 작게($=dx$)하여 무한 번 더하면 더욱 더 실제 면적과 비슷하게 될 것이다.

다음을 보자.

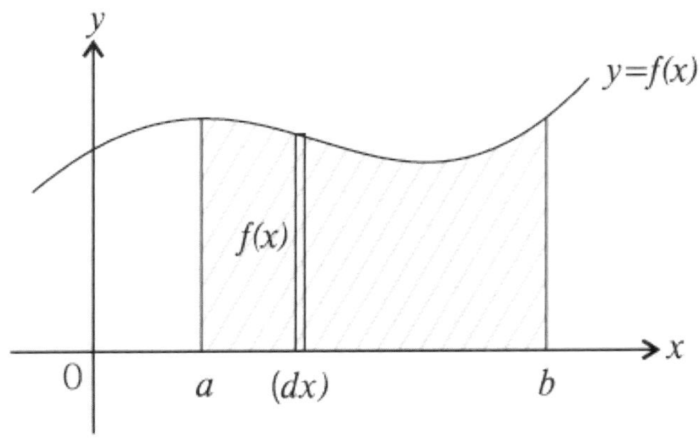

빗금 친 부분의 면적

$= [a,b]$무한 합
$=$ Sum + Integration
$= S + I$
$= \int_a^b$

~의   of

작은 사각형면적 $f(x)dx$

$\Rightarrow \int_a^b f(x)dx$

(즉, $\int$ 은 S와 I의 합성어) $\Leftarrow$ 여러분들이 생소하게 느끼는 $\int$ 은 이렇게 만들어진 것이다.

즉, 빗금 친 부분의 면적은 $\int_a^b f(x)dx$가 된다.

우리가 Indefinite Integrals에서는 범위가 주어지지 않으므로 구체적인 면적, 부피 등을 구할 수 없다. 구체적인 면적, 부피 등은 Definite Integral에서 다루게 된다.

이 단원에서는 Integral의 계산법을 익히도록 하자.

2. Formula

앞에서 "적분(Integral)은 미분(Differentiation)의 반대"라고 공부했다. 여기에서부터 기본적인 공식이 시작된다.

$$\frac{1}{2}x^2 + C \xrightarrow[\text{적분}(integral)]{\text{미분}(Differentiation)} x \quad (\text{※ } C \text{ is a constant})$$

즉, x를 적분하면 $\frac{1}{2}x^2 + C$ 가 된다.

$$\Rightarrow x^1 \xrightarrow{\text{적분}(Integral)} \frac{1}{1+1}x^{1+1} + C \quad \text{이고 이를 공식화 시키면} \cdots$$

반드시 암기하자!

$$\int x^n dx = \frac{1}{n+1}x^{n+1} + C$$

Integral은 다음과 같은 성질들도 있다. 반드시 알아두자.

반드시 암기하자!

$$\cdot \int (f(x) \pm g(x))dx = \int f(x)dx \pm \int g(x)dx$$

$$\cdot \int af(x)dx = a\int f(x)dx$$

다음의 간단한 예제들을 통해서 위의 공식들을 확실하게 해 두자.

① $\displaystyle\int (x^2 - 2x + 3)dx = \int x^2 dx - 2\int x\,dx + \int 3\,dx = \frac{1}{3}x^3 - 2 \cdot \frac{1}{2}x^2 + 3x + C$

$\left(\displaystyle\int 3\,dx = \int 3x^0\,dx = 3 \times \frac{1}{0+1}x^{0+1} + C = 3x + C \right)$

② $\displaystyle\int (x^5 - 2x^4 + 7)dx = \frac{1}{6}x^6 - \frac{2}{5}x^5 + 7x + C$

③ $\displaystyle\int (t^3 - 2t)dt = \frac{1}{4}t^4 - t^2 + C$

다음에 소개하는 공식들은 모두 알아야 하지만 그렇다고 무턱대고 암기 했다가는 실수를 할 경우가 많다. 필자가 암기하라고 하는 것만 직접 암기하기 바란다. 그 외에는 미분공식을 거꾸로 읽기만 하면 된다. 그래야 실수를 줄일 수 있다.

다음을 알아두자!

Integral Formulas

① $\displaystyle\int \sin x\,dx = -\cos x + C$ $\qquad \left(\sin x \xrightleftharpoons[Integral]{Differentiation} \cos x \ \text{ or } \ \sin x \rightleftarrows \cos x \right)$

② $\displaystyle\int \cos x\,dx = \sin x + C$ $\qquad \left(\cos x \xrightleftharpoons[Integral]{Differentiation} -\sin x \ \text{ or } \ \cos x \rightleftarrows -\sin x \right)$

③ $\displaystyle\int \sec^2 x\,dx = \tan x + C$ $\qquad \left(\tan x \xrightleftharpoons[Integral]{Differentiation} \sec^2 x \ \text{ or } \ \tan x \rightleftarrows \sec^2 x \right)$

④ $\displaystyle\int \csc^2 x\,dx = -\cot x + C$ $\qquad \left(\cot x \xrightleftharpoons[Integral]{Differentiation} -\csc^2 x \ \text{ or } \ \cot x \rightleftarrows -\csc^2 x \right)$

⑤ $\displaystyle\int \sec x \tan x\,dx = \sec x + C$ $\qquad \left(\sec x \xrightleftharpoons[Integral]{Differentiation} \sec x \tan x \ \text{ or } \ \sec x \rightleftarrows \sec x \tan x \right)$

⑥ $\displaystyle\int \csc x \cot x\,dx = -\csc x + C$ $\qquad \left(\csc x \xrightleftharpoons[Integral]{Differentiation} -\csc x \tan x \ \text{ or } \ \csc x \rightleftarrows -\csc x \cot x \right)$

⑦ $\displaystyle\int \frac{1}{x}\,dx = \ln|x| + C$ $\qquad \left(\ln x \xrightleftharpoons[Integral]{Differentiation} \frac{1}{x} \ \text{ or } \ \ln x \rightleftarrows \frac{1}{x} \right)$

⑧ $\displaystyle\int e^x\,dx = e^x + C$ $\qquad \left(e^x \xrightleftharpoons[Integral]{Differentiation} e^x \ \text{ or } \ e^x \rightleftarrows e^x \right)$

다음을 알아두자!

Integral Formulas

⑨ $\displaystyle\int a^x dx = \frac{a^x}{\ln a} + C \ (a > 0)$

$\left(a^x \xrightleftharpoons[Integral]{Differentiation} a^x \ln a \ \text{or} \ a^x \rightleftarrows a^x \ln a\right)$

⑩ $\displaystyle\int \frac{1}{\sqrt{1-x^2}} dx = \sin^{-1}x + C$

$\left(\sin^{-1}x \xrightleftharpoons[Integral]{Differentiation} \frac{1}{\sqrt{1-x^2}}, \ 1 < x < 1 \ \text{or}\right.$

$\left.\sin^{-1}x \rightleftarrows \frac{1}{\sqrt{1-x^2}}, \ -1 < x < 1\right)$

⑪ $\displaystyle\int \frac{1}{1+x^2} dx = \tan^{-1}x + C$

$\left(\tan^{-1}x \xrightleftharpoons[Integral]{Differentiation} \frac{1}{1+x^2} \ \text{or} \ \tan^{-1}x \rightleftarrows \frac{1}{1+x^2}\right)$

⑫ $\displaystyle\int \frac{1}{|x|\sqrt{x^2-1}} dx = \sec^{-1}x + C$

$\left(\sec^{-1}x \xrightleftharpoons[Integral]{Differentiation} \frac{1}{|x|\sqrt{x^2-1}}, \ |x| > 1 \ \text{or}\right.$

$\left.\sec^{-1}x \rightleftarrows \frac{1}{|x|\sqrt{x^2-1}}\right), |x| > 1\Big)$

⑬ $\displaystyle\int \sec x \, dx = \ln|\sec x + \tan x| + C$

시커먼것은　　석　　　탄

⑭ $\displaystyle\int \csc x \, dx = \ln|\csc x - \cot x| + C$

코시커먼것은　코탄것이다

① ~ ⑫까지는 미분 공식을 활용하도록 하고, ⑬ ~ ⑭는 암기하기 바란다.

심 선생의 보충설명 코너

$$f(x) = \xrightleftharpoons[Integral(\text{일부만 직접 계산 가능})]{Differentiation(100\% \ \text{직접 계산 가능})} \int f'(x)dx$$

어느 식이 주어지더라도 우리는 100% 직접 Differentiation이 가능하지만 그 반대로 계산하는 Integral은 일부만 직접 계산이 가능하기 때문에 Integral을 계산하는데 있어서 계산기를 많이 사용하게 된다.

우리가 배우는 Integral의 계산법들은 직접 계산이 가능한 경우만 배우는 것이므로 숙달 될 때까지 반복해서 공부하여야 한다. Integral 계산법이 어렵다고 느끼는 이유는 직접 풀리는 문제와 아닌 문제가 섞여 있기 때문이다.

3. 기본적인 공식 문제

앞에서 공부한 공식들을 가지고 다음의 예제들을 풀어보자. Integration Formula를 다른 종이에 써놓고 같이 보면서 풀어보자.

EX 1 Evaluate the following integrals.

(1) $\int (\sin y - \cos y)dy$

(2) $\int (e^x + \csc^2 x)dx$

(3) $\int (\sec x \tan x - x^2 + 1)dx$

(4) $\int (\frac{3}{x} - 5^x)dx$

(5) $\int (2x + e^x)dx$

(6) $\int (\sec u + \csc u)du$

(7) $\int (\frac{2}{1+x^2} - 2x + 3)dx$

(8) $\int (\sec^2 x + \csc^2 x)dx$

(9) $\int (\csc x \cot x + \sec^2 x)dx$

(10) $\int (x^2 - 2xy + 3)dy$

Solution

1. $-\cos y - \sin y + C$

2. $e^x - \cot x + C$

3. $\sec x - \frac{1}{3}x^3 + x + C$

4. $3\ln|x| - \frac{5^x}{\ln 5} + C$

5. $x^2 + e^x + C$

6. $\ln|\sec u + \tan u| + \ln|\csc u - \cot u| + C$ or $\ln|(\sec u + \tan u)(\csc u - \cot u)| + C$

7. $2\tan^{-1} x - x^2 + 3x + C$

8. $\tan x - \cot x + C$

9. $-\csc x + \tan x + C$

10. x는 여기서 Constant이다. 예를 들어, $\int y\,dy = \frac{1}{2}y^2 + C$ 이지만 $\int x\,dy$는 $xy + C$ 이다.

즉, x는 dy와 다르므로 Constant!

그러므로 $\int (x^2 - 2xy + 3)dy = x^2 y - 2x\frac{1}{2}y^2 + 3y + C$ 에서 $x^2 y - xy^2 + 3y + C$

Shim's Tip!

다음의 두 가지 경우는 필자가 제시하는 방법대로 바꾸어서 계산하기 바란다.

$$① \int \sqrt[n]{f(x)}\,dx \Rightarrow \int \{f(x)\}^{\frac{1}{n}}\,dx$$

$$② \int \frac{1}{(f(x))^n}\,dx = \int (f(x))^{-n}\,dx$$

4. U-Substitution

Integral을 계산하는데 있어서 가장 중요한 부분이다. 이 소단원은 필자가 따로 마련한 단원이다. 필자가 소개하는 방법대로 하기 바란다. 많은 학생들이 Integral을 계산할 때 사소한 부분을 자주 실수하는데 이는 무턱대고 공식 따라 해결하려고 하기 때문에 그런 일이 발생한다.

조금 귀찮더라도 다음에 소개하는 7가지가 눈에 보인다면 바로 "치환(Substitution)"을 하여야 한다.

치환 (Substitution)을 해야 하는 7가지 규칙

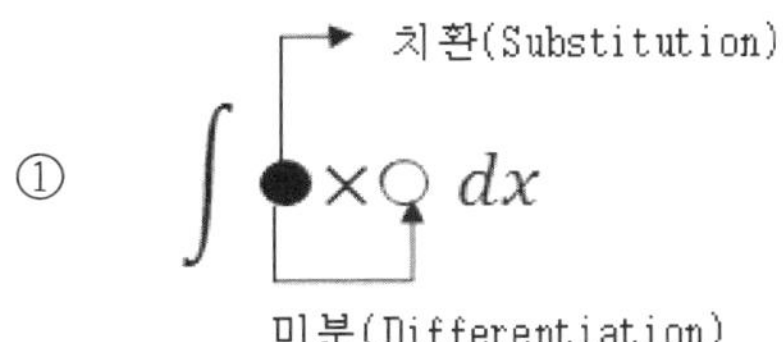

$$\left(\text{EX 2}\right)\quad \int \frac{(x^3 + 2x - 3)(6x^2 + 4)dx}{\underset{\text{미분 (Differentiation)}}{\underbrace{\qquad}}}$$

Solution

$x^3 + 2x - 3$ 을 미분(Differentiation)하면 $3x^2 + 2$이므로

$6x^2 + 4 = 2(3x^2 + 2)$ 와 미분(Differentiation) 결과가 같다.

그러므로 $x^3 + 2x - 3 = u$ 라고 치환(Substitution)하고 양변을 x에 대해서 미분(Differentiation)하면 $3x^2 + 2 = \dfrac{du}{dx}$.

그러므로, $dx = \dfrac{1}{3x^2 + 2}du$. 그러므로, $\displaystyle\int 2u(3x^2 + 2)\dfrac{1}{3x^2 + 2}du = 2\int u\,du = u^2 + C$,

$u = x^3 + 2x - 3$ 이므로 결과는 $(x^3 - 2x - 3)^2 + C$

정답　　$(x^3 - 2x - 3)^2 + C$

② $\displaystyle\int \frac{\bigcirc}{\bullet}\,dx$ 　미분(Differentiation)　치환(Substitution)　　or　　$\displaystyle\int \frac{\bigcirc}{\sqrt{\bullet}}\,dx$ 　미분(Differentiation)　치환(Substitution)

EX 3 $\displaystyle\int \frac{t-1}{\sqrt{t^2-2t}}\,dt$

Solution

t^2-2t을 미분(Differentiation)하면 $2t-2=2(t-1)$ 이므로 $t^2-2t=u$ 라고 치환(Substitution)

하고 양변을 t에 대해서 미분(Differentiation)하면 $2t-2=\dfrac{du}{dt}$에서 $dt=\dfrac{1}{2(t-1)}du$ 이다.

그러므로, $\displaystyle\int \frac{t-1}{\sqrt{u}}\cdot\frac{1}{2(t-1)}du=\frac{1}{2}\int u^{-\frac{1}{2}}du=\frac{1}{2}\times\frac{1}{1-\frac{1}{2}}u^{-\frac{1}{2}+1}+C=u^{\frac{1}{2}}+C$

$u=t^2-2t$이므로 결과는 $\sqrt{t^2-2t}+C$

정답　　$\sqrt{t^2-2t}+C$

③ $\displaystyle\int \bigcirc\cdot a\ dx$ 　미분(Differentiation)　치환(Substitution)

EX 4 $\displaystyle\int \sin x\, e^{\cos x}\,dx$

Solution

$\cos x$를 미분(Differentiation)하면 $-\sin x$ 이므로 $\cos x=u$ 라고 치환(Substitution)하고

양변을 x에 대해서 미분(Differentiation)하면 $-\sin x=\dfrac{du}{dx}$에서 $dx=-\dfrac{1}{\sin x}du$ 이다.

그러므로 $\displaystyle\int \sin x\times e^{u}\times\left(-\frac{1}{\sin x}\right)du=-\int e^{u}du=-e^{u}+C$ 이고 $u=\cos x$ 이므로

결과는 $-e^{\cos x}+C$

정답　　$-e^{\cos x}+C$

④

$$\int \bigcirc \sin \bullet \; dx$$

미분(Differentiation) → 치환(Substitution)

EX 5 $\displaystyle\int (x-3)\sin(x^2-6x)dx$

Solution

x^2-6x를 미분(Differentiation)하면 $2x-6=2(x-3)$ 이므로

$x^2-6x=u$ 라고 치환(Substitution)하고

양변을 x에 대해서 미분(Differentiation)하면 $2x-6=\dfrac{du}{dx}$ 에서 $dx=\dfrac{1}{2(x-3)}du$ 이다.

그러므로, $\displaystyle\int (x-3)\times \sin u \times \dfrac{1}{2(x-3)}du = \dfrac{1}{2}\int \sin u\,du = -\dfrac{1}{2}\cos u + C$ 이고 $u=x^2-6x$ 이므로

결과는 $-\dfrac{1}{2}\cos(x^2-6x)+C$

정답　　$-\dfrac{1}{2}\cos(x^2-6x)+C$

⑤

$$\int \frac{\bigcirc}{1+\bullet^2}\,dx \qquad \text{or} \qquad \int \frac{\bigcirc}{\sqrt{1-\bullet^2}}\,dx$$

미분(Differentiation) / 치환(Substitution)

EX 6 $\displaystyle\int \frac{15x^2}{1+(5x^3)^2}dx$

Solution

$5x^3$를 미분(Differentiation)하면 $15x^2$이므로 $5x^3=u$ 라고 치환(Substitution)하고 양변을 x에

대해서 미분(Differentiation)하면 $15x^2=\dfrac{du}{dx}$ 에서 $dx=\dfrac{1}{15x^2}du$ 이다.

그러므로, $\displaystyle\int \frac{15x^2}{1+u^2}\cdot \frac{1}{15x^2}du = \tan^{-1}u + C$ 이므로 결과는 $\tan^{-1}5x^3 + C$

정답　　$\tan^{-1}5x^3 + C$

⑥ $\int (\text{일차식})^n dx$ 에서 (일차식)은 무조건 치환(Substitution)!

(EX 7) $\int (7x-5)^5 dx$

Solution

$7x-5=u$ 라고 치환(Substitution)하고 양변을 x에 대해서 미분(Differentiation)하면 $7=\dfrac{du}{dx}$

에서 $dx=\dfrac{1}{7}du$ 이므로 $\dfrac{1}{7}\int u^5 du = \dfrac{1}{7}\times\dfrac{1}{6}u^6 + C = \dfrac{1}{42}u^6 + C$, $u=7x-5$ 이므로

결과는 $\dfrac{1}{42}(7x-5)^6 + C$

정답 $\quad \dfrac{1}{42}(7x-5)^6 + C$

⑦ ax꼴은 무조건 치환(Substitution)!

(EX 8) $\int \dfrac{3}{\sqrt{1-(5x)^2}} dx$

Solution

$5x=u$ 라고 치환(Substitution)하고 양변을 x에 대해서 미분(Differentiation)하면 $5=\dfrac{du}{dx}$ 에

서 $dx=\dfrac{1}{5}du$ 이므로 $\int \dfrac{3}{\sqrt{1-u^2}} \cdot \dfrac{1}{5}du = \dfrac{3}{5}\int \dfrac{1}{\sqrt{1-u^2}}du = \dfrac{3}{5}sin^{-1}u + C$ 이고 $u=5x$ 이므로

결과는 $\dfrac{3}{5}sin^{-1}5x + C$

정답 $\quad \dfrac{3}{5}sin^{-1}5x + C$

5. 약간 복잡한 공식 형태

앞의 소단원 (3)기본적인 공식문제, (4)미분관계가 아닌 것 같은 문제는 약간 복잡한 공식 형태의 문제인지 의심해봐야 한다.
다음의 경우에는 기본적인 공식문제도 U-Substitution도 아닌 유형들이다.

약간 복잡한 공식 형태 유형들

① $\int \sin^2 x \, dx$, $\int \cos^2 x \, dx$ $\Rightarrow$ $\boxed{\sin^2 \dfrac{x}{2} = \dfrac{1-\cos x}{2}, \ \cos^2 \dfrac{x}{2} = \dfrac{1+\cos x}{2} \quad \text{이용!}}$

② $\int (\blacksquare)^n dx$ 에서 $\blacksquare$가 $ax+b$의 꼴이 아닐 때 (EX) $\int (\sqrt{x} + \dfrac{1}{x^2})^2 dx$

다음의 예제들을 보자.

(EX 9) Evaluate $\int \cos^2 x \, dx$

Solution

Integral 공식에서 $\cos^2 x$를 적분(Integration)하는 공식은 보지 못했을 것이다.
$\cos x, \cos 2x, \cdots$ 등은 적분이 가능하다. 삼각함수의 Power-reduce 공식을 사용하자!!

$\cos^2 x = \dfrac{1+\cos 2x}{2}$ 이므로 $\int \cos^2 x \, dx = \int \dfrac{1+\cos 2x}{2} = \int \dfrac{1}{2} dx + \dfrac{1}{2} \int \cos 2x \, dx$ 에서 $2x$를 u라고

치환하고 양변을 x에 대해서 미분하면 $2 = \dfrac{du}{dx}$에서 $ax = \dfrac{1}{2} du$

$\dfrac{1}{2} x + \dfrac{1}{2} \int \cos u \cdot \dfrac{1}{2} du = \dfrac{1}{2} x + \dfrac{1}{4} \int \cos u \, du = \dfrac{1}{2} x + \dfrac{1}{4} \sin u + C$, $u = 2x$이므로

결과는 $\dfrac{1}{2} x + \dfrac{1}{4} \sin 2x + C$

정답 $\quad \dfrac{1}{2} x + \dfrac{1}{4} \sin 2x + C$

(EX 10) Evaluate $\int (\sqrt{t} + \dfrac{2}{\sqrt{t}})^2 dt$

Solution

$\int (t + 4 + \dfrac{4}{t}) dt = \dfrac{1}{2} t^2 + 4t + 4\ln|t| + C$

6. Integration by parts(BC)

기본공식 형태도 아니면서 U-Substitution도 아니고 약간 복잡한 공식형태도 아니라면 "Integration by parts" 인지 의심해본다.

그러나 다행히도 Integration by parts는 어느 정도 모양이 정해져 있다.

뿐만 아니라, 풀이 방법도 어느 정도 정해져 있다. 원래 이 부분은 AB과정에는 없고 BC과정에만 있지만 대부분 미국학교 수학 선생님들은 AB과정에서 이 부분을 수업한다. 본론으로 들어가면...

$(f(x)g(x))' = f'(x) \cdot g(x) + f(x) \cdot g'(x)$ 에서 $f'(x) \cdot g(x) = (f(x)g(x))' - f(x) \cdot g'(x)$

양변에 $\int$ 을 붙이면 $\int f'(x) \cdot g(x)dx = f(x)g(x) - \int f(x) \cdot g'(x)dx$

유도 과정이 중요한 것이 아니라 다음의 것들을 암기해서 문제를 해결하는 것이 중요하다.

Shim's Tip!

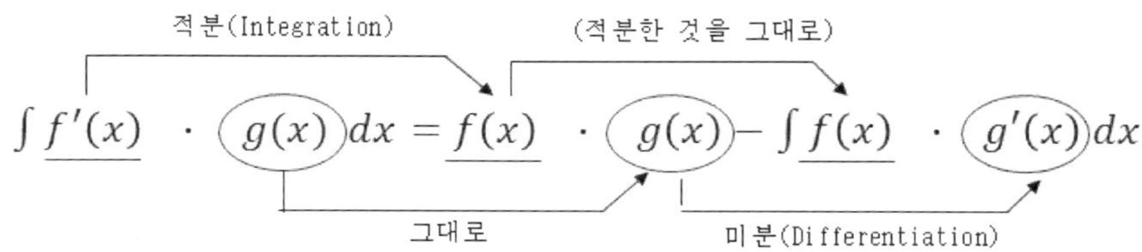

① 미분(Differentiation)할 것에 ○표를 한 후 "그대로 ⇒ 미분(Differentiation)"
② 나머지 것은 "적분(Integral) ⇒ 그대로"
③ 1. "그대로 → Differentiation"
　 2. "Integration → 그대로" 순으로 진행하자.
④ 누구를 "그대로 → Differentiation"을 할 것인가?
• 우선순위 : $\sin x$, $\cos x$, ... $< e^x < x^n < \ln x$, $\sin^{-1} x$
• $\int f'(x)g(x)dx$에서 $(\ )'$이 적은 것을 우선으로 한다.

(EX) • $\int f'(x)g(x)dx \Rightarrow g(x)$가 우선!

　　 • $\int f'(x)g''(x)dx \Rightarrow f'(x)$가 우선!

이것이 무슨 말인지는 다음의 예제들을 통해서 알아보자. 예제들을 보다 보면 알겠지만 Integration by Parts는 어느 정도 모양이 정해져 있다.

※ Integration은 Calculator가 아니면 계산이 안 되는 경우가 많기에 이처럼 풀 수 있게 모양이 정해진 것들만 공부를 하는 것이다.

$\left(\text{EX 11}\right)$ Evaluate $\displaystyle\int xe^x dx$ $\left(\text{※}\displaystyle\int xe^{x^2}dx\right)$

Solution

$\displaystyle\int xe^x dx$ 의 경우 공식에 있는 모양도 아니고 U-Substitution도 아니다.

$\left(\displaystyle\int xe^{x^2}dx\right.$의 경우 x^2를 미분(Differentiation)하면 $2x$이므로 U-substitution!

이 경우에는 x^2를 치환(Substitution)한다.$\left.\right)$

②적분(Integration)　　그대로

$$\int x\cdot e^x \, dx = x\cdot e^x - \int 1\cdot e^x \, dx = xe^x - e^x + C$$

①그대로　　미분(Differentiation)

미분 우선순위 : $e^x < x$ 이므로

정답　　$xe^x - e^x + C$

$\left(\text{EX 12}\right)$ Evaluate $\displaystyle\int x\ln x\,dx$ $\left(\text{※}\displaystyle\int \frac{1}{x}\ln x\,dx\right)$

Solution

공식에 있는 모양도 아니고 U-Substitution도 아니다.

미분(Differentiation) 우선순위 : $x < \ln x$ 이므로

②적분(Integration)　　그대로

$$\int x\cdot \ln x \, dx = \frac{1}{2}x\cdot \ln x - \int \frac{1}{2}x^2\cdot\frac{1}{x}\,dx = \frac{1}{2}x^2\ln x - \frac{1}{4}x^2 + C$$

①그대로　　미분(Differentiation)

$\left(\displaystyle\int \frac{1}{x}\ln x\,dx\right.$의 경우 $\ln x$를 미분(Differentiation)하면 $\frac{1}{x}$이므로 U-substitution!

이 경우에는 $\ln x$를 치환(Substitution)한다.$\left.\right)$

정답　　$\dfrac{1}{2}x^2\ln x - \dfrac{1}{4}x^2 + C$

(EX 13) Evaluate $\int x\cos x\,dx$ ($\ast \int x\cos x^2 dx$)

Solution

$\int x\cos x\,dx$ 공식에 있는 모양도 아니고 U-Substitution도 아니다.

($\int x\cos x^2 dx$의 경우 x^2를 미분(Differentiation)하면 $2x$이므로 U-substitution!

이 경우에는 x^2를 치환(Substitution)한다.)

미분(Differentiation) 우선순위 : $\cos x < x$ 이므로

$$\int x\cdot \cos x\,dx = x\cdot\sin x - \int 1\cdot\sin x\,dx = x\sin x + \cos x + C$$

②적분(Integration)   그대로

①그대로   미분(Differentiation)

정답 $x\sin x + \cos x + C$

(EX 14) Evaluate $\int \ln x\,dx$

Solution

다른 것들과는 조금 모양이 다른 특이한 형태이다.

$$\int 1\cdot \ln x\,dx = x\cdot\ln x - \int x\cdot\frac{1}{x}\,dx = x\ln x - x + C$$

②적분(Integration)   그대로

①그대로   미분(Differentiation)

정답 $x\ln x - x + C$

$\left(\text{EX 15}\right)$ Evaluate $\int e^x \cos x\, dx$

Solution

공식에 있는 모양도 아니고 U-Substitution도 아니다.

미분(Differentiation) 우선순위 : $\cos x < e^x$ 이므로

$$\int e^x \cdot \cos x\, dx = e^x \cdot \sin x - \int e^x \cdot \sin x\, dx$$

에서 $\int e^x \sin x\, dx$ 를 한 번 더 적분(Integral)하면

$$\int e^x \cdot \sin x\, dx = e^x \cdot (-\cos x) - \int e^x \cdot (-\cos x)\, dx$$

이므로

$$\int e^x \cos x\, dx = e^x \sin x + e^x \cos x - \int e^x \cos x\, dx \quad \text{에서}$$

$$2\int e^x \cos x\, dx = e^x \sin x + e^x \cos x \quad \text{이므로} \quad \int e^x \cos x\, dx = \frac{e^x}{2}(\sin x + \cos x) + C$$

정답 $\quad \dfrac{e^x}{2}(\sin x + \cos x) + C$

7. Partial Fraction (BC)

$\int \dfrac{g(x)}{f(x)}dx$ 에서 $f(x)=ax^2+bx+c$ 형태로 Factorization이 가능하고 $g(x)$의 Highest Degree가 1 또는 $g(x)$가 Constant 일 때 계산하는 방법에 대해 알아보자.

$\left(\ \text{EX 16}\ \right)$ 을 통해 알아보도록 하자.

$\left(\ \text{EX 16}\ \right)$ Evaluate $\displaystyle\int \dfrac{x+1}{x^2-3x+2}dx$.

Solution

$\displaystyle\int \dfrac{x+1}{(x-1)(x-2)}dx$ 에서 $\displaystyle\int \left(\dfrac{A}{x-1}+\dfrac{B}{x-2}\right)dx$ $\cdots$ ① 로 분리!

$$\int \dfrac{A(x-2)+B(x-1)}{(x-1)(x-2)}dx = \int \dfrac{(A+B)x-2A-B}{(x-1)(x-2)}dx = \int \dfrac{x+1}{(x-1)(x-2)}dx$$

이므로 $A+B=1$, $-2A-B=1$ 이므로 $A=-2$, $B=3$

$A=-2$, $B=3$ 을 ①에 대입하면

$$\int \left(\dfrac{3}{x-2}-\dfrac{2}{x-1}\right)dx = 3\ln|x-2|-2\ln|x-1|+C$$

정답 $3\ln|x-2|-2\ln|x-1|+C$

Problem 1   Evaluate the following integrals.

(1) $\displaystyle\int (t-2x+y^2)dy$

(2) $\displaystyle\int (\frac{2}{y}+3^y)dy$

(3) $\displaystyle\int (\frac{2}{1+x^2}+\frac{5}{\sqrt{1-x^2}})dx$

(4) $\displaystyle\int (\csc y\cot y-10ty)dy$

(5) $\displaystyle\int (2^x-\csc x)dx$

Solution

(1) $ty-2xy+\dfrac{1}{3}y^3+C$

(2) $2\ln|y|+\dfrac{3^y}{\ln 3}+C$

(3) $2\tan^{-1}x+5\sin^{-1}x+C$

(4) $-\csc y-5ty^2+C$

(5) $\dfrac{2^x}{\ln 2}-\ln|\csc x-\cot x|+C$

Problem 2 Evaluate the following integrals.

(1) $\displaystyle\int \sin 5t\, dt$

(2) $\displaystyle\int (5x+1)^{\frac{1}{3}}\, dx$

(3) $\displaystyle\int \frac{\cos x}{\sin x+2}\, dx$

(4) $\displaystyle\int \frac{\ln x}{10x}\, dx$

(5) $\displaystyle\int (\cos \pi x)\cdot e^{\sin \pi x}\, dx$

(6) $\displaystyle\int \tan\frac{x}{2}\sec^2\frac{x}{2}\, dx$

(7) $\displaystyle\int \frac{\cos\left(\frac{1}{x}\right)}{x^2}\, dx$

(8) $\displaystyle\int \frac{\sin^{-1}y}{\sqrt{1-y^2}}\, dy$

(9) $\displaystyle\int \frac{2u}{\sqrt{3u^2+1}}\, du$

(10) $\displaystyle\int \frac{e^u-e^{-u}}{e^u+e^{-u}}\, du$

Solution

(1) $-\dfrac{1}{5}\cos 5t + C$

$5t=u,\ 5=\dfrac{du}{dt}$ 에서 $dt=\dfrac{1}{5}du$ 이므로

$\displaystyle\int \sin u\cdot\frac{1}{5}du=\frac{1}{5}\int \sin u\, du=-\frac{1}{5}\cos u + C=-\frac{1}{5}\cos(5t)+C$

(2) $\dfrac{3}{20}(5x+1)^{\frac{4}{3}}+C$

$5x+1=u,\ 5=\dfrac{du}{dt}$ 에서 $dt=\dfrac{1}{5}du$ 이므로

$\displaystyle\int u^{\frac{1}{3}}\cdot\frac{1}{5}du=\frac{1}{5}\times\frac{1}{1+\frac{1}{3}}u^{\frac{1}{3}+1}+C=\frac{3}{20}u^{\frac{4}{3}}+C=\frac{3}{20}(5x+1)^{\frac{4}{3}}+C$

(3) $\ln|\sin x+2|+C$

$\sin x+2=u,\ \cos x=\dfrac{du}{dt}$ 에서 $dx=\dfrac{1}{\cos x}du$, $\displaystyle\int \frac{\cos u}{u}\cdot\frac{1}{\cos x}du=\int \frac{1}{u}du=\ln|u|+C$ 에서

$\ln|\sin x+2|+C$

Solution

(4) $\dfrac{1}{20}(\ln x)^2 + C$ $\qquad \ln x = u, \ \dfrac{1}{x} = \dfrac{du}{dx}$ 에서 $dx = x\,du$ 이므로

$$\int \frac{1}{10x} ux\,du = \frac{1}{10}\int u\,du = \frac{1}{10}\cdot\frac{1}{2}u^2 + C = \frac{1}{20}(\ln x)^2 + C$$

(5) $\dfrac{1}{\pi}e^{\sin\pi x} + C$ $\qquad \sin\pi x = u, \ \pi\cos\pi x = \dfrac{du}{dx}$ 에서 $dx = \dfrac{1}{\pi\cos\pi x}du$ 이므로

$$\int (\cos\pi x)e^u \cdot \frac{1}{\pi\cos\pi x}du = \frac{1}{\pi}\int e^u\,du = \frac{1}{\pi}e^u + C = \frac{1}{\pi}e^{\sin\pi x} + C$$

(6) $\tan^2\dfrac{x}{2} + C$ $\qquad \tan\dfrac{x}{2} = u, \ \dfrac{1}{2}sec^2\dfrac{x}{2} = \dfrac{du}{dx}$ 에서 $dx = \dfrac{2}{\sec^2\frac{x}{2}}du$ 이므로

$$\int u\sec^2\frac{x}{2} \cdot \frac{2}{\sec^2\frac{x}{2}}du = 2\int u\,du = u^2 + C = \tan^2\frac{x}{2} + C$$

(7) $-\sin\dfrac{1}{x} + C$ $\qquad \dfrac{1}{x} = u, \ -\dfrac{1}{x^2} = \dfrac{du}{dx}$ 에서 $dx = -x^2\,du$ 이므로

$$\int \frac{1}{x^2}\cos u \cdot (-x^2)du = -\int \cos u\,du = -\sin u + c = -\sin\frac{1}{x} + C$$

(8) $\dfrac{1}{2}(\sin^{-1}y)^2 + C$ $\qquad \sin^{-1}y = u, \ \dfrac{1}{\sqrt{1-y^2}} = \dfrac{du}{dy}$ 에서 $dy = \sqrt{1-y^2}\,dy$ 이므로

$$\int \frac{u}{\sqrt{1-y^2}} \cdot \sqrt{1-y^2}\,du = \int u\,du = \frac{1}{2}u^2 + C = \frac{1}{2}(\sin^{-1}y)^2 + C$$

(9) $\dfrac{2}{3}\sqrt{3u^2+1} + C$ $\qquad 3u^2 + 1 = t, \ 6u = \dfrac{dt}{du}$ 에서 $du = \dfrac{1}{6u}dt$ 이므로

$$\int \frac{2u}{\sqrt{t}} \cdot \frac{1}{6u}dt = \frac{1}{3}\int t^{-\frac{1}{2}}dt = \frac{1}{3}\times\frac{1}{-\frac{1}{2}+1}t^{\frac{1}{2}} + C = \frac{2}{3}\sqrt{3u^2+1} + C$$

(10) $\ln(e^u + e^{-u}) + C$ $\qquad e^u + e^{-u} = t, \ e^u - e^{-u} = \dfrac{dt}{du}$ 에서 $du = \dfrac{1}{(e^u - e^{-u})}dt$ 이므로

$$\int \frac{e^u - e^{-u}}{t} \cdot \frac{1}{e^u - e^{-u}}dt = \int \frac{1}{t}dt = \ln|t| + C = \ln(e^u + e^{-u}) + C$$

Problem 3   Evaluate the following integrals.

(1) $\displaystyle\int \frac{\sin\theta}{1+\cos^2\theta}d\theta$

(2) $\displaystyle\int \frac{\cos\theta}{\sqrt{1-\sin^2\theta}}d\theta$

Solution

(1) $-\tan^{-1}(\cos\theta)+C$

$\cos\theta = u$ 라고 치환(Substitution)하고 양변을 θ에 대해서 미분(Differentiation)하면

$-\sin\theta = \dfrac{du}{d\theta}$ 에서 $d\theta = -\dfrac{1}{\sin\theta}du$.

$\displaystyle\int \frac{\sin\theta}{1+u^2}\left(-\frac{1}{\sin\theta}du\right) = -\int \frac{1}{1+u^2}du = -\tan^{-1}u+C,\ u = \cos\theta$ 이므로 결과는

$-\tan^{-1}(\cos\theta)+C$

(2) $\sin^{-1}(\sin\theta)+C$

$\sin\theta = u$로 치환(Substitution)하면 $\cos\theta = \dfrac{du}{d\theta}$ 에서 $\displaystyle\int \frac{\cos x}{\sqrt{1-u^2}}\frac{1}{\cos\theta}du$ 이므로

$\displaystyle\int \frac{1}{\sqrt{1-u^2}}du$ 에서 $\sin^{-1}u+C$ $u = \sin\theta$ 이므로

$\sin^{-1}(\sin\theta)+C$

정답   (1) $-\tan^{-1}(\cos\theta)+C$ (2) $\sin^{-1}(\sin\theta)+C$

Problem 4   Evaluate the following integrals.

(1) $\displaystyle \int \frac{1}{\sqrt{9-4x^2}}\,dx$

(2) $\displaystyle \int \frac{1-2x}{\sqrt{1-x^2}}\,dx$

Solution

(1) $\dfrac{1}{2}\sin^{-1}\left(\dfrac{2x}{3}\right)+C$

$\displaystyle \int \frac{1}{\sqrt{9\left(1-\left(\frac{2x}{3}\right)^2\right)}}\,dx$ 에서 $\dfrac{2x}{3}=u$ 로 치환(Substitution)하면 $\dfrac{2}{3}=\dfrac{du}{dx}$

$\dfrac{1}{3}\displaystyle\int \frac{1}{\sqrt{1-u^2}}\frac{3}{2}\,du=\dfrac{1}{2}\int \frac{1}{\sqrt{1-u^2}}\,du=\dfrac{1}{2}\sin^{-1}u+C$ 에서 $u=\dfrac{2x}{3}$ 이므로 $\dfrac{1}{2}\sin^{-1}\left(\dfrac{2x}{3}\right)+C$

(2) $\sin^{-1}x+2\sqrt{1-x^2}+C$

$\displaystyle\int \frac{1-2x}{\sqrt{1-x^2}}\,dx$ 를 $\displaystyle\int \frac{1}{\sqrt{1-x^2}}\,dx-\int \frac{2x}{\sqrt{1-x^2}}\,dx$ 로 나누면

① $\displaystyle\int \frac{1}{\sqrt{1-x^2}}\,dx=\sin^{-1}x+C$

② $\displaystyle\int \frac{2x}{\sqrt{1-x^2}}\,dx$, $1-x^2=u$ 로 치환(Substitution)하고 양변을 x에 대해서

미분(Differentiation)하면 $-2x=\dfrac{du}{dx}$ 에서 $dx=-\dfrac{1}{2x}\,du$

$\displaystyle\int \frac{2x}{\sqrt{u}}\times\left(-\frac{1}{2x}\right)du=-\int u^{-\frac{1}{2}}\,du=-\frac{1}{-\frac{1}{2}+1}u^{-\frac{1}{2}+1}+C=-2\sqrt{u}+C$

$u=1-x^2$ 이므로 $-2\sqrt{1-x^2}+C$

그러므로 $\displaystyle\int \frac{1-2x}{\sqrt{1-x^2}}\,dx=\sin^{-1}x+2\sqrt{1-x^2}+C$

정답   (1) $\dfrac{1}{2}\sin^{-1}\left(\dfrac{2x}{3}\right)+C$ (2) $\sin^{-1}x+2\sqrt{1-x^2}+C$

Problem 5   Evaluate the following integrals.

(1) $\displaystyle\int \frac{5}{9+4x^2}dx$

(2) $\displaystyle\int \frac{1}{x^2+6x+10}dx$

(3) $\displaystyle\int \frac{1+16x}{1+4x^2}dx$

Solution

(1) $\dfrac{5}{6}tan^{-1}\left(\dfrac{2x}{3}\right)+C$

$5\displaystyle\int \frac{1}{3^2+(2x)^2}dx=\frac{5}{9}\int \frac{1}{1+\left(\frac{2x}{3}\right)^2}dx$ 에서 $\dfrac{2x}{3}=u$ 로 치환(Substitution)하면 $\dfrac{2}{3}=\dfrac{du}{dx}$ 에서

$dx=\dfrac{3}{2}du$

$\dfrac{5}{9}\displaystyle\int \frac{1}{1+u^2}\frac{3}{2}du=\frac{5}{6}\int \frac{1}{1+u^2}du=\frac{5}{6}tan^{-1}u+C$ 에서 $u=\dfrac{2}{3}x$ 이므로 $\dfrac{5}{6}tan^{-1}\left(\dfrac{2x}{3}\right)+C$

(2) $tan^{-1}(x+3)+C$

$\displaystyle\int \frac{1}{1+x^2+6x+9}dx=\int \frac{1}{1+(x+3)^2}dx$ 에서 $x+3=u$ 로 치환(Substitution)하면

$x+3=u$ 에서 $1=\dfrac{du}{dx}$ $\displaystyle\int \frac{1}{1+u^2}du=tan^{-1}u+C$ 에서 $u=x+3$ 이므로 $tan^{-1}(x+3)+C$

(3) $\dfrac{1}{2}tan^{-1}(2x)+2\ln(1+4x^2)+C$

· $\displaystyle\int \frac{1}{1+4x^2}dx+\int \frac{16x}{1+4x^2}dx$ $\Rightarrow$ $\displaystyle\int \frac{1}{1+(2x)^2}dx$ 에서 $2x=u$ 로 치환(Substitution)하면

$2=\dfrac{du}{dx}$ 이고 $\dfrac{1}{2}\displaystyle\int \frac{1}{1+u^2}du=\frac{1}{2}tan^{-1}u$ 에서 $u=2x$ 이므로 $\dfrac{1}{2}tan^{-1}(2x)+C$

· $\displaystyle\int \frac{16x}{1+4x^2}dx$ 에서 $1+4x^2=u$ 로 치환(Substitution)하면 $8x=\dfrac{du}{dx}$ 이고

$\displaystyle\int \frac{16x}{u}\frac{du}{8x}=2\int \frac{1}{u}du=2\ln|u|+C$ $u=1+4x^2$ 이므로 $2\ln(1+4x^2)+C$

그러므로 $\dfrac{1}{2}tan^{-1}(2x)+2\ln(1+4x^2)+C$

정답   (1) $\dfrac{5}{6}tan^{-1}\left(\dfrac{2x}{3}\right)+C$ (2) $tan^{-1}(x+3)+C$ (3) $\dfrac{1}{2}tan^{-1}(2x)+2\ln(1+4x^2)+C$

(BC) Problem 6 — Evaluate the following integrals.

(1) $\displaystyle\int x\sec^2 x\,dx$

(2) $\displaystyle\int x\sin(2x)\,dx$

(3) $\displaystyle\int x^2\cos x\,dx$

(4) $\displaystyle\int \arcsin x\,dx$

Solution

(1) $x\tan x+\ln|\cos x|+C$ or $x\tan x-\ln|\sec x|+C$

②적분(Integral) 그대로

$$\int x\sec^2 x\,dx = x\tan x-\int 1\cdot\tan x\,dx$$

①그대로　미분(Differentiation) 에서 $\tan x=\dfrac{\sin x}{\cos x}$ 이므로

$\cos x=u$ 라고 치환(Substitution)하면 $-\displaystyle\int\dfrac{\sin x}{u}\cdot\dfrac{1}{\sin x}\,du$ $\left(※\cos x=u\Rightarrow -\sin x=\dfrac{du}{dx}\right)$ 에서

$-\displaystyle\int\dfrac{1}{u}\,du=-\ln u+C,\ u=\cos x$ 이므로 $-\ln|\cos x|+C$ or $\ln|\sec x|+C$

$\left(※ -\ln|\cos x|=\ln|\cos x|^{-1}=\ln\left|\dfrac{1}{\cos x}\right|=\ln|\sec x|\right)$

그러므로 $\displaystyle\int x\sec^2 x\,dx=x\tan x+\ln|\cos x|+C$ or $x\tan x-\ln|\sec x|+C$

(2) $-\dfrac{1}{2}x\cos(2x)+\dfrac{1}{4}\sin(2x)+C$

②적분(Integral)　　　그대로

$$\int x\sin(2x)\,dx = x\left\{-\dfrac{1}{2}\cos(2x)\right\}-\int 1\cdot\left\{-\dfrac{1}{2}\cos(2x)\right\}dx$$

①그대로　미분(Differentiation)

에서 $-\dfrac{1}{2}x\cos(2x)+\dfrac{1}{2}\displaystyle\int\cos(2x)x$ 이므로 $-\dfrac{1}{2}x\cos(2x)+\dfrac{1}{4}\sin(2x)+C$

Solution

(3) $(x^2-2)\sin x + 2x\cos x + C$

$$\int x^2 \cos x\, dx = x^2 \sin x - \int (2x)\sin x\, dx$$

에서

$$\int 2x\sin x\, dx = 2\int x\sin x\, dx = x(-\cos x) - \int 1(-\cos x)\, dx$$

이므로

$$\int 2x\sin x\, dx = -2x\cos x + 2\sin x + C$$

그러므로 $x^2\sin x + 2x\cos x - 2\sin x + C$ 에서 $(x^2-2)\sin x + 2x\cos x + C$

(4) $x\sin^{-1}x + \sqrt{1-x^2} + C$

$$\int 1\cdot \sin^{-1}x\, dx = x\sin^{-1}x - \int \frac{1}{\sqrt{1-x^2}}\cdot x\, dx$$

$\int \dfrac{x}{\sqrt{1-x^2}}dx$ 에서 $1-x^2 = u$ 라고 치환(Substitution)하면 $\int \dfrac{x}{\sqrt{u}}(-\dfrac{1}{2x})du$ ($\ast -2x = \dfrac{du}{dx}$)

따라서 $-\dfrac{1}{2}\int u^{-\frac{1}{2}}du = -\sqrt{u} + C$ 에서 $u = 1-x^2$ 이므로 $-\sqrt{1-x^2} + C$

그러므로 $x\sin^{-1}x + \sqrt{1-x^2} + C$

정답
(1) $x\tan x + \ln|\cos x| + C$ or $x\tan x - \ln|\sec x| + C$

(2) $-\dfrac{1}{2}x\cos(2x) + \dfrac{1}{4}\sin(2x) + C$

(3) $(x^2-2)\sin x + 2x\cos x + C$ 　　　(4) $x\sin^{-1}x + \sqrt{1-x^2} + C$

2. Definite Integrals

1. Definite Integral?
2. Formula
3. Even Function and Odd Function
4. Definite Integral의 계산
5. $\displaystyle\lim_{n\to\infty}\sum_{k=1}^{n}f(k)$와 $\displaystyle\int_{a}^{b}f(x)dx$
6. Average Value of a Function
7. Riemann Sums and Trapezoid Rule
8. Integrals Involving Parametrically Defined Function (BC)
9. Improper Integrals (BC)

Indefinite Integral과 Definite Integral을 간단히 비교해 보면 다음과 같다.

Indefinite Integral and Definite Integral

Indefinite Integral : $\displaystyle\int f(x)dx = F(x) + C$

Definite Integral : $\displaystyle\int_{a}^{b} f(x)dx = F(b) - F(a)$

시작에 앞서서...

"Indefinite Integrals" 단원에서 적분(Integral)계산을 완성했다면
"Definite Integrals" 단원에서는 간단한 규칙만 알아도 모든 문제가 쉽게 해결된다.
"Definite Integrals" 에서는 구체적인 범위가 주어지게 되므로
그 주어진 범위 안에서 면적, 부피, 길이 등을 구체적으로 구할 수 있다.

1. Definite Integral?

앞에서 설명한 것처럼 구체적인 범위가 주어져서 그 주어진 범위 안에서 면적, 부피, 길이 등을 구체적으로 구할 수 있는 것이 "Definite Integrals" 이고 한국 수학에서는 "정적분" 이라고 한다.

다음 그림은 구간 $[a,b]$에서 $y=f(x)$와 x축 사이의 면적을 구하는 과정이다.

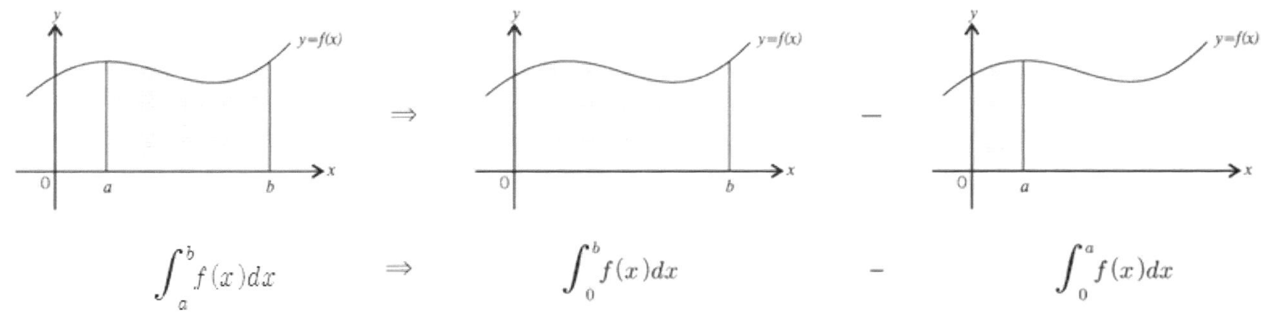

$$\int_a^b f(x)dx \quad \Rightarrow \quad \int_0^b f(x)dx \quad - \quad \int_0^a f(x)dx$$

즉, $\displaystyle\int_a^b f(x)dx = \int_0^b f(x)dx - \int_0^a f(x)dx$ 에서 $\displaystyle\int_a^b f(x)dx = [F(x)+C]_0^b - [F(x)+C]_0^a$

$$\Rightarrow \int_a^b f(x)dx = (F(b)+C)-(F(0)+C)-(F(a)+C)-(F(0)+C) = F(b)-F(a)$$

위의 설명한 결과는 반드시 알아두자!

<table>
<tr><td align="center">반드시 알아두자!</td></tr>
</table>

$$\int_a^b f(x)dx = F(b)-F(a)$$

앞의 내용을 간단히 다음의 예제에 적용시켜 보자.

① $\int_{1}^{2}(x^2+1)dx = [\frac{1}{3}x^3 + x]_{1}^{2} = (\frac{1}{3}\times 2^3 + 2) - (\frac{1}{3}\times 1^3 + 1) = \frac{8}{3} + 2 - \frac{1}{3} - 1 = \frac{7}{3} + 1 = \frac{10}{3}$

② $\int_{\frac{\pi}{4}}^{\frac{\pi}{2}}\cos x\,dx = [\sin x]_{\frac{\pi}{4}}^{\frac{\pi}{2}} = \sin\frac{\pi}{2} - \sin\frac{\pi}{4} = 1 - \frac{\sqrt{2}}{2} = \frac{2-\sqrt{2}}{2}$

③ $\int_{e}^{e^2}\ln x\,dx = [x\ln x - x]_{e}^{e^2} = (e^2\times\ln e^2 - e^2) - (e\times\ln e - e) = 2e^2 - e^2 - e + e = e^2$

<AP CALCULUS AB&BC>

2. Formula

"Indefinite Integrals" 와는 달리 "Definite Integrals" 에서는 범위가 주어지게 되므로 다음과 같은 규칙들이 나오게 된다.

읽어보면 너무 뻔한 이야기 같지만 중요한 것은 **이 규칙들을 모두 암기!** 해야 한다는 사실~!!

반드시 암기하자!

① $\displaystyle\int_a^b f(x)dx = F(b) - F(a)$

② $\displaystyle\int_a^a f(x)dx = 0$

③ $\displaystyle\int_a^b f(x)dx = \int_a^c f(x)dx + \int_c^b f(x)dx$: 모두 $f(x)$로 같을 때

모두 f(x)로 같을 때…

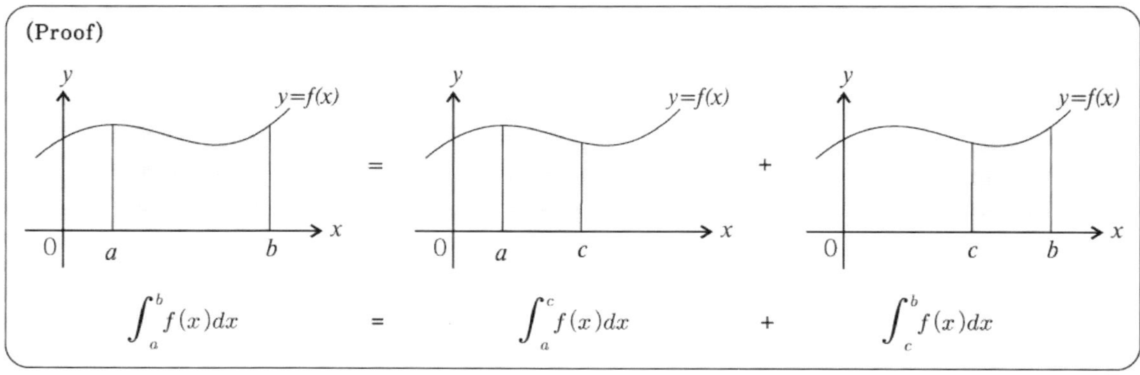

$$\int_a^b f(x)dx \quad = \quad \int_a^c f(x)dx \quad + \quad \int_c^b f(x)dx$$

(Proof)

④ $\displaystyle\int_a^b f(x)dx = -\int_b^a f(x)dx$

(Proof)

$$\int_a^b f(x)dx + \int_b^a f(x)dx = \int_a^a f(x)dx = 0$$

$\displaystyle\int_a^b f(x)dx + \int_b^a f(x)dx = 0$ 에서, $\displaystyle\int_a^b f(x)dx = -\int_b^a f(x)dx$

다음의 것은 암기를 안 해도 된다. 그냥 "이렇게 되는구나.." 라고만 알고 있자.

$$\int_a^b f(x)dx = \int_a^c f(x)dx - \int_b^c f(x)dx = \int_a^b f(x)dx = \int_a^c f(x)dx + \int_c^b f(x)dx$$

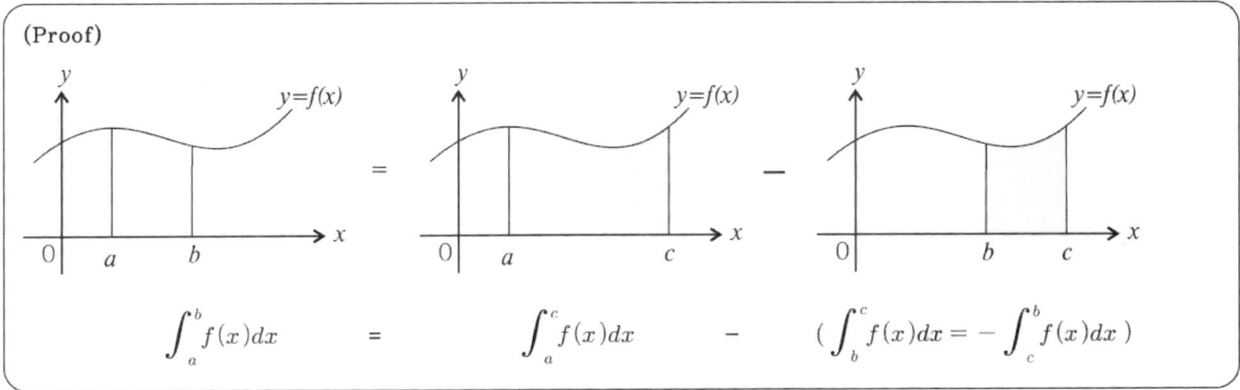

(Proof)

$$\int_a^b f(x)dx \quad = \quad \int_a^c f(x)dx \quad - \quad \left(\int_b^c f(x)dx = -\int_c^b f(x)dx \right)$$

다음의 예제를 보자.

$\left(\,_{\text{EX 1}}\,\right)$ Evaluate $\displaystyle\int_1^2 (x^2+x)dx + \int_2^5 (x^2+x)dx + \int_5^{10}(x^2+x)dx$

Solution

$f(x)$ 가 x^2+x 로 모두 같으므로 앞에서 설명한 Formula ③에 의해서

$$\int_1^2 (x^2+x)dx + \int_2^5 (x^2+x)dx + \int_5^{10}(x^2+x)dx = \int_1^{10}(x^2+x)dx$$

$$= [\frac{1}{3}x^3 + \frac{1}{2}x^2]_1^{10} = (\frac{1}{3}\times 10^3 + \frac{1}{2}\times 10^2) - (\frac{1}{3} + \frac{1}{2}) = 382.5$$

정답   382.5

3. Even Function and Odd Function

적분(Integration)을 하는데 있어서 Even Function과 Odd Function을 몰라도 계산하는 데는 아무런 문제가 없지만 이 내용을 알면 이런 형태의 문제는 빨리 해결할 수 있다.

다음을 꼭 알아두자.

반드시 알아두자!

적분(Integration)에서 Even Function 또는 Odd Function을 따지는 경우

$$\Rightarrow \int_{-a}^{a} f(x)dx$$

01 Even Function $(f(x) = f(-x))$

- y축 (y-axis) 대칭(Symmetry)
- ax^n에서 n=Even Number인 모든 Term.
- 상수(Constant)
- $\cos x,\ x^2 + 1,\ x^8 + x^4\ \cdots$

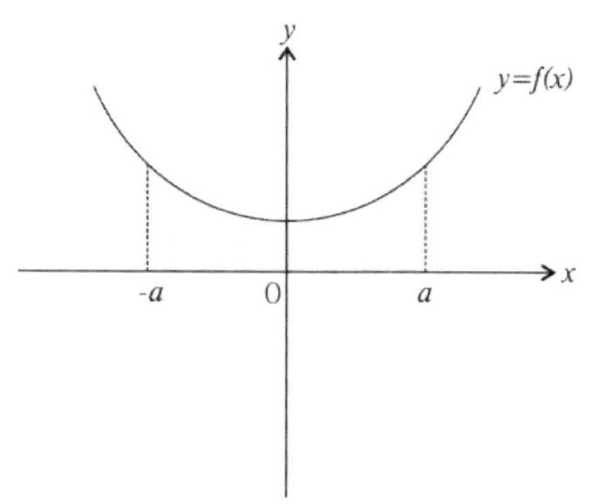

반드시 알아두자!

$$\Rightarrow \int_{-a}^{a} f(x)dx = 2\int_{0}^{a} f(x)dx$$

02 Odd Function $(f(x) = -f(-x))$

- 원점(Origin) 대칭(Symmetry)
- ax^n에서 n=Odd Number인 모든 Term
- $\tan x,\ \sin x,\ x^3 + x,\ x^5 + x^3,\ \cdots$

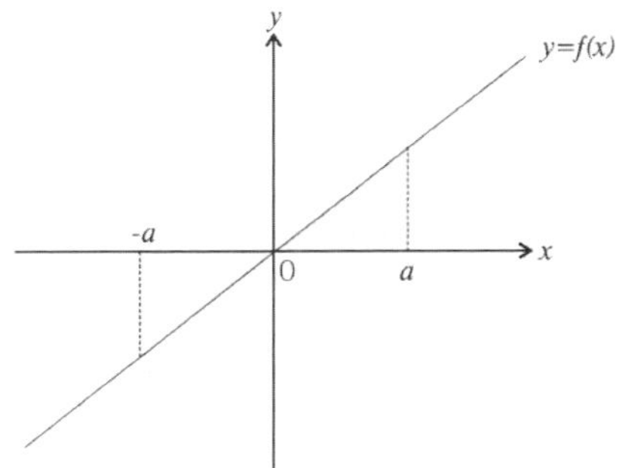

반드시 알아두자!

$$\Rightarrow \int_{-a}^{a} f(x)dx = 0$$

다음의 예제를 보면 직접 계산해도 되지만 이런 문제의 경우에는 Even Function과 Odd Function을 알면 간단하게 해결된다.

(EX 1) Evaluate $\displaystyle\int_{-1}^{1} (7x^{99} - 37x^{55} + 21x^{21} + x^2 + x + 3)dx$

Solution

$$7\int_{-1}^{1} x^{99}dx - 37\int_{-1}^{1} x^{55}dx + 21\int_{-1}^{1} x^{21}dx + \int_{-1}^{1} x^2 dx + \int_{-1}^{1} x dx + \int_{-1}^{1} 3 dx$$

$$= 0 - 0 + 0 + 2\int_{0}^{1} x^2 dx + 0 + 2\int_{0}^{1} 3 dx = 2\int_{0}^{1} x^2 dx + 2\int_{0}^{1} 3 dx = 2 \times \left[\frac{1}{3}x^3\right]_0^1 + 2[3x]_0^1 = \frac{20}{3}$$

즉, 간단하게 $\displaystyle\int_{-1}^{1} (7x^{99} - 37x^{55} + 21x^{21} + x^2 + x + 3)dx = 2\int_{0}^{1} (x^2 + 3)dx = \frac{20}{3}$

정답 $\dfrac{20}{3}$

4. Definite Integral의 계산

Definite Integral을 문제 유형별로 나누어 보면 다음과 같다.

$$\text{I} . \quad \int_a^b f(x)dx = F(b) - F(a), \quad \int_a^b f'(x)dx = f(b) - f(a)$$

$$\text{II} . \quad \frac{d}{dx} \int (Differentiation + Integral)$$

Definite Integral의 계산

$$\text{III} . \quad \text{미분 관계(U-Substitution)}$$

$$\text{IV} . \quad \int_a^b |f(x)|dx$$

$$\text{V} . \quad \int \text{의 성질을 이용한 문제}$$

01 $\int_a^b f(x)dx = F(b) - F(a), \quad \int_a^b f'(x)dx = f(b) - f(a)$

Definite Integral 계산에 있어서 가장 기본적인 유형이다. 간단하게 다음의 예제 두 개만 보고 넘기도록 하자.

(EX 1) Evaluate $\int_1^2 (x+2)dx$

Solution

$$[\frac{1}{2}x^2 + 2x]_1^2 = (\frac{1}{2}\times 2^2 + 2\times 2) - (\frac{1}{2}\times 1^2 + 2\times 1) = 6 - \frac{5}{2} = \frac{7}{2}$$

정답 $\dfrac{7}{2}$

$\left(\ \text{BC}\ \right)\left(\ \text{EX 2}\ \right)$ Evaluate $\displaystyle\int_{\frac{\pi}{4}}^{\frac{\pi}{2}} x\cos x\,dx$

Solution

Integration by Parts!

$$\int_{\frac{\pi}{4}}^{\frac{\pi}{2}} x\,\overline{\cos x}\,dx = x\,\overline{\sin x} - \int_{\frac{\pi}{4}}^{\frac{\pi}{2}} 1\,\overline{\sin x}\,dx$$

（위: ②적분(Integral), 그대로 / 아래: ①그대로, 미분(Differentiation)）

$$= [x\sin x + \cos x]_{\frac{\pi}{4}}^{\frac{\pi}{2}} = \left(\frac{\pi}{2}\sin\frac{\pi}{2} + \cos\frac{\pi}{2}\right) - \left(\frac{\pi}{4}\sin\frac{\pi}{4} + \cos\frac{\pi}{4}\right) = \frac{\pi}{2} - \frac{\pi}{4}\times\frac{\sqrt{2}}{2} - \frac{\sqrt{2}}{2}$$

$$= \frac{(4-\sqrt{2})\pi - 4\sqrt{2}}{8}$$

정답 $\quad \dfrac{(4-\sqrt{2})\pi - 4\sqrt{2}}{8}$

02 $\quad \dfrac{d}{dx}\int (Differentiation + Integral)$

이와 같은 유형은 다음과 같이 풀어야 쉽게 해결이 된다.

① $\dfrac{d}{dx}\displaystyle\int_{a}^{x} (\underset{A}{\underline{\quad\quad}})\,dx$: A부분을 무조건 $f(x)$라고 놓는다.

② $\dfrac{d}{dx}\displaystyle\int_{a}^{x} f(x)\,dx = \dfrac{d}{dx}(F(x) - F(a))$

다음의 예제들을 보자.

(**EX 3**) Evaluate $\dfrac{d}{dx}\displaystyle\int_{2}^{x}(1+t^4)dt$

Solution

이와 같이 $\dfrac{d}{dx}$ 와 $\displaystyle\int$ 이 함께 섞인 문제는

바로 계산하지 말고 $\displaystyle\int_{a}^{b}f(x)dx = F(b)-F(a)$ 를 이용하자.

$1+t^4 = f(t)$라고 하면, $\displaystyle\int_{2}^{x}f(t)dt = F(x)-F(2)$에서 $\dfrac{d}{dx}[F(x)-F(2)] = F'(x) = f(x)$

(※ $F(2)$는 상수(Constant)이므로 $F'(2)=0$)

즉 $\dfrac{d}{dx}\displaystyle\int_{2}^{x}(1+t^4)dt = \dfrac{d}{dx}\displaystyle\int_{2}^{x}f(t)dt = \dfrac{d}{dx}[F(x)-F(2)] = F'(x) = f(x) = 1+x^4$

그러므로, 정답은 $1+x^4$

정답　　$1+x^4$

(**EX 4**) Evaluate $\dfrac{d}{dx}\displaystyle\int_{1}^{x^2}(y+y^2)dy$

Solution

$y+y^2 = f(y)$라고 하면 $\displaystyle\int_{1}^{x^2}f(y)dy = [F(y)]_{1}^{x^2} = F(x^2)-F(1)$

$\dfrac{d}{dx}[F(x^2)-F(1)] = 2xF'(x^2) = 2xf(x^2) = 2x(x^2+x^4)$

그러므로, 정답은 $2x^3+2x^5$

정답　　$2x^3+2x^5$

03 U-Substitution

Indefinite Integral에서의 "U-Substitution"과 차이가 있다면 범위 문제이다.

다음의 두 경우를 보자.

① $\int_0^1 2x(x^2+3)^2 dx \Rightarrow x^2+3=u$라고 치환(Substitution) $(2x=\dfrac{dx}{du})$

$\Rightarrow \int_0^1 2xu^2\dfrac{1}{2x}du \Rightarrow$ 범위도 u의 범위로 바꾸면 $\int_3^4 u^2 du$에서 $[\dfrac{1}{3}u^3]_3^4$

② $\int_0^1 2x(x^2+3)^2 dx \Rightarrow x^2+3=u$라고 치환(Substitution) $(2x=\dfrac{dx}{du})$

$\Rightarrow \int_0^1 2xu^2\dfrac{1}{2x}du \Rightarrow \int_0^1 u^2 du = [\dfrac{1}{3}u^3]_0^1$에서 $u=x^2+3$이므로 $[\dfrac{1}{3}(x^2+3)^3]_0^1$

위의 ①, ②번 모두 결과는 같다. 하지만 두 가지를 혼용해서 쓰다 보면 실수를 하게 된다.
되도록 ①번의 경우로 풀도록 하자.

즉, 치환(Substitution)을 하는 경우에는 치환한 문자의 범위로 바꾸어서 풀자!

(**EX 5**) Evaluate $\int_1^3 x(x^2-1)^3 dx$

Solution

$x^2-1=u$라고 치환(Substitution)하고 양변을 x에 대해서 미분(Differentiation)하면

$2x=\dfrac{du}{dx}$에서 $dx=\dfrac{1}{2x}du$

"Definite Integrals"에서 주의해야 할 점은 이처럼 치환(Substitution)을 한 경우 범위도 치환 문자의 범위로 바꾸어야 한다는 것!

$x=3$일 때, $u=3^2-1=8$이고 $x=1$일 때, $u=1^2-1=0$이므로

$\int_0^8 xu^3\dfrac{1}{2x}du = \dfrac{1}{2}\int_0^8 u^3 du = \dfrac{1}{2}[\dfrac{1}{4}\cdot 8^4] = 512$

정답　　512

$\left(\text{EX 6}\right)$ Evaluate $\displaystyle\int_{e}^{e^3} \frac{\ln u}{u}\,du$

Solution

$$\int_{e}^{e^3} \frac{1}{u} \times \ln u\,du$$

t라고 치환!(Substitution)

미분(Differentiation)

$\Rightarrow$ $\ln u = t$라고 치환(Substitution)하고 양변을 u에 대해서 미분(Differentiation)하면 $\dfrac{1}{u} = \dfrac{dt}{du}$

에서 $du = u\,dt$이고 $u = e^3$일 때, $t = \ln e^3 = 3$이고 $u = e$일 때 $t = \ln e = 1$이므로

$$\int_{1}^{3} \frac{1}{u} \times t \times u\,dt = \int_{1}^{3} t\,dt = \left[\frac{1}{2}t^2\right]_1^3 = \frac{9}{2} - \frac{1}{2} = 4$$

정답   4

04 $\displaystyle\int_{a}^{b} |f(x)|\,dx$

주어진 범위 내에서 $f(x) > 0$일 때와 $f(x) < 0$일 때로 나누어서 계산한다.

예를 들어, $\displaystyle\int_{0}^{2} |x-1|\,dx = \int_{0}^{1} -(x-1)\,dx + \int_{1}^{2} (x-1)\,dx$ 와 같이 분류한다.

$\left(\text{EX 7}\right)$ Evaluate $\displaystyle\int_{1}^{3} |x-2|\,dx$

Solution

$|x-2|$는 $x \geq 2$에서는 $x-2$, $x < 2$에서는 $-(x-2)$ 이므로 다음과 같이 $|\ \ |$ 안이 양(Positive)일 때와 음(Negative)일 때의 범위로 나누어서 풀어야 한다.

$$\int_{1}^{2} -(x-2)\,dx + \int_{2}^{3} (x-2)\,dx = -\left[\frac{1}{2}x^2 - 2x\right]_1^2 + \left[\frac{1}{2}x^2 - 2x\right]_2^3 = 1$$

정답   1

05 $\int$의 성질을 이용한 문제

(**EX 8**) Evaluate $\displaystyle\int_1^3 (x^2+1)dx + \int_3^7 (x^2+1)dx - \int_5^7 (x^2+1)dx$

Solution

$x^2+1 = f(x)$ 라고 하면, 모두 x^2+1로 같으므로 $\displaystyle\int_a^c f(x)dx + \int_c^b f(x)dx = \int_a^b f(x)dx$ 를 이용!

$\displaystyle\int_1^3 (x^2+1)dx + \int_3^7 (x^2+1)dx - \int_5^7 (x^2+1)dx = \int_1^7 (x^2+1)dx - \int_5^7 (x^2+1)dx \quad \Rightarrow \int_7^5 (x^2+1)dx$

$\displaystyle = \int_1^7 (x^2+1)dx + \int_7^5 (x^2+1)dx = \int_1^5 (x^2+1)dx = [\frac{1}{3}x^3 + x]_1^5 = (\frac{1}{3}\times 5^3 + 5) - (\frac{1}{3}\times 1^3 + 1) = \frac{136}{3}$

정답 $\quad \dfrac{136}{3}$

(**EX 9**) Evaluate $\displaystyle\int_{-\frac{\pi}{6}}^{\frac{\pi}{6}} (3\sin x + 2\tan x + \cos x)dx$

Solution

$\displaystyle\int_{-\frac{\pi}{6}}^{\frac{\pi}{6}} (3\sin x + 2\tan x + \cos x)dx \;\; = 2\int_0^{\frac{\pi}{6}} \cos x\, dx = 2[\sin x]_0^{\frac{\pi}{6}} = 2[\sin\frac{\pi}{6}] = 2\times\frac{1}{2} = 1$

$(\ast \displaystyle\int_{-a}^a f(x)dx$ 에서 $\sin x$, $\tan x$는 Odd Function이므로 0)

정답 $\quad$ 1

Problem 1

(1) If $\displaystyle\int_{2}^{5} f(x)dx = 5$ and $\displaystyle\int_{5}^{7} f(x)dx = -2$, Evaluate $\displaystyle\int_{2}^{7}(2f(x)+3)dx$

(2) If $\displaystyle\int_{1}^{7} f(x)dx = 8$ and $\displaystyle\int_{7}^{2} f(x)dx = 5$, then $\displaystyle\int_{1}^{2} f(x)dx =$

ⓐ -3 ⓑ 0 ⓒ 3 ⓓ 13

(3) If $\displaystyle\int_{a}^{b} f(x)dx = 3$ and $\displaystyle\int_{a}^{b} g(x)dx = -2$, which of the following must be true?

Ⅰ. $\displaystyle\int_{a}^{b}(2f(x)-3g(x))dx = 12$　　Ⅱ. $\displaystyle\int_{a}^{b} f(x)g(x)dx = -6$　　Ⅲ. $f(x) > g(x)$ for $a \leq x \leq b$

Solution

(1) $\displaystyle\int_{2}^{7}(2f(x)+3)dx = 2\int_{2}^{7} f(x)dx + \int_{2}^{7} 3dx$　　$\left(※ \displaystyle\int_{2}^{5} f(x)dx + \int_{5}^{7} f(x)dx = \int_{2}^{7} f(x)dx = 3\right)$

$\Rightarrow 2 \cdot 3 + [3x]_{2}^{7} = 6 + (21 - 6) = 21$

(2) $\displaystyle\int_{1}^{7} f(x)dx + \int_{7}^{2} f(x)dx = \int_{1}^{2} f(x)dx = 13$

(3) Ⅰ. $\displaystyle 2\int_{a}^{b} f(x)dx - 3\int_{a}^{b} g(x)dx = 12$

Ⅱ. $\displaystyle\int_{a}^{b} f(x)g(x)dx = \left(\int_{a}^{b} f(x)dx\right)\left(\int_{a}^{b} g(x)dx\right)$는 성립하지 않음.

Ⅲ. $\displaystyle\int_{a}^{b} f(x)dx > \int_{a}^{b} g(x)dx$인 것이지 $f(x) > g(x)$인 것은 아님.

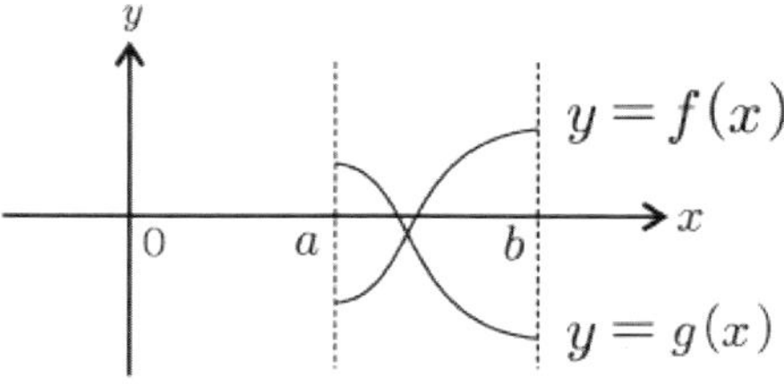

그림에서 보는 바와 같이 주어진 구간 내에서 $f(x)$가 $g(x)$ 보다 항상 위에 있는 것은 아니다. 그러므로, 옳은 것은 Ⅰ

정답　　(1) 21　　(2) ⓓ　　(3) Ⅰ

Problem 2   Evaluate the following integrals.

(1) $\displaystyle\int_1^2 \frac{1}{x^3}dx$

(2) $\displaystyle\int_0^1 (4x^3 + 2x)dx$

(3) $\displaystyle\int_0^t \cos x\, dx$

(4) $\displaystyle\int_0^1 \sqrt{x}\,(x-1)dx$

Solution

(1) $\displaystyle\int_1^2 x^{-3}dx = \left[\frac{1}{-3+1}x^{-2}\right]_1^2 = \left[-\frac{1}{2x^2}\right]_1^2 = -\frac{1}{8}+\frac{1}{2} = \frac{3}{8}$

(2) $\displaystyle\int_0^1 (4x^3+2x)dx = [x^4+x^2]_0^1 = 2$

(3) $\displaystyle\int_0^t \cos x\, dx = [\sin x]_0^t = \sin t$

(4) $\displaystyle\int_0^1 (x^{\frac{3}{2}} - x^{\frac{1}{2}})dx = \left[\frac{1}{1+\frac{3}{2}}x^{\frac{5}{2}} - \frac{1}{1+\frac{1}{2}}x^{\frac{3}{2}}\right]_0^1 = \frac{2}{5}-\frac{2}{3} = -\frac{4}{15}$

정답   (1) $\dfrac{3}{8}$ (2) 2   (3) $\sin t$ (4) $-\dfrac{4}{15}$

<AP CALCULUS AB&BC>

Problem 3

(1) Evaluate $\displaystyle\int_0^5 \sqrt{x^2-4x+4}\,dx$

(2) Evaluate $\displaystyle\int_0^3 |x-2|\,dx$

(3) If $f(x)=\begin{cases} 2x & \text{for } x \le 2 \\ x^2 & \text{for } x > 2 \end{cases}$ Evaluate $\displaystyle\int_1^3 f(x)\,dx$

Solution

(1) $\displaystyle\int_0^5 \sqrt{(x-2)^2}\,dx = \int_0^5 |x-2|\,dx = -\int_0^2 (x-2)\,dx + \int_2^5 (x-2)\,dx = -\left[\frac{1}{2}x^2-2x\right]_0^2 + \left[\frac{1}{2}x^2-2x\right]_2^5$

$= -(2-4) + \left(\frac{25}{2}-10-2+4\right) = 2 + \frac{9}{2} = \frac{13}{2}$

(2) $\displaystyle\int_0^3 |x-2|\,dx = -\int_0^2 (x-2)\,dx + \int_2^3 (x-2)\,dx = -\left[\frac{1}{2}x^2-2x\right]_0^2 + \left[\frac{1}{2}x^2-2x\right]_2^3$

$= -(2-4) + \left(\frac{9}{2}-6-2+4\right) = 2 + \frac{1}{2} = \frac{5}{2}$

(3) $\displaystyle\int_1^3 f(x)\,dx = \int_1^2 2x\,dx + \int_2^3 x^2\,dx = \left[x^2\right]_1^2 + \left[\frac{1}{3}x^3\right]_2^3 = 3 + 9 - \frac{8}{3} = \frac{28}{3}$

정답 (1)$\dfrac{13}{2}$ (2) $\dfrac{5}{2}$ (3) $\dfrac{28}{3}$

Problem 4

(1) Evaluate $\displaystyle\int_{e}^{e^2}\left(\frac{1}{t}\int_{1}^{t}\frac{1}{u}du\right)dt$

(2) $\displaystyle\int_{1}^{\sqrt{3}}\frac{1}{1+x^2}dx \qquad \left(0 < x < \frac{\pi}{2}\right)$

Solution

(1) $\displaystyle\int_{1}^{t}\frac{1}{u}du = [\ln|u|]_{1}^{t} = \ln|t|$ 이므로

$\displaystyle\int_{e}^{e^2}\frac{1}{t}ln|t|dt$ 에서 $\ln|t| = u$ 로 치환(Substitution)하면 $\dfrac{1}{t} = \dfrac{du}{dt}$ 에서 $dt = tdu$

$\displaystyle\int_{1}^{2}udt = [\frac{1}{2}u^2]_{1}^{2} = 2 - \frac{1}{2} = \frac{3}{2}$

(2) $\displaystyle\int_{1}^{\sqrt{3}}\frac{1}{1+x^2}dx = [\tan^{-1}x]_{1}^{\sqrt{3}} = \tan^{-1}\sqrt{3} - \tan^{-1}1 = \frac{\pi}{3} - \frac{\pi}{4} = \frac{\pi}{12}$

정답   (1) $\dfrac{3}{2}$ (2) $\dfrac{\pi}{12}$

Problem 5

If f is a continuous function and if $F'(x) = f(x)$ for all real numbers x,

then $\displaystyle\int_{2}^{5} f(4x)\,dx =$

ⓐ $F(20) - F(8)$ ⓑ $\dfrac{1}{4}(F(20) - F(8))$ ⓒ $4(F(20) - F(8))$ ⓓ $\dfrac{1}{4}(F(5) - F(2))$

Solution

$4x = u$ 라고 치환(Substitution)하면 $4 = \dfrac{du}{dx}$ 에서 $dx = \dfrac{1}{4}du$ 이고 $x = 5$일 때 $u = 20$이고

$x = 2$일 때 $u = 8$이므로 $\dfrac{1}{4}\displaystyle\int_{8}^{20} f(u)\,du = \dfrac{1}{4}[F(u)]_{8}^{20} = \dfrac{1}{4}(F(20) - F(8))$

정답   ⓑ

Problem 6   Evaluate the following integrals.

(1) $\displaystyle\int_0^2 \sqrt{4t+2}\,dt$

(2) $\displaystyle\int_2^4 \frac{1}{2t+1}\,dt$

(3) $\displaystyle\int_0^{\sqrt{3}} \frac{x}{\sqrt{4-x^2}}\,dx$

(4) $\displaystyle\int_0^{\frac{\pi}{2}} \frac{\cos x}{1+2\sin x}\,dx$

(5) $\displaystyle\int_{\frac{\pi}{12}}^{\frac{\pi}{4}} \frac{\cos 2x}{\sin^2 2x}\,dx$

(6) $\displaystyle\int_e^{e^2} \frac{\ln y}{y}\,dy$

(7) $\displaystyle\int_0^1 \frac{e^y}{e^y+1}\,dy$

(8) $\displaystyle\int_0^1 xe^{x^2}dx$

(9) $\displaystyle\int_0^1 (2t-1)^3dt$

(10) $\displaystyle\int_0^1 e^{-x}dx$

Solution

(1) $\dfrac{5}{3}\sqrt{10}-\dfrac{1}{3}\sqrt{2}$

$\displaystyle\int_0^2 \sqrt{4t+2}\,dt,\ \ 4t+2=u\ \ \Rightarrow 4=\dfrac{du}{dt}\Rightarrow dt=\dfrac{1}{4}du,\ \ 4\times2+2=10,\ \ 4\times0+2=2$

$\displaystyle\int_2^{10}\sqrt{u}\,\dfrac{1}{4}du=\dfrac{1}{4}\int_2^{10}u^{\frac{1}{2}}du=\dfrac{1}{4}[\dfrac{2}{3}u^{\frac{3}{2}}]_2^{10}=\dfrac{1}{4}[\dfrac{2}{3}\bullet10^{\frac{3}{2}}-\dfrac{2}{3}\bullet2^{\frac{3}{2}}]=\dfrac{5}{3}\sqrt{10}-\dfrac{1}{3}\sqrt{2}$

(2) $\dfrac{1}{2}\ln\dfrac{9}{5}$

$\displaystyle\int_2^4 \dfrac{1}{2t+1}\,dt,\ \ 2t+1=u\Rightarrow 2=\dfrac{du}{dt}\Rightarrow dt=\dfrac{1}{2}du$

$\displaystyle\int_5^9 \dfrac{1}{u}\dfrac{1}{2}du=\dfrac{1}{2}\int_5^9\dfrac{1}{u}du=\dfrac{1}{2}[\ln u]_5^9=\dfrac{1}{2}[\ln9-\ln5]=\dfrac{1}{2}\ln\dfrac{9}{5}$

(3) 1

$4-x^2=u\ \Rightarrow\ -2x=\dfrac{du}{dx}\Rightarrow dx=-\dfrac{1}{2x}du$

$\displaystyle\int_4^1 \dfrac{x}{\sqrt{u}}(-\dfrac{1}{2x}du)=-\dfrac{1}{2}\int_4^1\dfrac{1}{\sqrt{u}}du=\dfrac{1}{2}\int_1^4 u^{-\frac{1}{2}}du=[\sqrt{u}]_1^4=2-1=1$

Solution

(4) $\dfrac{1}{2}ln3$

$1+2\sin x=u \Rightarrow 2\cos x=\dfrac{du}{dx} \Rightarrow dx=\dfrac{1}{2\cos x}du,\ \displaystyle\int_1^3\dfrac{\cos x}{u}\times\dfrac{1}{2\cos x}du=\dfrac{1}{2}[\ln u]_1^3=\dfrac{1}{2}ln3$

(5) $\dfrac{1}{2}$

$\displaystyle\int_{\frac{\pi}{12}}^{\frac{\pi}{4}}\dfrac{\cos 2x}{\sin 2x}\cdot\dfrac{1}{\sin 2x}dx=\int_{\frac{\pi}{12}}^{\frac{\pi}{4}}\cot 2x\cdot\csc 2x\,dx$　에서　$2x=u \Rightarrow 2=\dfrac{du}{dx} \Rightarrow dx=\dfrac{1}{2}du$

$\displaystyle\int_{\frac{\pi}{6}}^{\frac{\pi}{2}}\cot u\cdot\csc u\cdot\dfrac{1}{2}du=[-\dfrac{1}{2}\csc u]_{\frac{\pi}{6}}^{\frac{\pi}{2}}=-\dfrac{1}{2}+\dfrac{1}{2}\cdot 2=\dfrac{1}{2}$

(6) $\dfrac{3}{2}$

$\ln y=u \Rightarrow \dfrac{1}{y}=\dfrac{du}{dy} \Rightarrow dy=y\,du,\ \displaystyle\int_1^2\dfrac{1}{y}uy\,du=\int_1^2 u\,du=[\dfrac{1}{2}u^2]_1^2=2-\dfrac{1}{2}=\dfrac{3}{2}$

(7) $\ln\dfrac{e+1}{2}$

$e^y+1=u \Rightarrow e^y=\dfrac{du}{du} \Rightarrow dy=\dfrac{1}{e^y}du$

$\displaystyle\int_2^{e+1}\dfrac{e^y}{u}\dfrac{1}{e^y}du=\int_2^{e+1}\dfrac{1}{u}du=[\ln|u|]_2^{e+1}=\ln(e+1)-\ln 2=\ln\dfrac{e+1}{2}$

(8) $\dfrac{1}{2}(e-1)$

$x^2=u \Rightarrow 2x=\dfrac{du}{dx} \Rightarrow dx=\dfrac{1}{2x}du,\ \displaystyle\int_0^1 xe^u\cdot\dfrac{1}{2x}du=\dfrac{1}{2}\int_0^1 e^u du=\dfrac{1}{2}[e^u]_0^1=\dfrac{1}{2}(e-1)$

(9) 0

$2t-1=u \Rightarrow 2=\dfrac{du}{dt} \Rightarrow dt=\dfrac{1}{2}du,\ \displaystyle\int_{-1}^1 u^3\cdot\dfrac{1}{2}du=\dfrac{1}{2}\int_{-1}^1 u^3 du=0$

(10) $1-\dfrac{1}{e}$

$-x=u \Rightarrow -1=\dfrac{du}{dx} \Rightarrow dx=-du,\ \displaystyle\int_0^{-1}e^u\cdot(-du)=-\int_0^{-1}e^u du=\int_{-1}^0 e^u du=[e^u]_{-1}^0=1-\dfrac{1}{e}$

정답

(1) $\dfrac{5}{3}\sqrt{10}-\dfrac{1}{3}\sqrt{2}$　(2) $\dfrac{1}{2}\ln\dfrac{9}{5}$　(3) 1　(4) $\dfrac{1}{2}ln3$　(5) $\dfrac{1}{2}$　(6) $\dfrac{3}{2}$

(7) $\ln\dfrac{e+1}{2}$　(8) $\dfrac{1}{2}(e-1)$　(9) 0　(10) $1-\dfrac{1}{e}$

Problem 7

(1) If $F(x) = \int_1^{2x} \sqrt{2t^3 + 2}\, dt$, Find $F'(1)$

(2) $\dfrac{d}{dx} \int_0^x \sin(5t)dt =$

    ⓐ $\sin(5x)$ ⓑ $\dfrac{1}{5}\cos(5x)$ ⓒ $\cos(5x)$ ⓓ $\dfrac{1}{5}\sin(5x)$

Solution

(1) $\sqrt{2x^3 + 2} = g(t)$ 라고 하면,

$F(x) = \int_1^{2x} g(t)dt = G(2x) - G(1)$ 에서 $F'(x) = 2g(2x)$에서 $F'(1) = 2g(2) = 2\sqrt{18} = 6\sqrt{2}$

(2) $\sin(5t) = f(t)$ 라고 하면,

$\dfrac{d}{dx} \int_0^x f(t)dt = \dfrac{d}{dx}(F(x) - F(0)) = f(x)$ 이므로 $f(x) = \sin 5x$

정답   (1) $6\sqrt{2}$ (2) ⓐ

5. $\displaystyle\lim_{n\to\infty}\sum_{k=1}^{n} f(k)$ 와 $\displaystyle\int_a^b f(x)dx$

많은 학생들이 어려워하는 부분이다. AP 시험에는 자주 출제되지는 않지만 미국의 고등학교 선생님들은 종종 이 부분을 수업한다.

01 $\displaystyle\lim_{n\to\infty}\sum_{k=1}^{n} f(\frac{k}{n})\frac{1}{n}$: 구분구적법(Riemann Sum)

예를 들어 다음의 그림과 같이 구간 $[0,1]$에서 $y=f(x)$와 x축 사이의 면적을 구한다고 해보자.

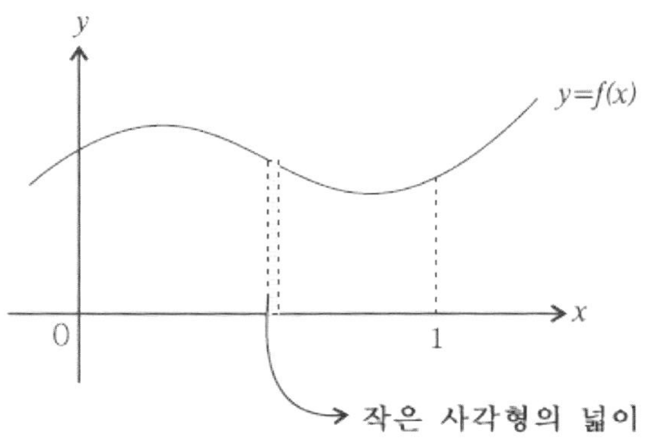

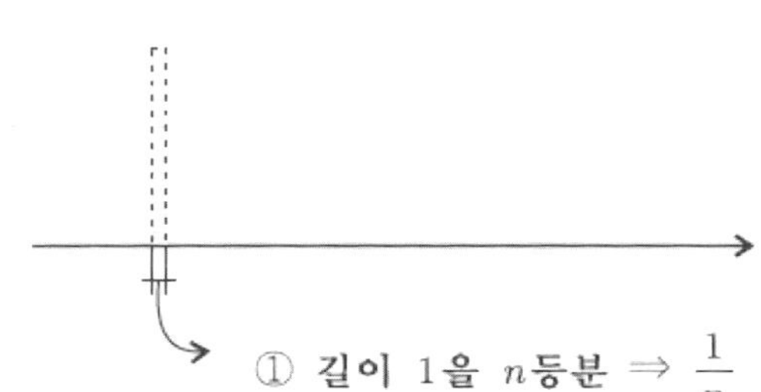

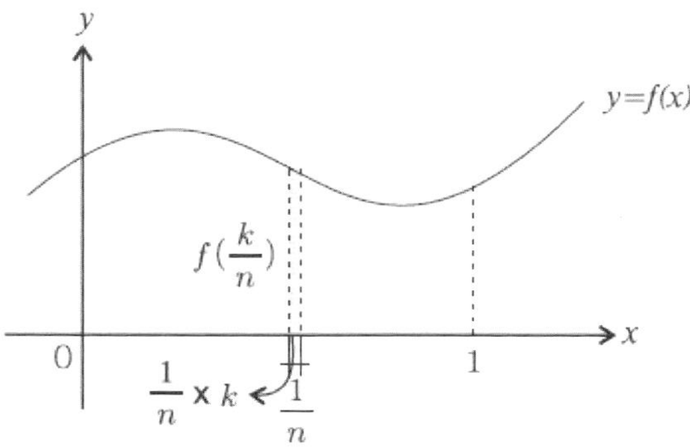

$\Rightarrow$ 이 작은 사각형을 무수히 많이 더한다.

$$= \sum_{k=1}^{\infty} f(\frac{k}{n}) = \lim_{n\to\infty}\sum_{k=1}^{n} f(\frac{k}{n})\frac{1}{n}$$

즉, 구간 $[0,1]$에서 $y=f(x)$와 x축 사이의 면적은 $\displaystyle\lim_{n\to\infty}\sum_{k=1}^{n} f(\frac{k}{n})\frac{1}{n}$로 나타낼 수 있다.

02 $\displaystyle\int_a^b f(x)dx$: 정적분(Definite Integral)

$\displaystyle\lim_{n\to\infty}\sum_{k=1}^{n} f(\frac{k}{n})\frac{1}{n}$ 을 자세히 살펴보면…….

$$\lim_{n\to\infty}\sum_{k=1}^{n} f(\frac{k}{n}) \cdot \frac{1}{n}$$

작은 사각형 밑변의 길이 1을 n등분

$\frac{1}{n}$이 k번째에 있다 = 임의의 x값

= 무한 합
= Sum + Integration
= S+I = ∫

위의 내용을 다시 정리해 보면…….

$$\lim_{n\to\infty}\sum_{k=1}^{n} f(\frac{k}{n}) \cdot \frac{1}{n}$$

범위 [0,1]

$=\int \qquad \dfrac{k}{n}=x \qquad =dx$

$\Rightarrow f(x)$

$\Rightarrow$ 이를 정적분 (Definite Integral)의 형태로 바꾸면

$\displaystyle\int_0^1 f(x)dx \Rightarrow x$축으로 1만큼 이동하면 면적에는 약간의 Error가 생긴다.

(※약간의 Error가 있을 수는 있지만 그 정도의 Error는 무시한다.)

$\displaystyle = \int_1^2 f(x-1)dx = \int_2^3 f(x-2)dx \ \cdots$

05 $\lim_{n\to\infty} f(\frac{k}{n})\frac{1}{n}$ 와 $\int_a^b f(x)dx$

이전까지의 내용을 종합해 보면 다음과 같다.

구분 구적법 (Riemann Sum)		정적분 (Definite Integrals)
① $\lim\limits_{n\to\infty}\sum\limits_{k=1}^{n} = \sum\limits_{k=1}^{\infty}$	$\Rightarrow$	$\int$
② $\dfrac{1}{n}\times k$	$\Rightarrow$	x
③ $\dfrac{1}{n}$	$\Rightarrow$	길이 1을 n등분 = dx 구간 $(0,1)$

$\left(\textbf{EX 1}\right)$ Evaluate $\lim\limits_{n\to\infty}\sum\limits_{k=1}^{n}(1+\dfrac{3k}{n})^2\dfrac{1}{n}$

① $\lim\limits_{n\to\infty}\sum\limits_{k=1}^{n} = \int$ ② $\dfrac{k}{n}=x$ ③ $\dfrac{1}{n}$ = 길이 1을 n등분 = dx , 구간 $[0,1]$

$$\lim_{n\to\infty}\sum_{k=1}^{n}(1+\frac{3k}{n})^2\frac{1}{n} = \int_0^1 (1+3x)^2 dx$$

$1+3x=u$ 라고 치환(Substitution)하면 $3=\dfrac{du}{dx}$ 에서 $\dfrac{1}{3}\int_1^4 u^2 du = \dfrac{1}{9}[u^3]_1^4 = \dfrac{63}{9} = 7$

정답   7

Problem 8

(1) Evaluate $\displaystyle\lim_{n\to\infty}\sum_{k=1}^{n}(1+\frac{6k}{n})\frac{1}{n}$

(2) Evaluate $\displaystyle\lim_{n\to\infty}\sum_{k=1}^{n}\sin(\frac{\pi}{4}+\frac{\pi k}{4n})\frac{\pi}{4n}$

Solution

(1) ① $\displaystyle\lim_{n\to\infty}\sum_{k=1}^{n}=\int$　　② $\frac{1}{n}=dx$ 이고 $[0,1]$구간을 n등분　　③ $\frac{1}{n}\times k=x$

$\displaystyle\lim_{n\to\infty}\sum_{k=1}^{n}(1+\frac{6k}{n})\frac{1}{n}$ 을 Definite Integral로 바꾸면 $\displaystyle\int_{0}^{1}(1+6x)dx$. $1+6x=u$ $\Rightarrow 6=\frac{du}{dx}$ 에서

$dx=\frac{1}{6}du$, $dx=\frac{1}{6}du$, $\frac{1}{6}\displaystyle\int_{1}^{7}u\,du=\frac{1}{6}[\frac{1}{2}u^2]_{1}^{7}=\frac{1}{6}(\frac{1}{2}\times48)=4$

(2) ① $\displaystyle\lim_{n\to\infty}\sum_{k=1}^{n}=\int$　　② $\frac{1}{n}=dx$ 이고 $[0,1]$구간을 n등분　　③ $\frac{1}{n}\times k=x$

$\displaystyle\lim_{n\to\infty}\sum_{k=1}^{n}\sin(\frac{\pi}{4}+\frac{\pi k}{4n})\frac{\pi}{4n}$ 을 Definite Integral로 바꾸면 $\frac{\pi}{4}\displaystyle\int_{0}^{1}\sin(\frac{\pi}{4}+\frac{\pi}{4}x)dx$

$\frac{\pi}{4}+\frac{\pi}{4}x=u \Rightarrow \frac{\pi}{4}=\frac{du}{dx}$ 에서 $dx=\frac{4}{\pi}du$　　$\frac{\pi}{4}\displaystyle\int_{\frac{\pi}{4}}^{\frac{\pi}{2}}(\sin u)\times\frac{4}{\pi}du=\int_{\frac{\pi}{4}}^{\frac{\pi}{2}}\sin u\,du=[-\cos u]_{\frac{\pi}{4}}^{\frac{\pi}{2}}=\frac{\sqrt{2}}{2}$

정답　　(1) 4　　(2) $\dfrac{\sqrt{2}}{2}$

6. Average Value of a Function

다음의 설명은 간단히 읽어보기로 하고 중요한 것은 "Average Value" 의 암기이다.

01 Mean Value Theorem for Integrals

만약 함수 $y=f(x)$가 구간 $[a, b]$에서 연속이라면 구간 $[a, b]$내에 $\int_a^b f(x)dx = f(c)\times(b-a)$ 를 만족하는 c가 존재한다.

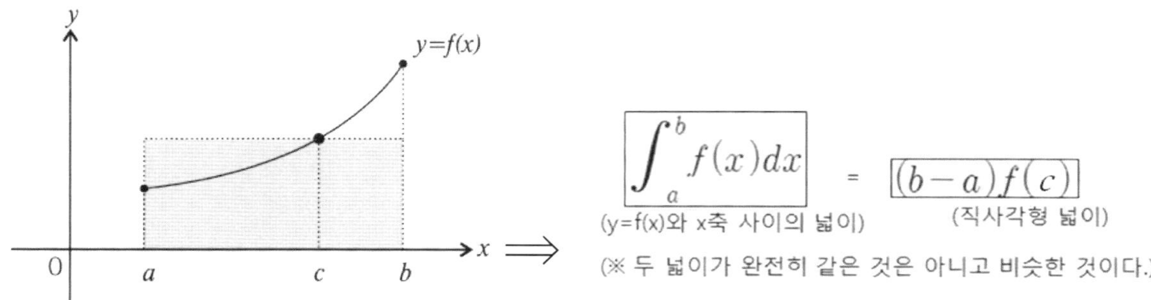

02 Average Value of a Function

만약 함수 $y=f(x)$가 구간 $[a,b]$에서 연속이라면 그때 구간 $[a,b]$에서 Average Value는 다음과 같다.

$$\text{Average Value } (f(c)) = \frac{1}{b-a}\int_a^b f(x)dx$$

반드시 암기하자!

$$\text{Average Value } (f(c)) = \frac{1}{b-a}\int_a^b f(x)dx = \frac{F(b)-F(a)}{b-a}, \ (b \neq a)$$

Problem 9

(1) Find the average value of $y = \sin x$ from $x = 0$ to $x = \dfrac{\pi}{2}$

(2) The graph of a function shown in figure below. Find the average value of f on $[0,3]$

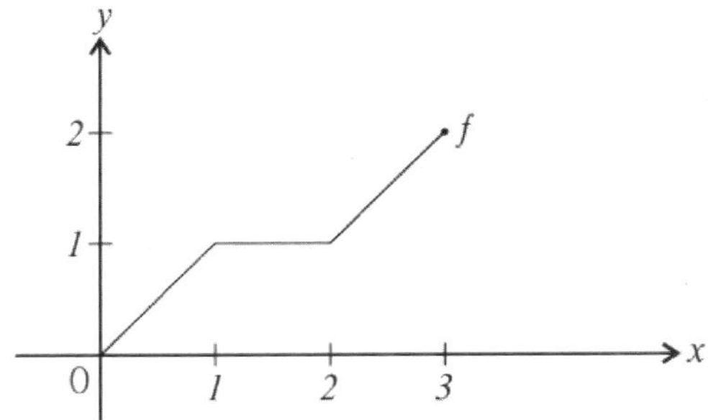

(3) The velocity of a particle moving on a line is $v(t) = t^2 + t + 2$. Find the average velocity from $t = 1$ to $t = 4$

Solution

(1) Average Value $= \dfrac{\displaystyle\int_{0}^{\frac{\pi}{2}} \sin x\, dx}{\dfrac{\pi}{2} - 0} = \dfrac{[-\cos x]_{0}^{\frac{\pi}{2}}}{\dfrac{\pi}{2}} = \dfrac{1}{\dfrac{\pi}{2}} = \dfrac{2}{\pi}$

(2) Average Value $= \dfrac{\displaystyle\int_{0}^{3} f(x)\, dx}{3 - 0} = \dfrac{1}{3}\left(\dfrac{1}{2} + 1 + \dfrac{3}{2}\right) = \dfrac{1}{3} \times 3 = 1$

(3) $\dfrac{1}{4-1} \displaystyle\int_{1}^{4} (t^2 + t + 2)\, dt = \dfrac{1}{3}\left[\dfrac{1}{3} t^3 + \dfrac{1}{2} t^2 + 2t\right]_{1}^{4} = 11.5$

정답   (1) $\dfrac{2}{\pi}$ (2) 1   (3) 11.5

7. Riemann Sums and Trapezoid Rule

아주 간단한 부분이다.

$y = f(x)$의 곡선과 x축 사이의 면적을 사각형으로 분할하고 더하는 방법으로 구하는 것을 "Riemann Sum", 사다리꼴로 분할하고 더하는 방법으로 구하는 것을 "Trapezoid Rule"이라고 한다.

이 단원에서 암기할 것은 없다.

Riemann Sum은 사각형의 높이가 Left-Endpoint인지 Right-Endpoint인지 Midpoint인지…에 따라 3가지로 나뉜다.

바로 예제를 통해 Riemann Sums와 Trapezoid Rule을 이해하도록 하자.

$\left(\textbf{EX 1}\right)$ Find the approximate area under the curve of $f(x) = x^2 + 1$ from $x = 0$ to $x = 9$, using 3 left-endpoint rectangles

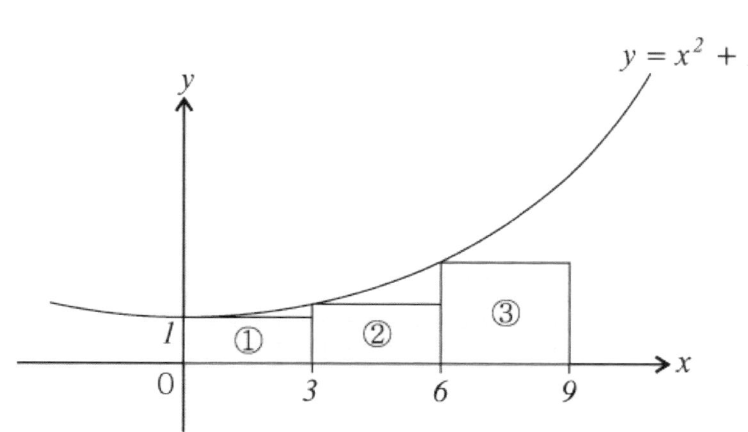

Left

$$L(3) = \int_0^9 (x^2 + 1)\,dx = \underbrace{3 \times f(0)}_{①면적} + \underbrace{3 \times f(3)}_{②면적} + \underbrace{3 \times f(6)}_{③면적}$$

Sub-Interval

$$= 3(f(0) + f(3) + f(6)) = 3(1 + 10 + 37) = 144$$

정답   144

$\left(\text{EX 2}\right)$ Find the approximate area under the curve of $f(x)=x^2+1$ from $x=0$ to $x=9$, using 3 right-endpoint rectangles.

Solution

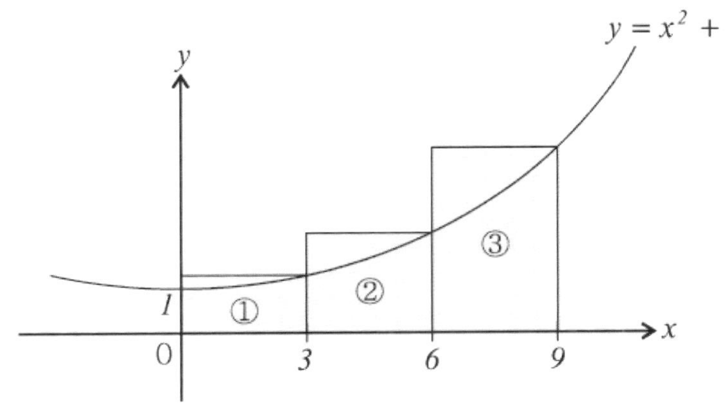

$$R(3)=\int_0^9 (x^2+1)dx = \underset{①\text{면적}}{3\times f(3)}+\underset{②\text{면적}}{3\times f(6)}+\underset{③\text{면적}}{3\times f(9)}$$

Right ↓　↑ Sub-Interval

$$=3(f(3)+f(6)+f(9))=3(10+37+82)=387$$

정답　387

$\left(\textbf{EX 3}\right)$ Find the approximate area under the curve of $f(x) = x^2 + 1$ from $x = 0$ to $x = 9$, using 3 midpoint rectangles

Solution

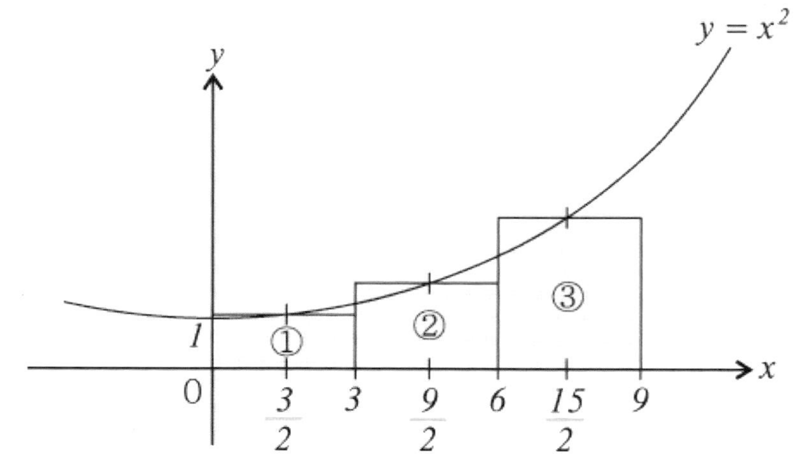

$$M(3) = \int_0^9 (x^2 + 1)dx = 3 \times f\left(\frac{3}{2}\right) + 3 \times f\left(\frac{9}{2}\right) + 3 \times f\left(\frac{15}{2}\right)$$

$$= 3\left(f\left(\frac{3}{2}\right) + f\left(\frac{9}{2}\right) + f\left(\frac{15}{2}\right)\right) = 3\left(\frac{13}{4} + \frac{85}{4} + \frac{229}{4}\right) = 245.25$$

정답　　　245.25

$\left(\textbf{EX 4}\right)$ Find the approximate area under the curve of $f(x) = x^2 + 1$ from $x = 0$ to $x = 9$, using 3 trapezoids.

Solution

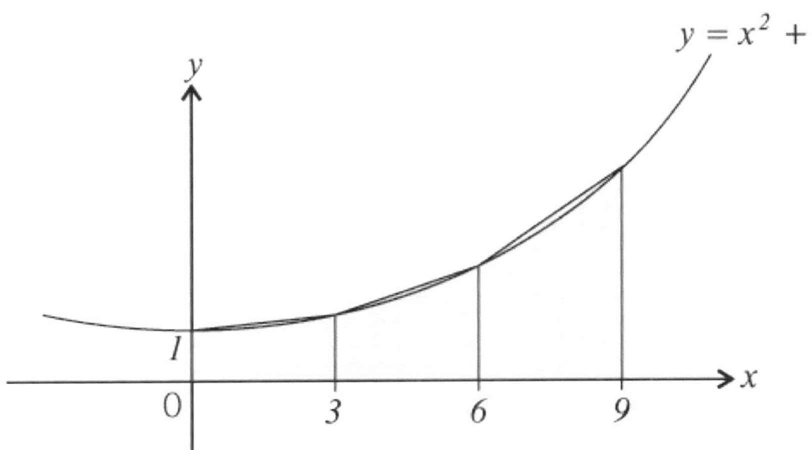

$$T(3) = \int_0^9 (x^2 + 1)dx = \frac{1}{2} \times 3 \times (f(0) + f(3)) + \frac{1}{2} \times 3 \times (f(3) + f(6)) + \frac{1}{2} \times 3 \times (f(6) + f(9))$$

$$= \frac{3}{2}(f(0) + 2f(3) + 2f(6) + f(9)) = 265.5$$

정답   265.5

Problem 10

Let f be a function that is continuous for all real numbers. The table below gives values of f for selected point in the closed intervals [1, 12].

x	1	3	5	6	8	12
$f(x)$	2	8	2	-4	1	7

(1) Use a trapezoidal sum with sub-intervals indicated by the data in the table to approximate $\displaystyle\int_1^{12} f(x)\,dx$

(2) Use a Right Riemann sum with sub-intervals indicated by the data in the table to approximate $\displaystyle\int_1^{12} f(x)\,dx$

Solution

(1) 이와 같이 Table이 주어지는 형태의 "Riemann Sum" 문제는 정확한 그림은 아니더라도 다음과 같이 그려본 후 구하는 것이 좋다.

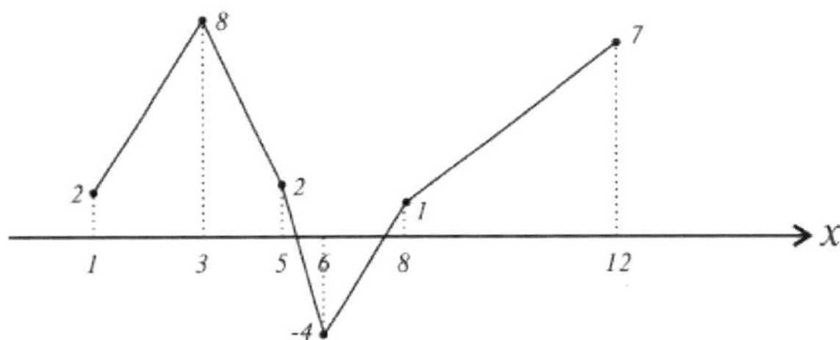

$$\Rightarrow \int_1^{12} f(x)\,dx = \frac{(2+8)}{2}\times 2 + \frac{(8+2)}{2}\times 2 + \frac{(2-4)}{2}\times 1 + \frac{(-4+1)}{2}\times 2 + \frac{(1+7)}{2}\times 4 = 32$$

(2)

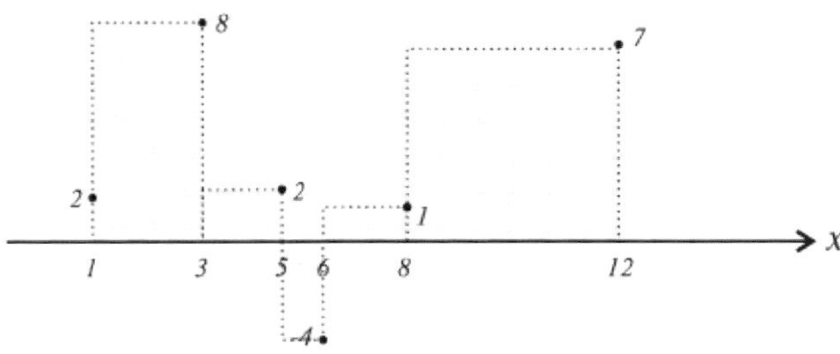

$$\Rightarrow \int_1^{12} f(x)\,dx = 2\times 8 + 2\times 2 + 1\times(-4) + 2\times(1) + 4\times 7 = 46$$

정답   (1) 32   (2) 46

8. Integrals Involving Parametrically Defined Function(BC)

$x=t$이고 $y=t^2$이면 $y=x^2$의 식이 성립하게 되는데 이와 같은 t를 Parameter(매개 변수)라고 한다.
BC과정에 있는 내용이긴 하지만 미국의 많은 학교에서는 AB과정에서도 이 부분을 수업한다.

예를 들어, $x=2\cos\theta, y=4\sin\theta$ 일 때, $\int_1^2 xydx$를 구한다고 해보자.

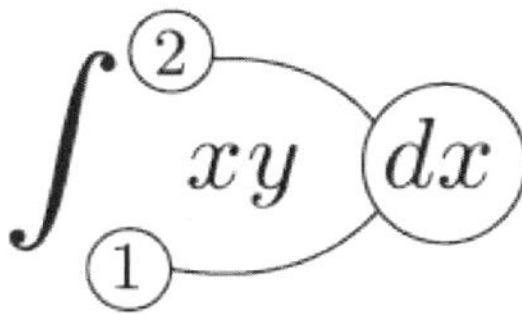

-> 여기에서 1과 2는 x의 범위이다. dx는 x축을 잘게 잘랐다는 의미이고 $\int_1^2$는 잘게 자른 사각형을 1
부터 2까지 무한 번 더하는 것이다.

다음과 같이 하자.

① $x=2\cos\theta$ 이므로 양변을 θ에 대해서 미분(Differentiation)하면 $\dfrac{dx}{d\theta}=-2\sin\theta$ 에서 $dx=-2\sin\theta d\theta$

② $2\cos\theta=2$에서 $\cos\theta=1$이므로, $\theta=0°$

③ $2\cos\theta=1$에서 $\cos\theta=\dfrac{1}{2}$이므로, $\theta=\dfrac{\pi}{3}$

④ $\displaystyle\int_{\frac{\pi}{3}}^{0} 2\cos\theta\,4\sin\theta\,(-2\sin\theta)d\theta=-16\int_{\frac{\pi}{3}}^{0}\cos\theta\sin^2\theta d\theta=16\int_{0}^{\frac{\pi}{3}}\cos\theta\sin^2\theta d\theta$

이해가 되었다면 다음의 예제들을 풀어보자.

(EX 1) If $u = \tan\theta$ and $0 < \theta < \dfrac{\pi}{2}$, Find $\displaystyle\int_{\frac{\sqrt{3}}{3}}^{1} \sqrt{1+u^2}\,du$

Solution

① 양변을 θ에 대해서 미분(Differentiation)하면 $\dfrac{du}{d\theta} = \sec^2\theta$ 에서 $du = \sec^2\theta\,d\theta$

② $\tan\theta = 1$에서 $\theta = \dfrac{\pi}{4}$

③ $\tan\theta = \dfrac{\sqrt{3}}{3}$에서 $\theta = \dfrac{\pi}{6}$

④ $\displaystyle\int_{\frac{\pi}{6}}^{\frac{\pi}{4}} \sqrt{1+\tan^2\theta} \times \sec^2\theta\,d\theta$ 에서 $\displaystyle\int_{\frac{\pi}{6}}^{\frac{\pi}{4}} \sqrt{\sec^2\theta} \times \sec^2\theta\,d\theta = \int_{\frac{\pi}{6}}^{\frac{\pi}{4}} \sec^3\theta\,d\theta = 0.54$

정답   0.54

(EX 2) A curve is given parametrically by $x = 1 + \cos t$ and $y = \sin t$, where $0 \leq t \leq \pi$. Find $\displaystyle\int_{0}^{\frac{3}{2}} y\,dx$

Solution

① $x = 1 + \cos t$ 에서 양변을 θ에 대해서 미분(Differentiation)하면

$\dfrac{du}{d\theta} = -\sin t$ 이므로 $dx = -\sin t\,dt$

② $1 + \cos t = \dfrac{3}{2}$에서 $\cos t = \dfrac{1}{2}$이므로 $t = \dfrac{\pi}{3}$

③ $1 + \cos t = 0$에서 $\cos t = -1$이므로 $t = \pi$

④ $\displaystyle\int_{\pi}^{\frac{\pi}{3}} \sin t(-\sin t)\,dt = -\int_{\pi}^{\frac{\pi}{3}} \sin^2 t\,dt = \int_{\frac{\pi}{3}}^{\pi} \sin^2 t\,dt = 1.26$

정답   1.26

심선생 Math Series

Problem 11

(1) A curve is given parametrically by $x = 3\sin\theta$ and $y = \cos\theta$, where $-\pi \leqq \theta \leqq \pi$

Find $\displaystyle\int_{-3}^{3} y\,dx$

(2) A curve is defined by the parametric equation $y = 2a\sin^3\theta$ and $x = a\tan\theta$, where $0 \leqq \theta \leqq \pi$.

Then $\displaystyle\int_{0}^{a} y\,dx$ is equivalent to

ⓐ $2a^2 \displaystyle\int_{0}^{\frac{\pi}{4}} \tan^2\theta\sin\theta\,d\theta$

ⓑ $2a^2 \displaystyle\int_{0}^{1} \tan^2\theta\sin\theta\,d\theta$

ⓒ $2a^2 \displaystyle\int_{0}^{1} \sec^2\theta\,d\theta$

ⓓ $2a^2 \displaystyle\int_{0}^{\frac{\pi}{4}} \sin^2\theta\,d\theta$

Solution

(1) $\displaystyle\int_{-\frac{\pi}{2}}^{\frac{\pi}{2}} \cos\theta \cdot 3\cos\theta\, d\theta \quad \left(x = 3\sin\theta \;\Rightarrow\; \frac{dx}{d\theta} = 3\cos\theta \;\Rightarrow\; dx = 3\cos\theta\, d\theta\right)$

$3\displaystyle\int_{-\frac{\pi}{2}}^{\frac{\pi}{2}} \cos^2\theta\, d\theta$ 을 계산기를 이용하여 풀면 4.712

(2) $\displaystyle\int_{0}^{\frac{\pi}{4}} 2a\sin^3\theta \cdot a\sec^2\theta\, d\theta \quad \left(x = a\tan\theta \;\Rightarrow\; \frac{dx}{d\theta} = a\sec^2\theta \;\Rightarrow\; dx = a\sec^2\theta\, d\theta\right)$

$= 2a^2\displaystyle\int_{0}^{\frac{\pi}{4}} \sin^3\theta \cdot \frac{1}{\cos^2\theta}\, d\theta = 2a^2\int_{0}^{\frac{\pi}{4}} \frac{\sin^2\theta}{\cos^2\theta} \cdot \sin\theta\, d\theta = 2a^2\int_{0}^{\frac{\pi}{4}} \tan^2\theta\sin\theta\, d\theta$

정답   (1) 4.172   (2) ⓐ

9. Improper Integrals (BC)

“Improper” … “부적당한, 맞지 않는 …”
그렇다면 “Improper Integrals” … “부적당한 적분(Integrals)”

이것이 무슨 말인고 하니… 다음을 보자.

①

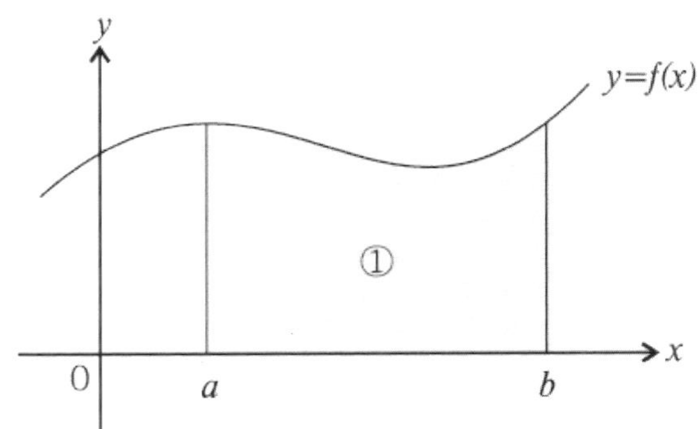

면적 $= \displaystyle\int_a^b f(x)dx \;\Rightarrow\;$ 비슷하게 [a, b] 사이의 면적을 구할 수 있다.

②

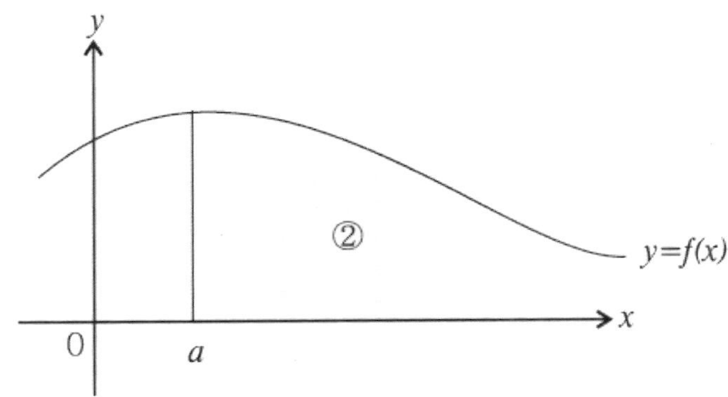

면적 $= \displaystyle\int_a^\infty f(x)dx \;\Rightarrow\;$ a부터 ∞ 사이의 면적 -> 구할 수 없다!!

이럴 때에는 … 이렇게 한다. …

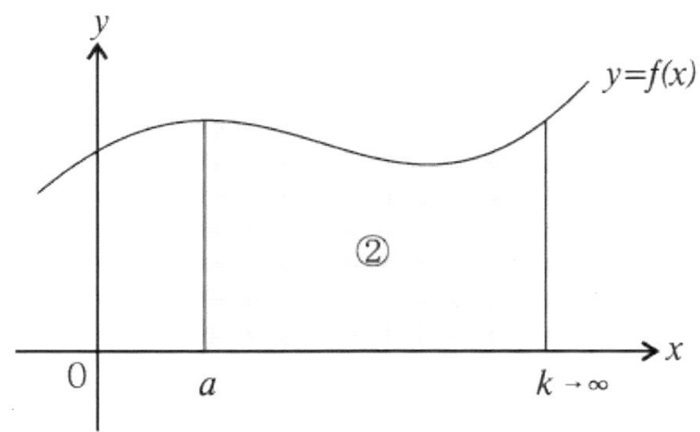

$$② \ 면적 = \left(\int_a^k f(x)dx\right) + \left(\lim_{k\to\infty}\right) = \lim_{k\to\infty}\int_a^k f(x)dx$$

⇒ 이렇게 구하면 되지만 이렇게 구한 것 역시 정확한 면적이 아니고 비슷하게 구한 면적이다.

③

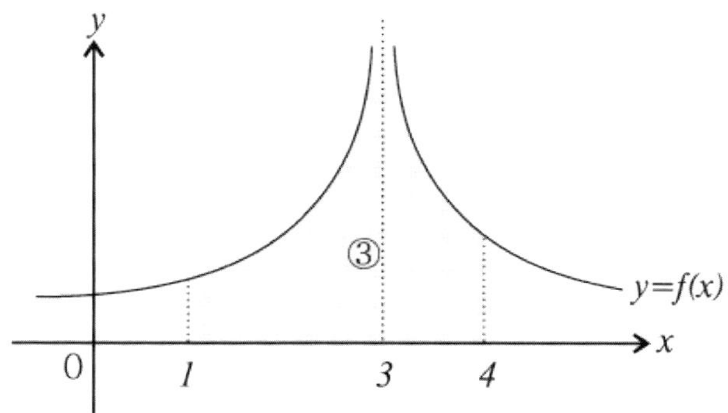

③ 면적 $= \displaystyle\int_1^4 f(x)dx$

⇒ 1부터 4사이의 면적 …?

⇒ 구할 수 없다.

⇒ Why?

$x = 3$이 Vertical Asymptote이기 때문에 …

☞ 심선생 Math Series

이럴 때에는 … 이렇게 한다. …

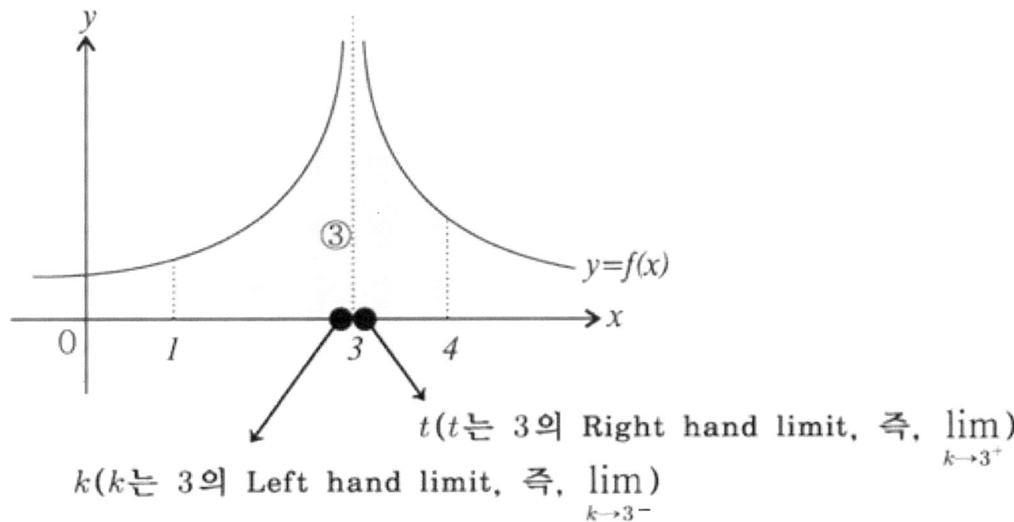

$$③ \ 면적 = \int_1^k f(x)dx + \int_t^4 f(x)dx = \lim_{k \to 3^-} \int_1^k f(x)dx + \lim_{t \to 3^+} \int_t^4 f(x)dx$$

②, ③번의 경우를 "Improper Integrals" 라고 한다. 사실상 적분(Integrals)이 불가능한 것을 limit 의 개념을 빌려 가능하게 되었다. 어차피 ①의 경우처럼 적분(Integral)이 가능하여 곡선과 축 사이의 면적을 구한 것도 정확한 값이 아니라 근사 값이었다. 적분이 불가능한 것을 limit의 개념을 빌려 계산 한 것도 사실은 정확한 값이 아니지만 그래도 그 정도의 작은 오차(Error)는 인정하고 지나가는 것이 다.

다음의 경우는 모두 "Improper Integral" 이다. …

$$\int_1^\infty f(x)dx \quad (\infty 가 \ 있는 \ 경우)$$

$$\int_1^3 \frac{1}{\sqrt{x-2}}dx \quad (x=2에서 \ 불연속(Discontinuity) \cdots)$$

$$\int_0^3 \ln x \, dx \quad (x=0에서 \ 불연속, \ \ln 0은 \ 존재하지 \ 않음)$$

Problem 12

(1) Evaluate $\displaystyle\int_1^\infty \frac{1}{x^2}\,dx$

(2) Evaluate $\displaystyle\int_0^1 \frac{1}{\sqrt{x}}\,dx$

(3) Evaluate $\displaystyle\int_{-1}^1 \frac{1}{\sqrt[3]{x}}\,dx$

Solution

(1) $\infty = k$라고 하면 $k = \lim\limits_{k\to\infty}$

$$\lim_{k\to\infty}\int_1^k \frac{1}{x^2}\,dx = \lim_{k\to\infty}[-\frac{1}{x}]_1^k = \lim_{k\to\infty}[-\frac{1}{k}+1] = 1$$

(2) 분모(Denominator)가 0이 되면 안 되므로 limit 개념을 사용!!

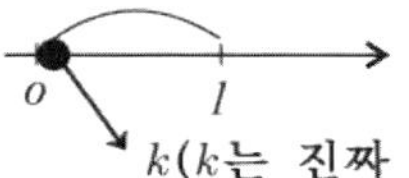

$k(k$는 진짜 0이 아니고 0의 right hand limit, 즉, $\lim\limits_{k\to0^+})$

즉, $\displaystyle\lim_{k\to0^+}\int_k^1 \frac{1}{\sqrt{x}}\,dx = \lim_{k\to0^+}\int_k^1 x^{-\frac{1}{2}}\,dx = \lim_{k\to0^+}[2\sqrt{x}]_k^1 = \lim_{k\to0^+}[2 - 2\sqrt{k}] = 2$

(3) 분모(Denominator)의 x는 $x=0$에서 불연속(Discontinuity)이므로 limit 개념을 사용!!

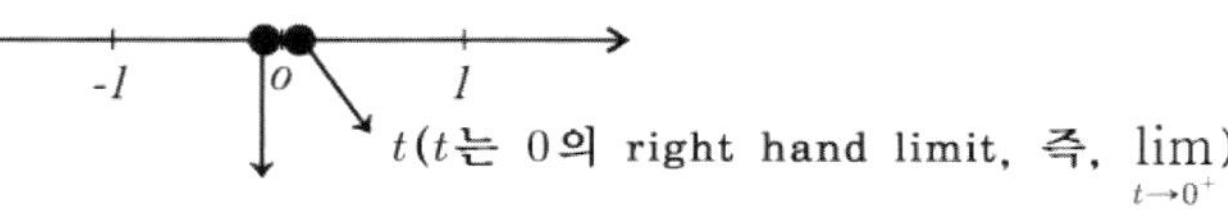

$t(t$는 0의 right hand limit, 즉, $\lim\limits_{t\to0^+})$

k (k는 0의 left hand limit, 즉, $\lim\limits_{k\to0^-}$)

즉, $\displaystyle\lim_{k\to0^-}\int_{-1}^k \frac{1}{\sqrt[3]{x}}\,dx + \lim_{t\to0^+}\int_t^1 \frac{1}{\sqrt[3]{x}}\,dx = \lim_{k\to0^-}[\frac{3}{2}x^{\frac{2}{3}}]_{-1}^k + \lim_{t\to0^+}[\frac{3}{2}x^{\frac{2}{3}}]_t^1$

$= \displaystyle\lim_{k\to0^-}[\frac{3}{2}k^{\frac{2}{3}} - \frac{3}{2}] + \lim_{t\to0^+}[\frac{3}{2}\cdot 1^{\frac{2}{3}} - \frac{3}{2}\cdot t^{\frac{2}{3}}] = -\frac{3}{2} + \frac{3}{2} = 0$

정답　　(1) 1　　(2) 2　　(3) 0

3. Area

1. 축과 곡선, 곡선과 곡선 사이의 면적
2. Region Bounded by Polar Curve (BC)

시작에 앞서서...

면적을 구하는 단원이다. 다소 귀찮더라도 그림을 그려가면서 문제를 풀어보자. 자꾸 그려봐야 실력이 는다. 어느 정도 그리는 것이 익숙해진 다음에 공식을 이용하여 풀어보도록 하자.

1. 축과 곡선, 곡선과 곡선 사이의 면적

x축과 곡선 사이의 면적

①

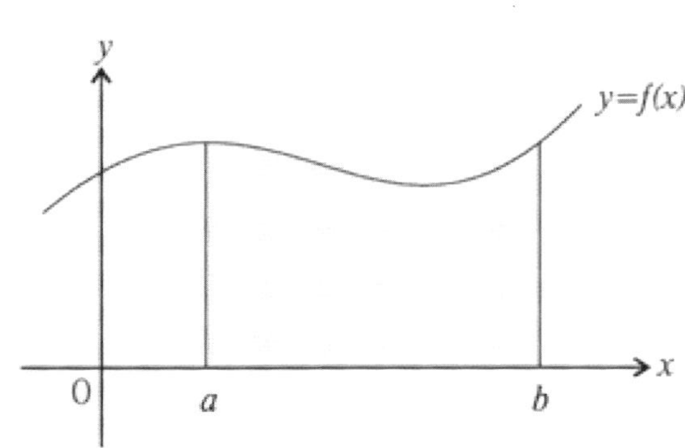

색이 채워진 부분 면적 $= \displaystyle\int_a^b f(x)dx$

②

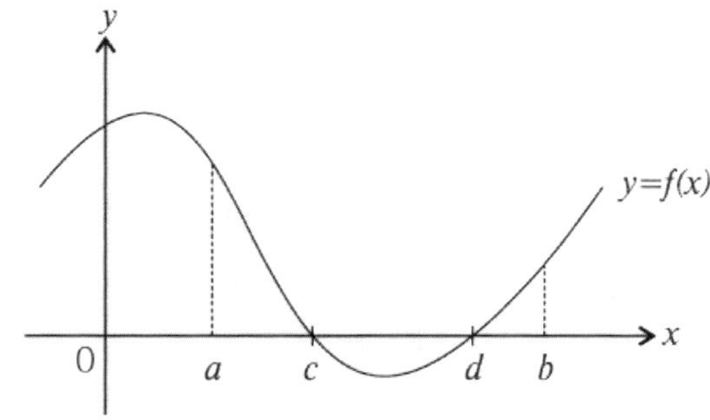

색이 채워진 부분 면적 $= \displaystyle\int_a^c f(x)dx + |\int_c^d f(x)dx| + \int_d^b f(x)dx$

두 그림을 비교해보면 ①의 경우에는 앞에서 공부했던 "Definite Integrals"와 같지만 ⋯ ②의 경우에는 상황이 달라진다. $c-d$ 구간에서는 음(Negative)의 값이 나오기 때문에 면적을 구하려면 이와 같이 음의 값이 나오는 값에 절대값(Absolute Value)을 붙여야 한다.

x**축과 곡선 사이의 면적을 구하려면 ②와 같은 경우도 나오므로 무턱대고 적분(Integral)을 하지 말고 일단** $y=f(x)$**의 그래프를 그려보아야 한다.**

곡선과 곡선 사이의 면적

①

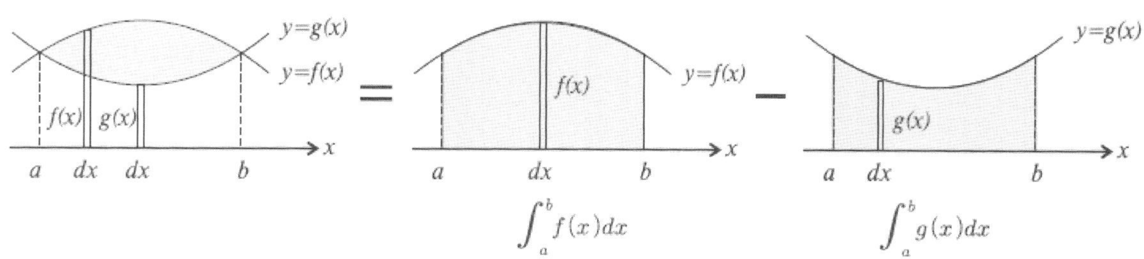

$$= \int_a^b f(x)dx - \int_a^b g(x)dx = \int_a^b (f(x) - g(x))dx$$

즉, 두 곡선 사이의 면적 $S = \int_a^b (f(x) - g(x))dx$. 즉, 두 함수를 **빼고** 적분(Integrate)!

②

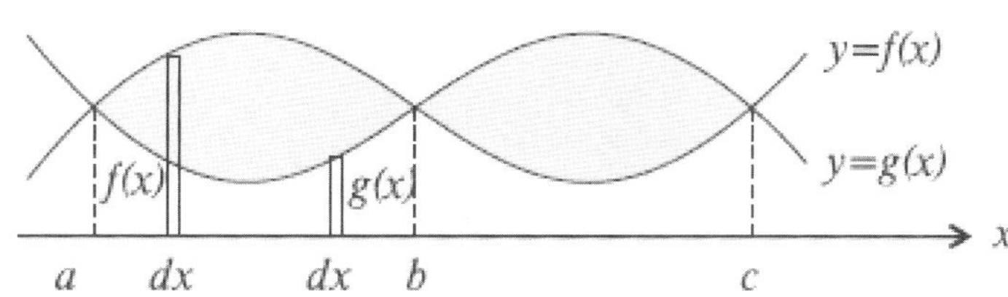

$\Rightarrow$ 두 곡선 사이의 면적 $S = \int_a^b (f(x) - g(x))dx + \int_b^c (g(x) - f(x))dx \cdots$

<AP CALCULUS AB&BC>

그렇다면 다음과 같은 경우에는?

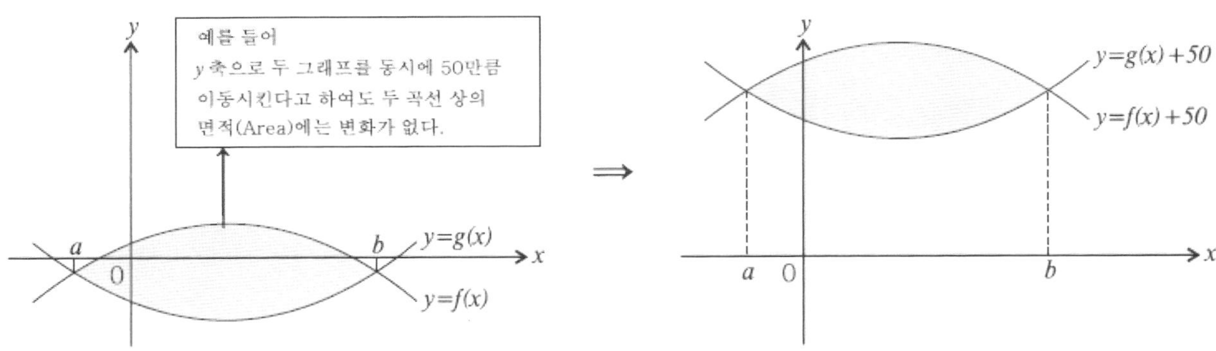

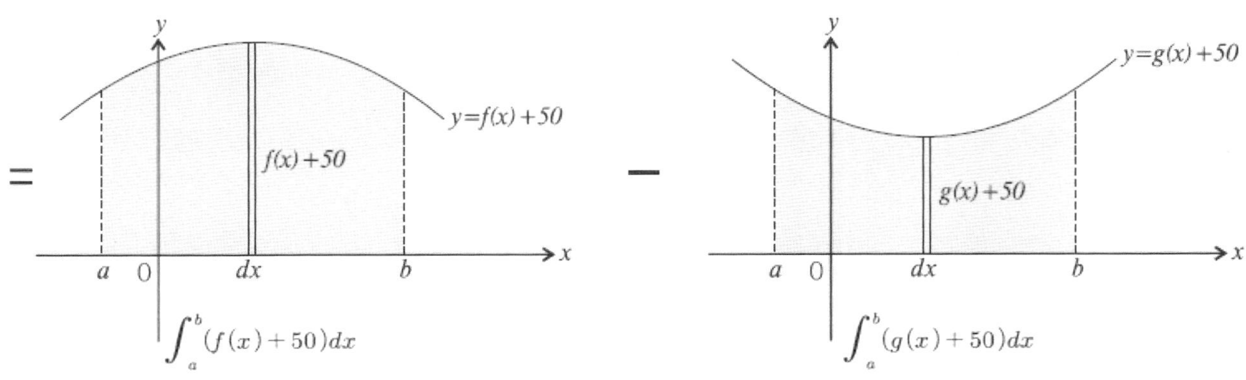

$$\int_a^b (f(x)+50)dx - \int_a^b (g(x)+50)dx = \int_a^b (f(x)-g(x))dx$$

즉, 두 곡선 사이의 면적 $= \displaystyle\int_a^b (\text{위} - \text{아래})dx$.

무조건 위의 그래프에서 아래 그래프를 빼서 적분(Integral)하면 된다.

다음의 두 그림을 보자.

①

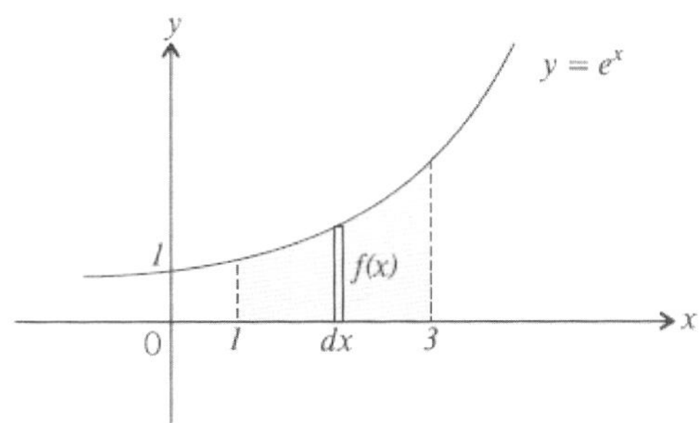

색이 채워진 부분 면적

$$= \int_1^3 f(x)\,dx = \int_1^3 e^x\,dx$$

$$= \int_①^③ e^x\,\boxed{dx}$$
$(x$축 잘게 자름$)$

$(x$축 자름 $\Rightarrow$ 범위는 x범위 $\Rightarrow$ 식도 x에 관한 식 $\cdots)$

②

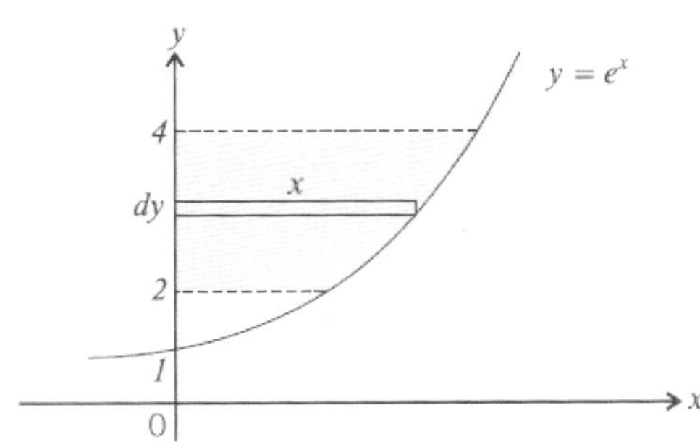

색이 채워진 부분 면적

$$= \int_2^4 x\,dx = \int_3^4 \ln y\,dy$$

$(y = e^x \Rightarrow x = \ln y)$

$$= \int_②^④ \ln y\,\boxed{dy}$$
$(y$축 잘게 자름$)$

$(y$축 자름 $\Rightarrow$ 범위는 y범위 $\Rightarrow$ 식도 y에 관한 식 $\cdots)$

앞의 ①과 ②로부터 결론을 내리자면 …

Shim's Tip!

Area 구하기

① x축 or y축을 잘게 자른다.

② 범위는 자른 축 범위로!

③ • x축을 잘게 자른 경우의 Area

$$\Rightarrow \int_a^b (y_1 - y_2)dx : y_1 은 위, \ y_2 는 아래 \qquad \Rightarrow \int_a^b (\text{문자}\,x\,\text{로!})\,dx \quad {}^{x\text{범위}}$$

• y축을 잘게 자른 경우의 Area

$$\Rightarrow \int_a^b (x_1 - x_2)dy : x_1 은 오른쪽, \ x_2 는 왼쪽 \qquad \Rightarrow \int_a^b (\text{문자}\,y\,\text{로!})\,dy \quad {}^{y\text{범위}}$$

Problem 1

(1) Find the area bounded by $f(x) = x^3 + 2x^2 - 3x$ and the x-axis.

(2) Find the area of the region bounded by the graph of $f(x) = x^2 - 4$, the lines $x = 1$ and $x = 3$, and x-axis.

Solution

(1)

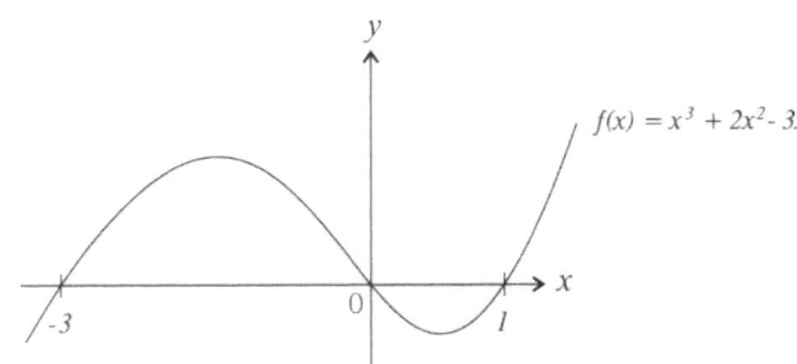

$$S = \int_{-3}^{0} (x^3 + 2x^2 - 3x)\,dx + |\int_{0}^{1} (x^3 + 2x^2 - 3x)\,dx|$$

$$= 11.25 + 0.583 = 11.833$$

(2)

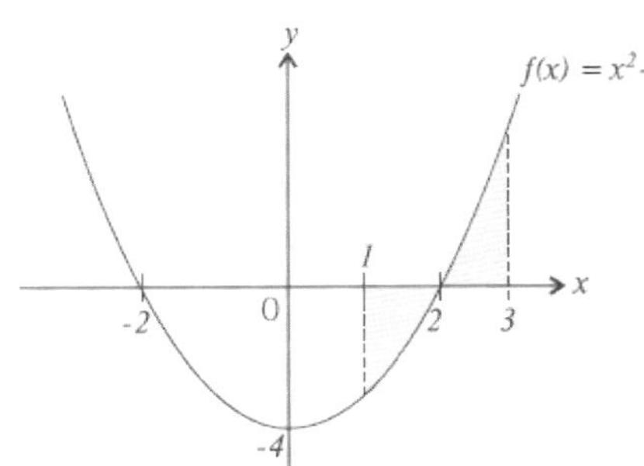

$$S = |\int_{1}^{2} (x^2 - 4)\,dx| + \int_{2}^{3} (x^2 - 4)\,dx = 1.67 + 2.33 = 4$$

정답　　　(1) 11.833　　(2) 4

Problem 2

(1) Find the area of the region bounded by graph of $f(x) = x^2 - 2$ and the $g(x) = x$.

(2) Find the area of the region bounded by $y = e^x$, $y = 2$, $y = 3$ and $x = 0$.

Solution

(1)

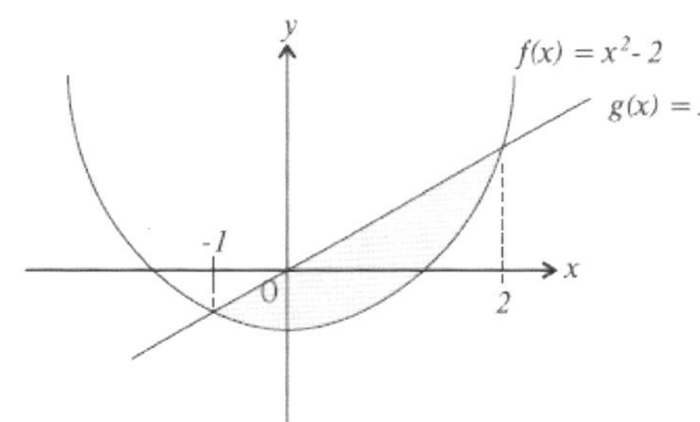

먼저 $f(x)$와 $g(x)$의 교점의 x좌표를 구하면

$x^2 - 2 = x$ 에서 $x^2 - x - 2 = 0$ 에서 $x = 2,\ -1$

$$S = \int_{-1}^{2} (g(x) - f(x))dx = \int_{-1}^{2} (x - x^2 + 2)dx = 4.5$$

(2)

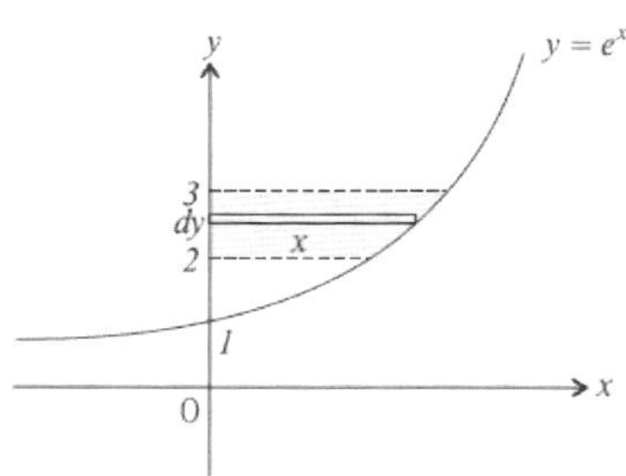

$(y = e^x \Leftrightarrow x = \ln y)$ Integration by Parts.

$$S = \int_{2}^{3} x\,dy = \int_{2}^{3} \ln y\,dy = [y \ln y - y]_{2}^{3}$$

$$= (3 \cdot \ln 3 - 3) - (2 \cdot \ln 2 - 2) = 0.91$$

정답　　　(1) 4.5　　　(2) 0.91

Region Bounded by Polar Curve

Pre-Calculus 과정에서 배웠던 Polar coordinate로 다시 돌아가 보자.

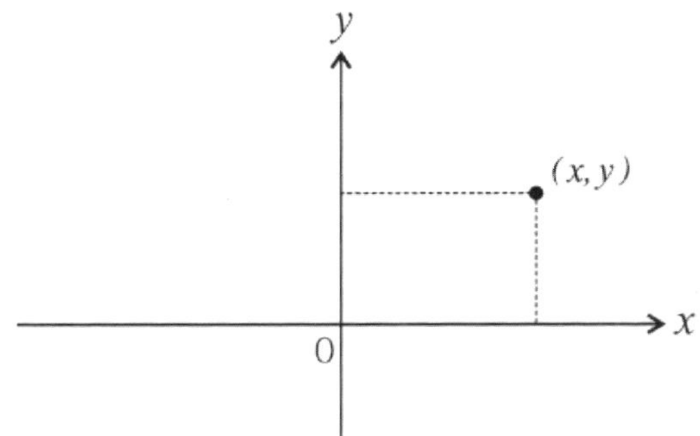

Rectangular Coordinate

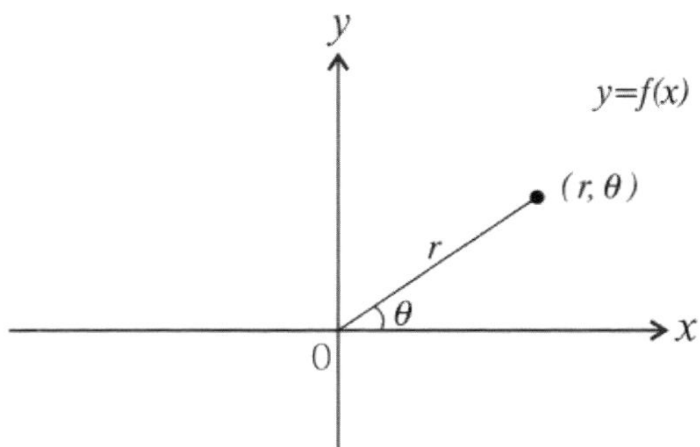

Polar Coordinate

두 그림을 합쳐서 그려보면 다음과 같이 된다.

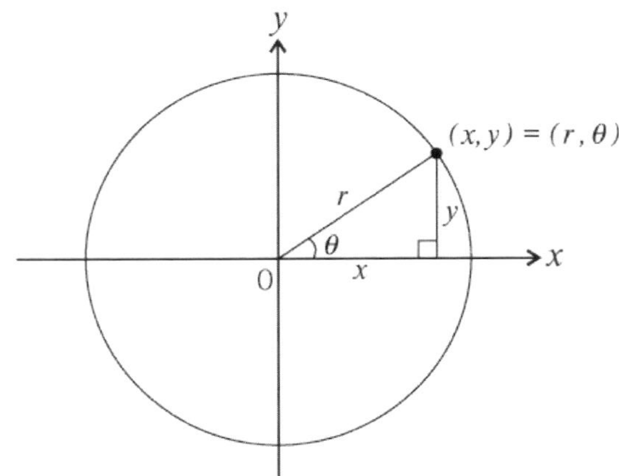

- $x^2 + y^2 = r^2$
- $\dfrac{x}{r} = \cos\theta$ 에서 $x = r\cos\theta$
- $\dfrac{y}{r} = \sin\theta$ 에서 $y = r\sin\theta$

그렇다면 Polar Curve는 어떻게 그릴 것인가…? 필자가 소개하는 방법대로 따라 하기 바란다.

예를 들어, $r = 1 + \cos\theta$ 를 그려보면

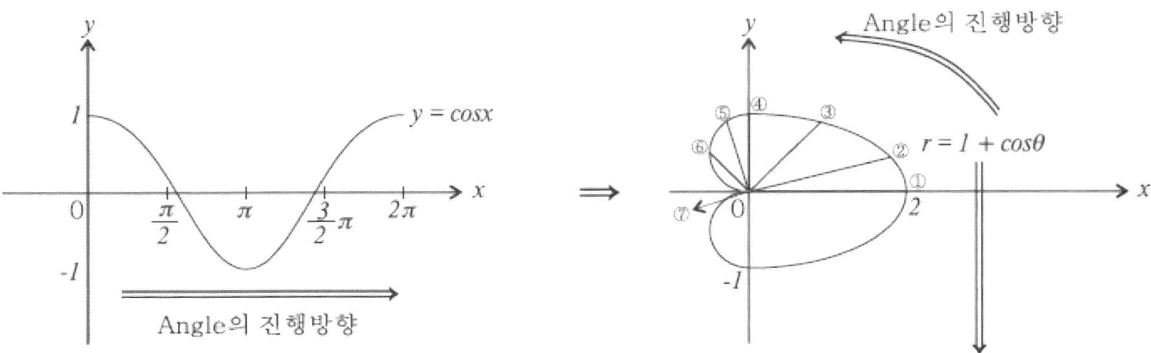

$r = 1 + \cos\theta$ 에서

① $\theta = 0° \Rightarrow r = 2$
② $\theta = 30° \Rightarrow r = 1.866$
③ $\theta = 60° \Rightarrow r = 1.5$
④ $\theta = 90° \Rightarrow r = 1$
⑤ $\theta = 135° \Rightarrow r = 0.293$
⑥ $\theta = 150° \Rightarrow r = 0.134$
⑦ $\theta = 180° \Rightarrow r = 0 \cdots$

①~⑦ 까지를 직접 그리고 연결해 보면 위와 같은 그림이 그려진다.

그렇다면 면적은 어떻게 구할 것인가?

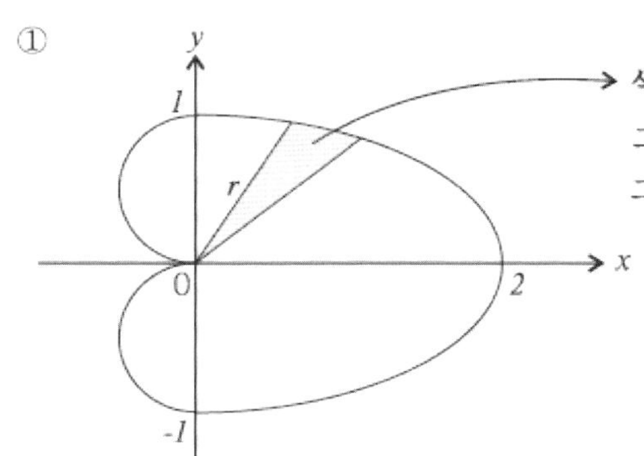

색이 채워진 부분을 $0°$ 에서 $360°$ 까지 더해주면 된다.

그런데, 문제는 "색이 채워진 부분의 넓이를 어떻게 구하는가…?"이다.

그리고, 그렇게 구한다고 해도 오차(Error)가 너무 크다.

그래서~!! 이렇게 한다!!

②

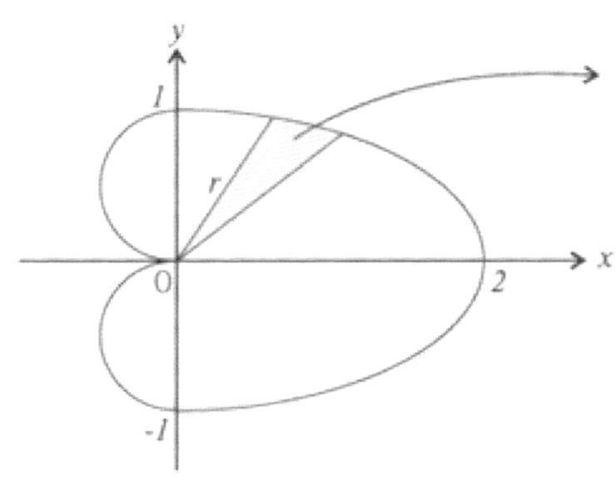

⇒ 즉, Sector Form이 되었다. Sector Form의 넓이

S는 $S = \dfrac{1}{2}r^2\theta$ 에서 얇게 자른 Sector Form의

면적은 $S = \dfrac{1}{2}r^2 d\theta$ 를 사용!!

②의 그림에서 얇게 자른 Sector Form을 0˚에서 360˚($= 2\pi$)까지 무수히 많이 더하면 된다.

$$\int_0^{2\pi} (o.f) \quad \frac{1}{2}r^2 d\theta \quad \Rightarrow \quad \frac{1}{2}\int_0^{2\pi} r^2 d\theta$$

0에서 360(=2π)까지   얇게 자른 Sector Form
무수히 많이 합

또는 x축에 대해서 대칭되므로 0˚에서 180˚($= \pi$)까지만 구하고 두 배 해주면 된다.

즉, $2 \times \dfrac{1}{2}\displaystyle\int_0^{\pi} r^2 d\theta$ 에서 $\displaystyle\int_0^{\pi} r^2 d\theta$. 그러므로, $S = \displaystyle\int_0^{\pi} r^2 d\theta$ 가 된다.

(암기하지 말고 앞의 설명을 자세히 읽어 보자.)

Problem 3 

(1) Find the area bounded by $r = 2 + 2\sin\theta$

(2) Find the area inside both the circle $r = 3\cos\theta$ and the cardioid $r = 1 + \cos\theta$

Solution

(1)

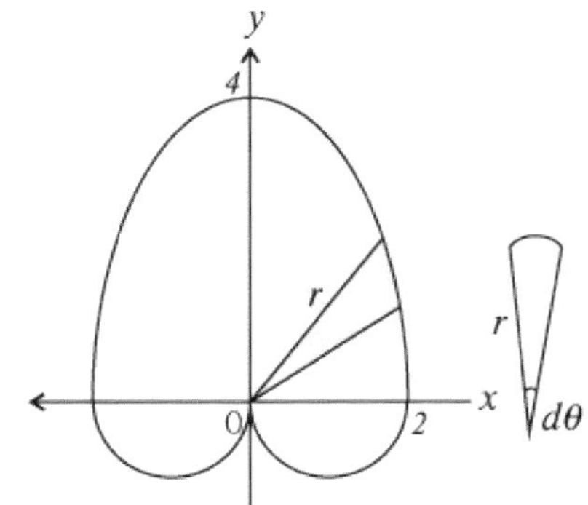

색이 채워진 부분의 면적을 $-\dfrac{\pi}{2}$ 에서 $\dfrac{\pi}{2}$ 까지 구한 다음 두 배 해준다. (y축 대칭이므로) 또는 0에서 2π까지 구해도 된다.

$\Rightarrow S = \dfrac{1}{2} r^2 d\theta$ 에서

$r = 2 + 2\sin\theta$ 이므로 $S = \dfrac{1}{2}(2 + 2\sin\theta)^2 d\theta$

$S = 2 \times \dfrac{1}{2} \displaystyle\int_{-\frac{\pi}{2}}^{\frac{\pi}{2}} (2 + 2\sin\theta)^2 d\theta = 18.85$

(2)

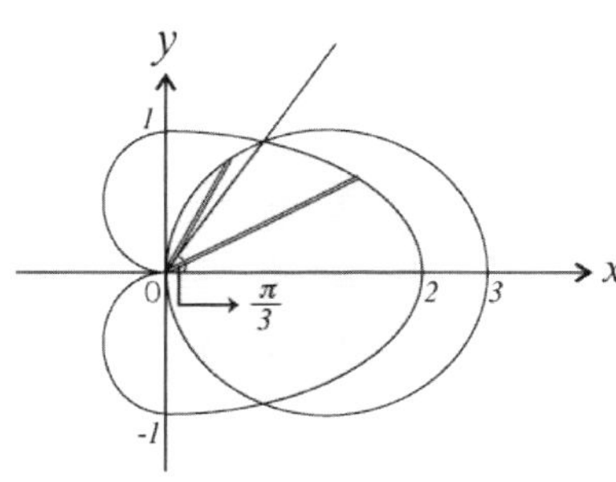

$\Rightarrow 1 + \cos\theta = 3\cos\theta$ 에서 $\cos\theta = \dfrac{1}{2}$ 이므로 $\theta = \dfrac{\pi}{3}$

그림에서 보는 것과 같이

$0°$에서 $60°\left(\dfrac{\pi}{3}\right)$까지 일 때 $r = 1 + \cos\theta$ 이고

$60°\left(\dfrac{\pi}{3}\right)$에서 $90°\left(\dfrac{\pi}{2}\right)$까지 일 때 $r = 3\cos\theta$ 이다.

색이 채워진 부분은 x축에 대해 대칭이므로 $0°$에서 $90°$까지만 면적을 구한 다음 두 배를 해주면 된다.

$S = 2\left[\dfrac{1}{2}\displaystyle\int_{0}^{\frac{\pi}{3}} r^2 d\theta + \dfrac{1}{2}\displaystyle\int_{\frac{\pi}{3}}^{\frac{\pi}{2}} r^2 d\theta\right] \left(\dfrac{1}{2}\displaystyle\int_{0}^{\frac{\pi}{3}} r^2 d\theta : r = 1 + \cos\theta, \dfrac{1}{2}\displaystyle\int_{\frac{\pi}{3}}^{\frac{\pi}{2}} r^2 d\theta : r = 3\cos\theta\right)$ 에서

$= \displaystyle\int_{0}^{\frac{\pi}{3}} (1 + \cos\theta)^2 d\theta + \displaystyle\int_{\frac{\pi}{3}}^{\frac{\pi}{2}} (3\cos\theta)^2 d\theta = 3.927$

정답 　　(1) 18.85　　(2) 3.927

4. Volume

1. Solid with Known Cross Sections
2. Solid of Revolution

Volume 구하기...

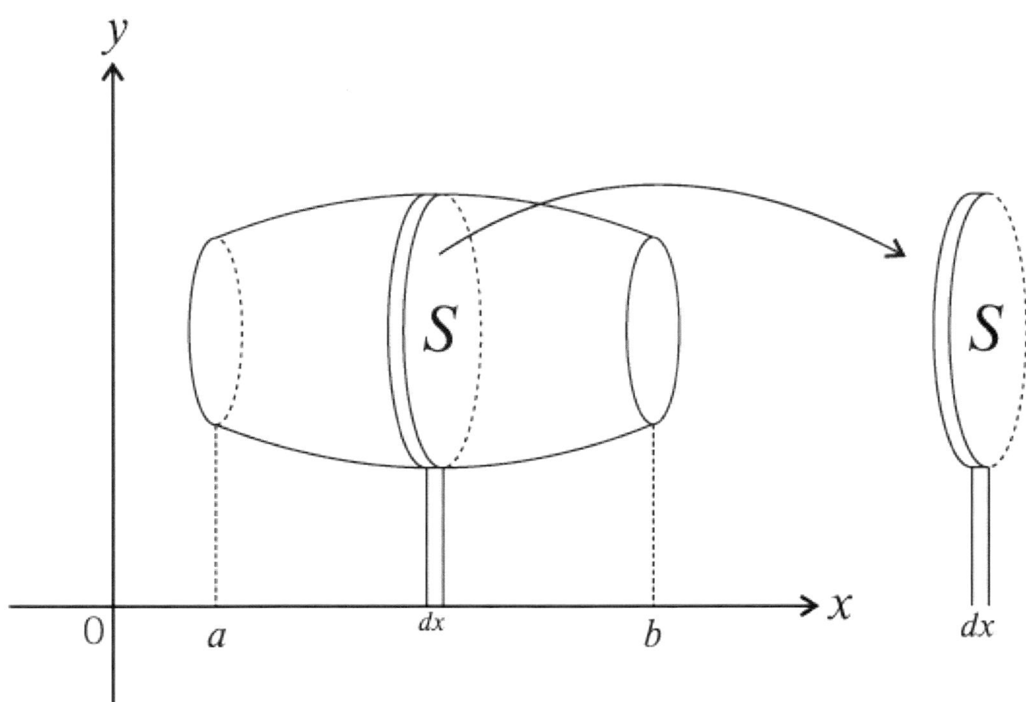

⇒ 작은 원기둥(Cylinder)의 부피(Volume)
$V = S \cdot dx$

⇒ a에서 b까지의 부피(Volume)는 …

(a에서 b까지 무수히 많은 합)　　　　　(~의)　　　　　(작은 원기둥의 부피)

$$\int_a^b \qquad\qquad (\text{of}) \qquad\qquad Sdx$$

그러므로, $V = \displaystyle\int_a^b Sdx$

본문에 들어가기에 앞서서 다음은 반드시 알아 두어야 한다.

Volume은 무조건 Cross Section Area × Height

모양이 일정하지 않는 물체의 Volume은 임의의 부분에서 작게 잘라서 무수히 많이 더하게 된다.

그러므로 $V = \displaystyle\int_a^b 작은\, Volume \Rightarrow V = \int_a^b \underline{(Cross\,Section\,Area)} \times \underline{(작은\,Height)}$

$$\Downarrow \qquad\qquad\qquad = dx \text{ or } dy$$

Cross Section 모양에 따라 다음과 같이 나뉜다.

1. Cross Section - Cross Section 모양이 Square, Semi-Circle과 같이 주어진다.
2. Revolution - Cross Section 모양이 Circle로 고정되어 있다.

정리해 보면 다음과 같다. (※ Cross Section Area를 C・S・A로 표현함)

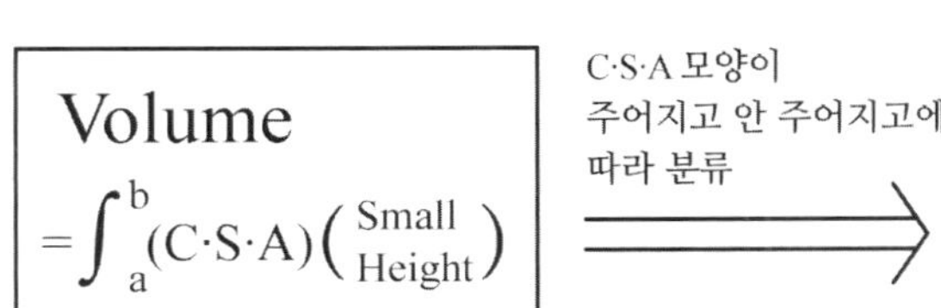

1.
다음과 같이 구한다.

Solid with Known Cross Sections

① 작은 입체의 부피 구하기.
⇒ 단면적 × 높이 $(dx$ or $dy)$

② 무수히 많이 더하기. ⇒ $\int$

③ 범위는 자른 축 범위로! ⇒ $\int_a^b S\,dx$ 또는 $\int_a^b S\,dy$

④ 작은 입체의 높이 $(dx$ or $dy)$ 와 같은 문자로 모두 통일!

다음의 예제들을 풀어보자.

EX 1 A solid with a circular base with equation $x^2 + y^2 = 4$, and all cross sections parallel to the y-axis are squares. Find the volume of the solid.

Solution

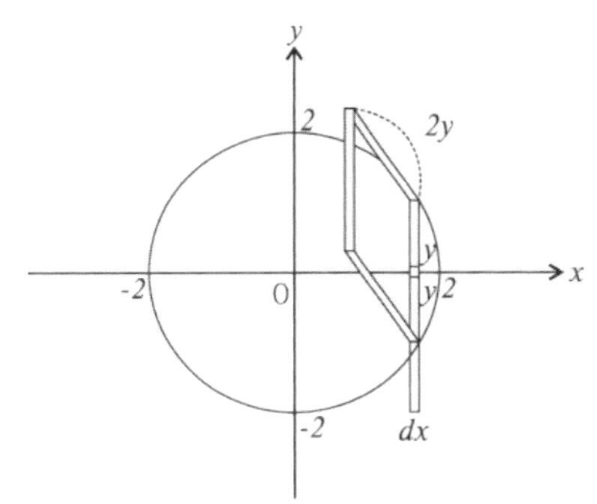

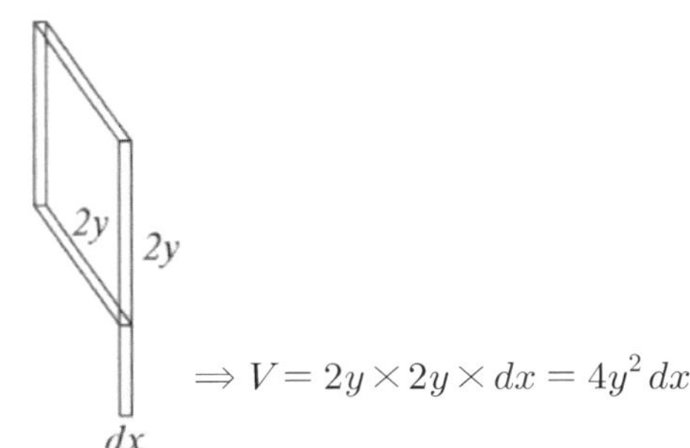

$$\Rightarrow V = 2y \times 2y \times dx = 4y^2\,dx$$

Volume	=	(-2에서 2까지 무수히 많은 합)	(~의)	(작은 사각형 부피)
V	=	$\displaystyle\int_{-2}^{2}$	(of)	$4y^2\,dx$

$$4\int_{-2}^{2} y^2\,dx$$

에서 x축을 잘랐으므로 모든 문자도 x로! $x^2 + y^2 = 4$에서 $y^2 = 4 - x^2$ 이므로

$$V = 4\int_{-2}^{2}(4 - x^2)\,dx = 8\int_{0}^{2}(4 - x^2)\,dx = 42.67 \qquad 그러므로\ V = 42.67$$

정답   V = 42.67

$\left(\text{EX 2}\right)$ The base of a solid is the region enclosed by a triangle whose vertices are $(0,0)$, $(2,0)$ and $(0,1)$. The cross sections are semicircles perpendicular to the x-axis. Find the volume of the solid in terms of π.

Solution

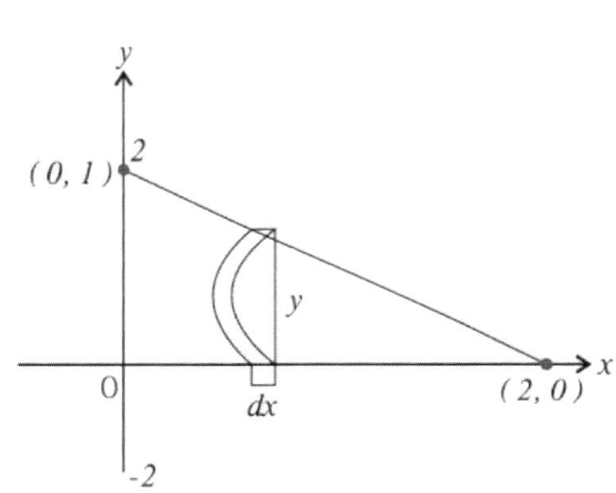

$\Rightarrow$ x축을 잘랐으니까 범위도 x축 범위로!

$\Rightarrow$ x축을 잘랐으니까 모든 문자도 x로!

$\Rightarrow$ 작은 반원기둥의 부피

$$\Rightarrow V = \frac{1}{2} \times \pi \times \left(\frac{y}{2}\right)^2 \times dx$$

Volume = (0에서 2까지 무수히 많은 합) (~의) (작은 반원기둥의 부피)

$$V = \int_0^2 \quad (\text{of}) \quad \frac{\pi}{8} \times y^2 \times dx \qquad \frac{\pi}{8} \int_0^2 y^2\, dx$$

에서 x축을 잘랐으므로 모든 문자도 x로!

직선의 방정식 $y = -\dfrac{1}{2}x + 1$을 대입하면 $V = \dfrac{\pi}{8} \int_0^2 \left(-\dfrac{1}{2}x + 1\right)^2 dx = \dfrac{\pi}{8} \times \dfrac{2}{3} = \dfrac{\pi}{12}$

정답 $\dfrac{\pi}{12}$

앞의 두 개의 예제를 통해서 "Solid with known cross sections" 에 대해서 다음과 같이 정리해두고자 한다. 이 방법을 안다면 쉽게 문제가 해결될 것이다.

Shim's Tip!

Solid with Known Cross Sections 쉽게 구하기.

① dx, dy를 결정한다.
(ex) all cross sections parallel to the y-axis $\cdots \Rightarrow dx$
  all cross sections perpendicular to the x-axis $\cdots \Rightarrow dx$

② 단면을 그린다.

| (ex) Square | Semicircle | Equilateral triangle |

$\Rightarrow$ Square (Base) $\Rightarrow$ Semicircle (Base) $\Rightarrow$ Equilateral triangle (Base)

③ 단면의 Base 길이를 구한다. dx인지 dy인지에 따라서 base 길이가 달라진다.
(ex) $(y_1(위) - y_2(아래))dx$, $(x_1(오른쪽) - x_2(왼쪽))dy$

④

$$V = \int_a^b (\blacksquare)dx$$

   → 단면 넓이(Base 길이 : $y_1 - y_2$)

$$V = \int_a^b (\square)dy$$

   → 단면 넓이(Base 길이 : $x_1 - x_2$)

Problem 1

The base of a solid is the region in the first quadrant by the parabola $y = \dfrac{1}{2}x^2$, the line $x = 2$, and the x-axis. Each plane section of the solid perpendicular to the x-axis is equilateral triangle. Find the volume of the solid.

Solution

① 정확히 그려봐서 구해본다.

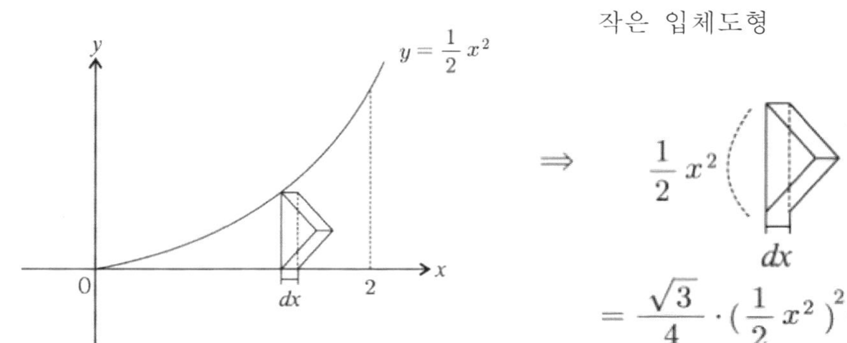

$\Rightarrow$ x의 범위가 $[0,\ 2]$이므로 작은 Volume을 무수히 많이 더하면 된다.

$$V = \int_0^2 (of)\ \frac{\sqrt{3}}{16}x^4\,dx = \frac{\sqrt{3}}{16}\int_0^2 x^4\,dx = \frac{\sqrt{3}}{16}\left[\frac{1}{5}x^5\right]_0^2 = \frac{\sqrt{3}}{80}\times 32 = \frac{2}{5}\sqrt{3}$$

② 공식으로만 쉽게 구해본다.
- $\cdots$ perpendicular to the x-axis $\cdots$ $\Rightarrow dx$

$\Rightarrow$

$$= \frac{\sqrt{3}}{4} \times \left(\frac{1}{2}x^2 \right)^2 \times dx \Rightarrow \int_0^2 \frac{\sqrt{3}}{16}x^4\,dx = \frac{2}{5}\sqrt{3}$$

정답 $\dfrac{2}{5}\sqrt{3}$

Problem 2

The base of a solid is the region in the first quadrant by the x-axis, the y-axis, and the line $2x + 4y = 12$.

(1) If cross sections of the solid perpendicular to the y-axis are squares, find the volume of the solid.

(2) If cross section of the solid parallel to the y-axis are semicircles, find the volume of the solid.

Solution

① 정확히 그려봐서 구해본다.

(1)

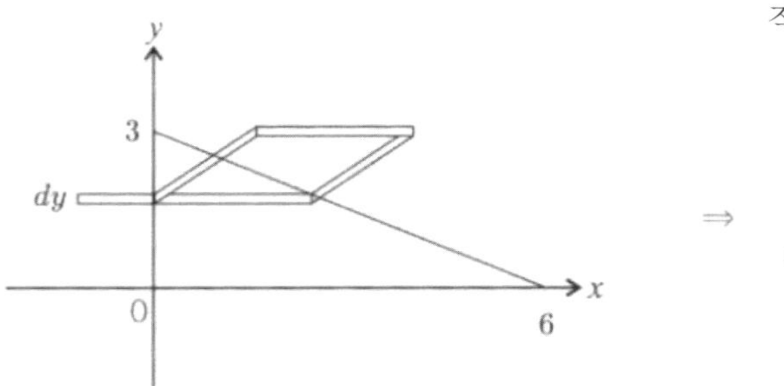

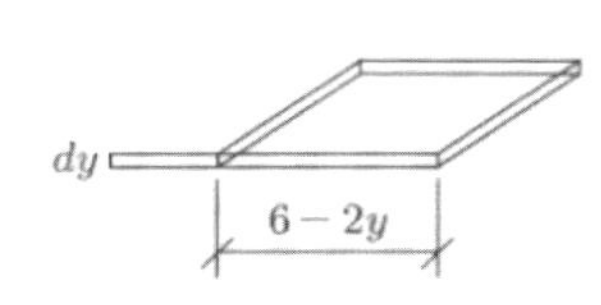

⇒ y의 범위가 [0, 3]이므로 작은 Volume을 무수히 많이 더하면 된다.

$$V = \int_0^3 (of)\,(6 - 2y^2)^2\,dx = \int_0^3 (6 - 2y^2)^2\,dy, \quad 6 - 2y = t \quad \text{에서} \quad -2 = \frac{dt}{dy}$$

$$= -\frac{1}{2} \int_6^0 t^2\,dt = \frac{1}{2} \int_0^6 t^2\,dt = \frac{1}{2} \left[\frac{1}{3} t^3 \right]_0^6 = \frac{1}{6} (6^3) = 36$$

Solution

(2)

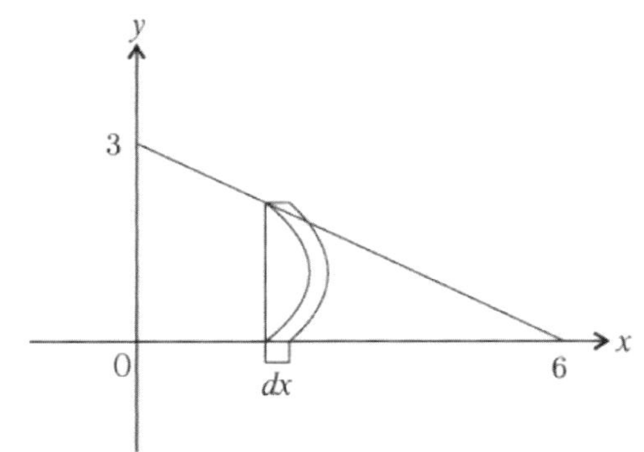

작은 입체도형

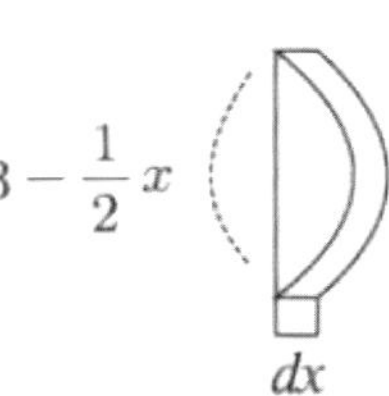

⇒ x의 범위가 [0, 6]이므로 작은 Volume을 무수히 많이 더하면 된다.

$$V = \int_0^6 \frac{1}{2} \pi \left(\frac{1}{2} y \right)^2 dx = \frac{\pi}{8} \int_0^6 y^2 \, dx \ \text{에서} \ y = -\frac{1}{2} x + 3 \ \text{이므로} \ \frac{\pi}{8} \int_0^6 \left(-\frac{1}{2} x + 3 \right)^2 dx$$

$$u = -\frac{1}{2} x + 3 \ \text{에서} \ \frac{du}{dx} = -\frac{1}{2} . \ \text{그러므로} \ -\frac{\pi}{4} \int_3^0 u^2 \, du = \frac{\pi}{4} \int_0^3 u^2 \, du = \frac{\pi}{4} \left[\frac{1}{3} u^3 \right]_0^3 = \frac{9}{4} \pi$$

② 공식으로만 쉽게 구해본다.

(1) · … perpendicular to the y-axis … ⇒ dy

$$\Rightarrow \int_0^3 (\text{단면넓이}) \, dy$$

y 범위 (위), y 범위 (아래)

Area
$$\Rightarrow (6 - 2y)^2$$

Base $(x_1 - x_2 = \{ (6 - 2y) - 0 \})$

$$\Rightarrow \int_0^3 (6 - 2y)^2 \, dy = 36$$

Solution

(2) • ⋯ parallel to the y-axis ⋯ $\Rightarrow dx$ 　　　　　Area $\Rightarrow \dfrac{1}{8}\pi\left(3-\dfrac{1}{2}x\right)^2$

$$\Rightarrow \int_{0}^{6} \overbrace{(\,단면넓이\,)}^{x\,범위}\,dx$$

x 범위

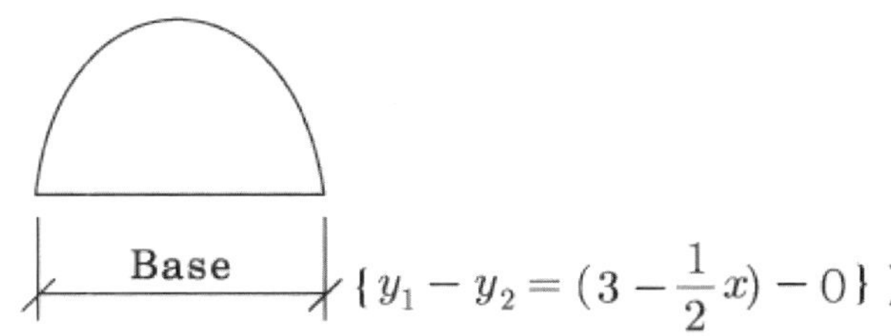

$$\Rightarrow \frac{\pi}{8}\int_{0}^{6}\left(3-\frac{1}{2}x\right)^2 dx = \frac{9}{4}\pi$$

정답　　(1) 36　　　(2) $\dfrac{9}{4}\pi$

Problem 3

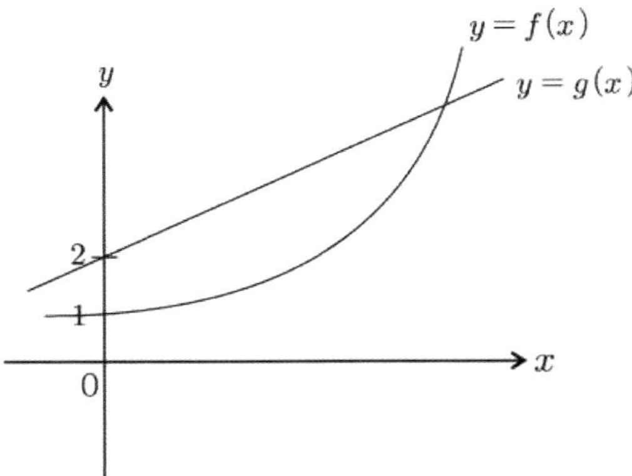

Let f and g the functions given by $f(x) = e^x$ and $g(x) = x + 2$. Let S be the region in the first quadrant enclosed by the graphs of f and g as shown in the figure above.

The region S is the base of a solid. For this solid, the cross sections perpendicular to the x-axis are squares with diameters extending from $y = f(x)$ to $y = g(x)$.

Find the volumes of this solid.

Solution

먼저 $f(x) = g(x)$ 인 x값을 계산기로 찾아보면 $x = 1.146$, 공식으로만 구해보면

• $\cdots$ perpendicular to the x-axis $\cdots \Rightarrow dx$

$$\Rightarrow \int_{0}^{1.146} (\text{단면넓이}) \, dx$$

x범위

Area $\Rightarrow (x + 2 - e^x)^2$

Base $\{y_1 - y_2 = g(x) - f(x) = x + 2 - e^x\}$

$$\Rightarrow \int_{0}^{1.146} (x + 2 - e^x)^2 \, dx = 0.659$$

정답   0.659

2. Solid of Revolution

고정된 축(axis)을 기준으로 회전시켜 얻어지는 부피. 즉, 회전체의 부피이다. 필자는 회전축을 자르고 안 자르고에 따라서 회전체의 부피를 다음과 같이 분류하였다.

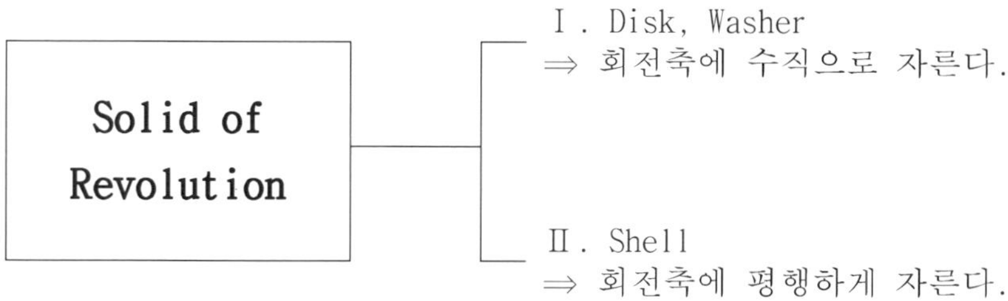

Ⅰ. Disk, Washer

Disk 와 Washer는 다음과 같다.

① Disk   ② Washer

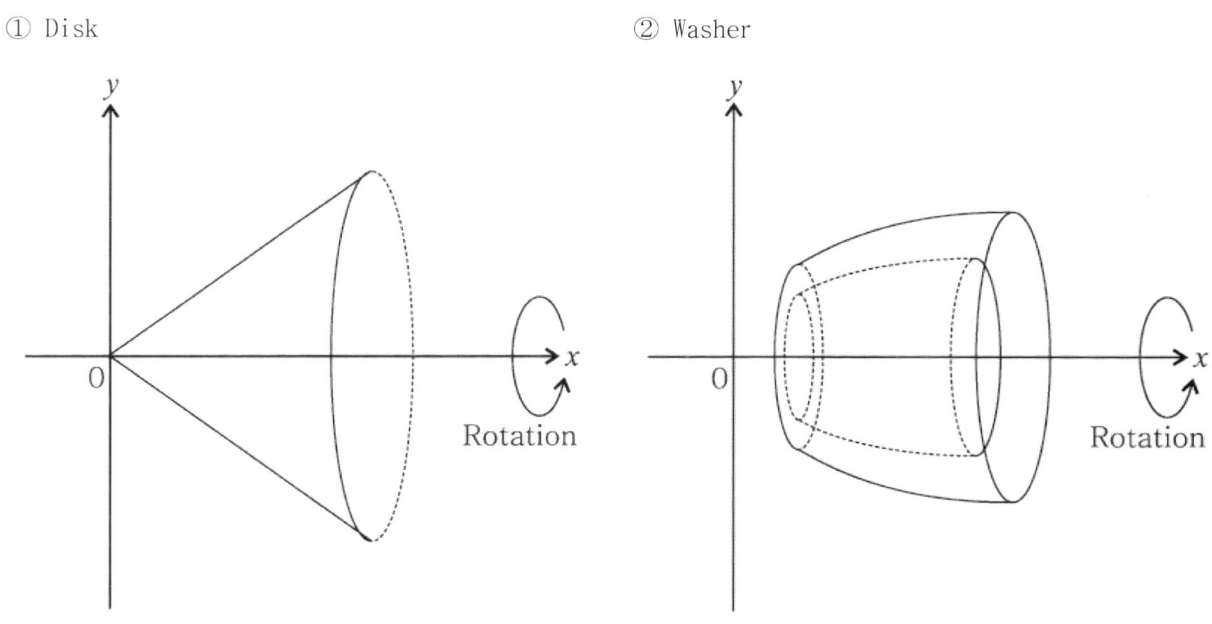

예를 들어, $y = e^x$를 [1, 3]에서 x축을 기준으로 회전시켜 얻어지는 부피를 구해보자.

① $y = e^x$의 그래프를 그리고 x축 둘레로 회전시킨다.

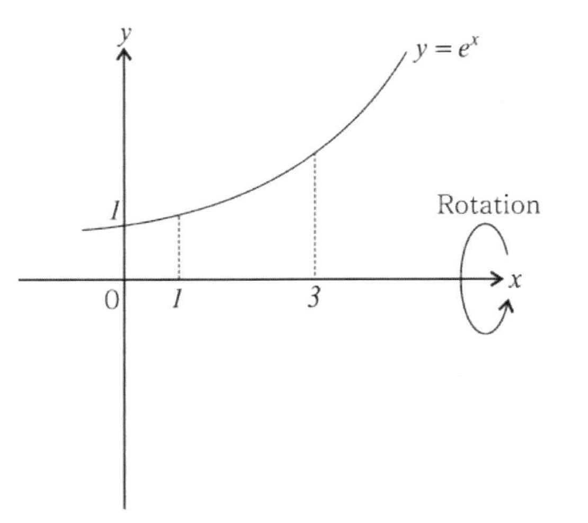

$\Rightarrow$

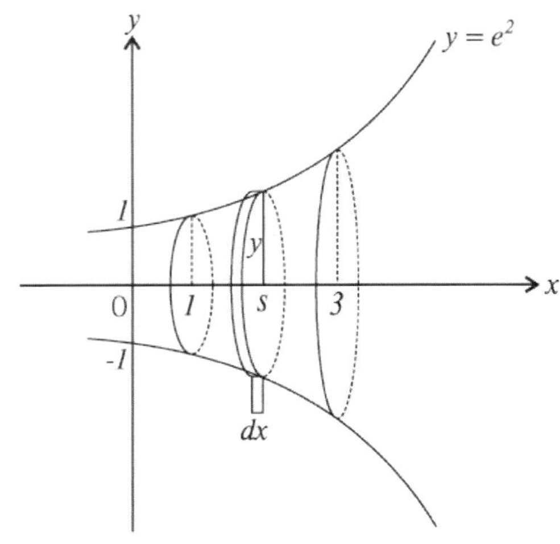

②

$$([1, 3]까지의\ 무한히\ 많은\ 합 \qquad (\sim의) \qquad (작은\ 원기둥)$$

$$\int_1^3 \qquad\qquad (\text{of}) \qquad Sdx \qquad = \int_1^3 Sdx$$

③ $S = \pi r^2$ 이므로 $\pi \displaystyle\int_1^3 r^2\,dx$

④ x축을 잘랐으니까 범위도 x범위, 모든 문자도 x로! 위의 그림에서 $r = y$이다.

그러므로, $r = y = e^x \cdots$ 이므로 $\pi \displaystyle\int_1^3 r^2\,dx = \pi \int_1^3 y^2\,dx = \pi \int_1^3 (e^x)^2\,dx = \pi \int_1^3 e^{2x}\,dx$

⑤ 그러므로, 회전체의 부피 $V = \pi \displaystyle\int_1^3 e^{2x}\,dx$ 에서 $2x = t$라고 치환(Substitution)하고 양변을 x에 대

해서 미분(Differentiation)하면 $2 = \dfrac{dt}{dx}$에서 $dx = \dfrac{1}{2}\,dt$

$x = 3$일 때 $t = 6$, $x = 1$일 때 $t = 2$이므로

$$V = \pi \int_2^6 \frac{e^t}{2}\,dt = \frac{\pi}{2} \int_2^6 e^t\,dt = \frac{\pi}{2}\,[e^t]_2^6 = \frac{\pi}{2}\,(e^6 - e^2)$$

이번에는 $y = e^x$ 를 $[2, 4]$에서 y축을 기준으로 회전시켜 얻어지는 부피를 구해보자.

① $y = e^x$ 의 그래프를 그리고 y축 둘레로 회전시킨다.

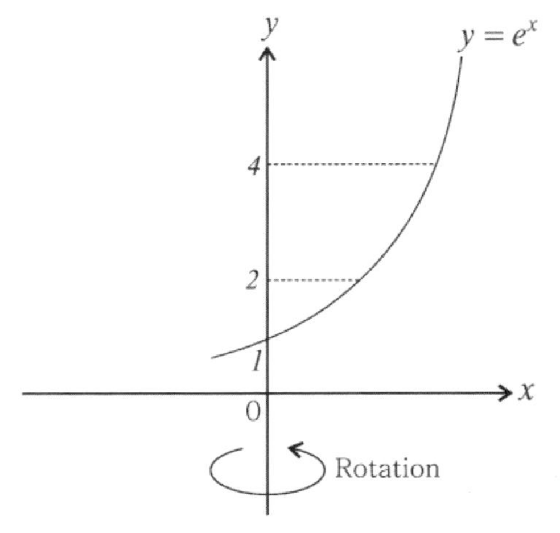

$\Rightarrow$

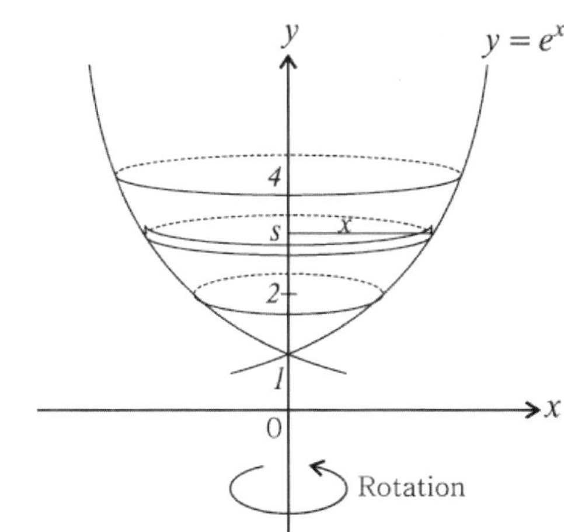

②

$$
\begin{array}{cccc}
([2,4]\text{까지의 무한히 많은 합} & (\sim\text{의}) & (\text{작은 원기둥}) & \\
\displaystyle\int_2^4 & (\text{of}) & Sdy & = \displaystyle\int_2^4 Sdy
\end{array}
$$

③ $S = \pi r^2$ 이므로 $\displaystyle \pi \int_2^4 r^2\, dx$

④ y축을 잘랐으니까 범위도 y범위, 모든 문자도 y로! 위의 그림에서 $r = x$이다.

그러므로, $r = x = \ln y \cdots$ ($\text{\%} y = e^x \Rightarrow x = \ln y$) 이므로 $\displaystyle \pi \int_2^4 r^2\, dy = \pi \int_2^4 x^2\, dy = \pi \int_2^4 (\ln y)^2\, dy$ 에서

⑤ 그러므로, 회전체의 부피는 (계산기 사용) $V = \displaystyle \pi \int_2^4 (\ln y)^2\, dy = 7.57$

이번에는 $y = e^x$를 $[1, 3]$에서 $y = -1$ 을 기준으로 회전시켜서 얻어지는 부피(Volume)를 구해보자.

x축이나 y축으로 회전시키는 경우가 아닐 때에는 일단 x축이나 y축으로 이동시킨 후 구한다.

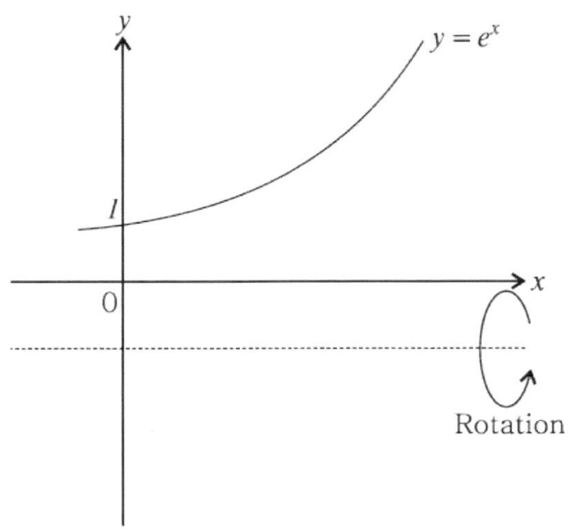

$\Rightarrow$ y축으로 +1만큼 이동!

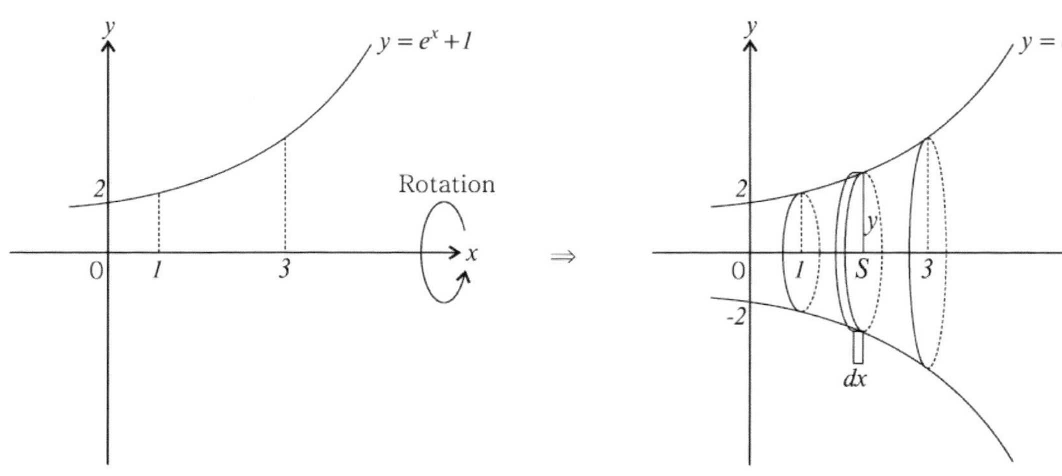

$\Rightarrow$ y축으로 +1 이동하여 회전축이 x축이 되었다.

$\Rightarrow$ 앞에서 구한 것과 같은 방법으로 구한다.

$$V = \int_1^3 S\,dx = \pi \int_1^3 r^2\,dx = \pi \int_1^3 y^2\,dx = \pi \int_1^3 (e^x + 1)^2\,dx \quad \text{에서 계산기를 사용하면} = 737.5$$

지금까지의 내용을 정리해보면 …

반드시 암기하자!

Disk, Washer의 Volume은 …

① 항상 x, y축 기준으로 돌린다. ⇒ ② 회전축을 자른다.
⇒ ③ 범위도 회전축 범위 (즉, 자른 범위) ⇒ ④ 회전축 문자로 모두 표현

Volume

Disk

(**EX 1**) Find the volume of the solid generated when the region bound by $y = e^x$, $x = 0$, $x = 3$ and $y = 0$ is rotated about x-axis.

Solution

①

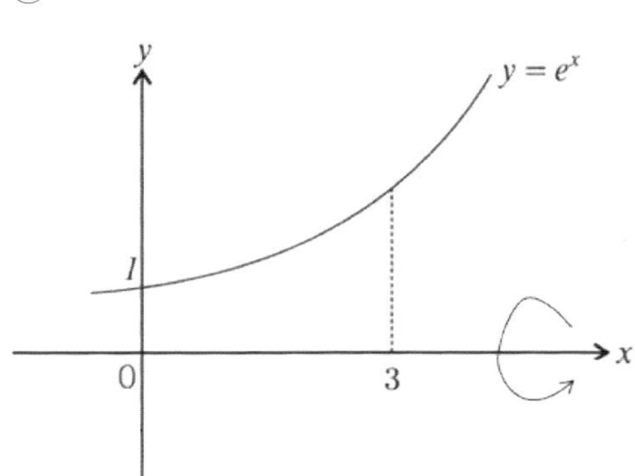

②

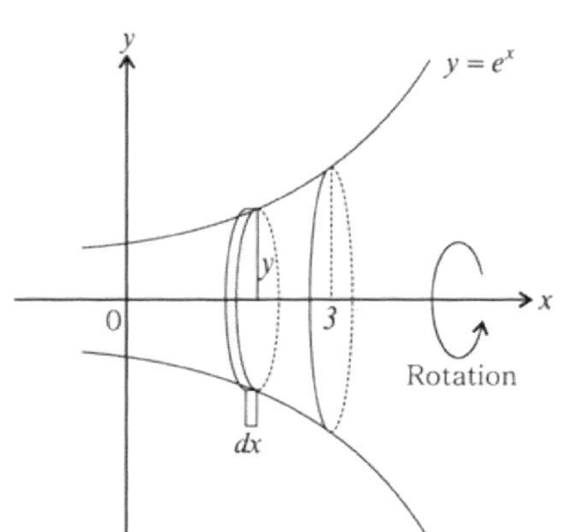

③ 회전축을 잘라야 하므로 x축을 자르고 범위도 x축 범위!

$$\Rightarrow \int_0^3 S\,dx = \pi \int_0^3 r^2\,dx = \pi \int_0^3 y^2\,dx = \pi \int_0^3 e^{2x}\,dx$$

④ 그러므로 $V = \pi \int_0^3 e^{2x}\,dx = \dfrac{\pi}{2}(e^6 - 1)$

정답 $\dfrac{\pi}{2}(e^6 - 1)$

Washer

$\begin{pmatrix} \textbf{EX 2} \end{pmatrix}$ Find the volume of the solid generated when the region bound by the curve $y = x^2$ and the line $y = x$, from $y = 0$ to $y = 1$ is revolved about the y-axis.

Solution

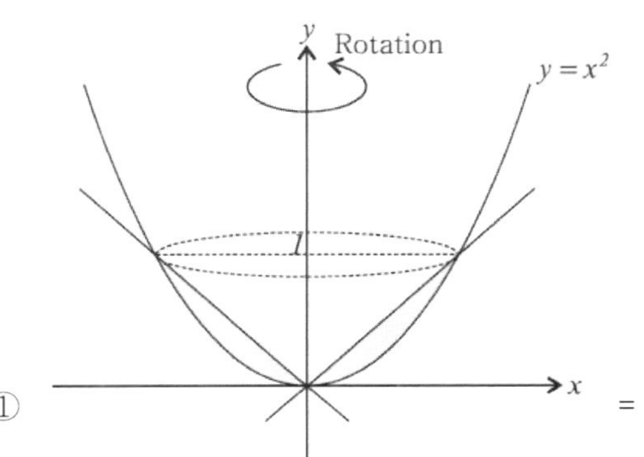

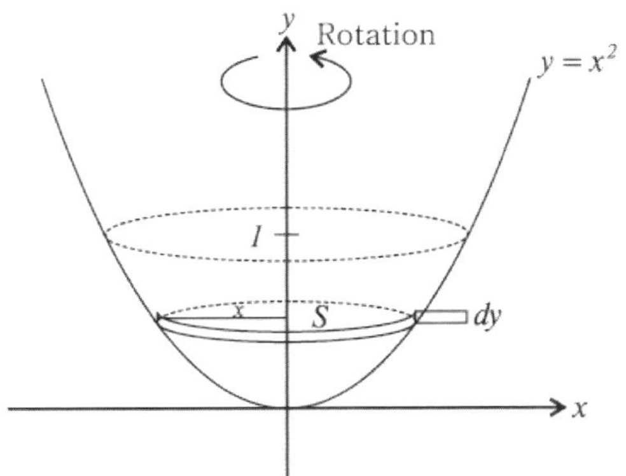

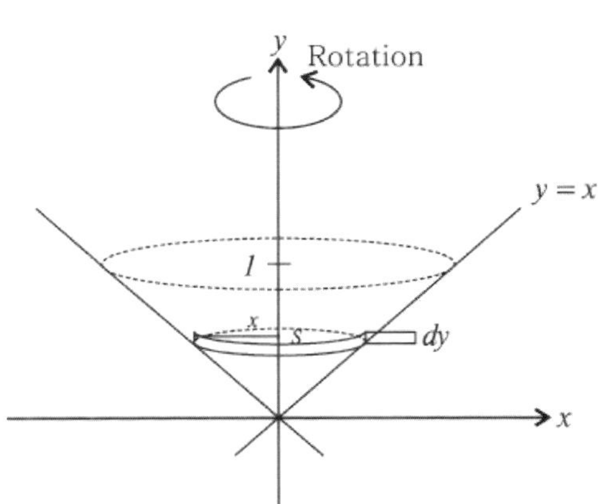

$$\int_0^1 S\,dy = \pi \int_0^1 r^2\,dy = \pi \int_0^1 x^2\,dy = \pi \int_0^1 y\,dy \qquad \int_0^1 S\,dy = \pi \int_0^1 r^2\,dy = \pi \int_0^1 x^2\,dy = \pi \int_0^1 y^2\,dy$$

$$= \pi \int_0^1 y\,dy - \pi \int_0^1 y^2\,dy = \pi([\frac{1}{2}y^2]_0^1 - [\frac{1}{3}y^3]_0^1) = \pi(\frac{1}{2} - \frac{1}{3}) = \frac{1}{6}\pi$$

정답 $\dfrac{1}{6}\pi$

앞의 두 개의 예제를 통해서 "Disk/Washer"에 대해서 다음과 같이 정리해 두고자 한다. 쉽게 문제를 해결하고 싶은 학생들은 다음 필자가 제시하는 방법을 숙지하기 바란다.

Shim's Tip!

Disk and Washer 쉽게 구하기.

① 회전축을 자르면 단면은 무조건 원이 된다.

② x축 둘레로 회전하면 x축을 자르고 단면인 원의 반지름은 y값의 차이가 된다.
③ y축 둘레로 회전하면 y축을 자르고 단면인 원의 반지름은 x값의 차이가 된다.
· x축 둘레로 회전 (dx, 범위도 x범위, r도 x에 대해서 …)

$$\int_a^b (\pi r_1^2 - \pi r_2^2)dx = \pi \int (y_1^2 - y_2^2)dx$$

· y축 둘레로 회전 (dy, 범위도 y범위, r도 y에 대해서 …)

$$\int_a^b (\pi r_1^2 - \pi r_2^2)dy = \pi \int (x_1^2 - x_2^2)dy$$

$$\boxed{\text{x축 둘레로 회전!}} \Rightarrow \pi \int_a^b \left(\underset{\substack{\text{위}\\ \text{바깥쪽}}}{y_1^2} - \underset{\substack{\text{아래}\\ \text{안쪽}}}{y_2^2} \right) \underset{\text{x범위}}{dx}$$

$$\boxed{\text{y축 둘레로 회전!}} \Rightarrow \pi \int_a^b \left(\underset{\substack{\text{오른쪽}\\ \text{바깥쪽}}}{x_1^2} - \underset{\substack{\text{왼쪽}\\ \text{안쪽}}}{x_2^2} \right) \underset{\text{y범위}}{dy}$$

※ 바깥쪽과 안쪽은 그림을 통해서나 수를 대입해 봐도 바로 알 수 있지만 혹시 실수로 반대로 빼주게 되면 Volume이 Negative값으로 나오게 되기 때문에 잘못 뺀 것을 알 수 있게 된다.

Problem 4

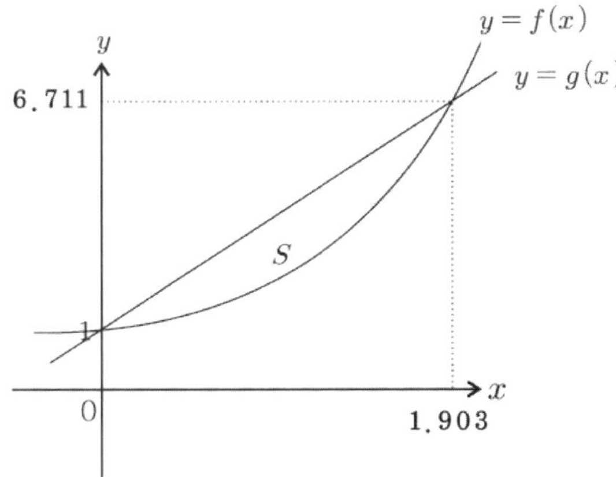

Let f and g be the functions given by $f(x) = e^x$ and $g(x) = 3x+1$.
Let S be the region in the first quadrant enclosed by the graphs of f and g as shown in the figure above.

(1) Find the volume of the solid generated when S is revolved about the $x-$axis.

(2) Find the volume of the solid generated when S is revolved about the $x=-1$.

Solution

① 정확히 그려봐서 구해본다.

(1)

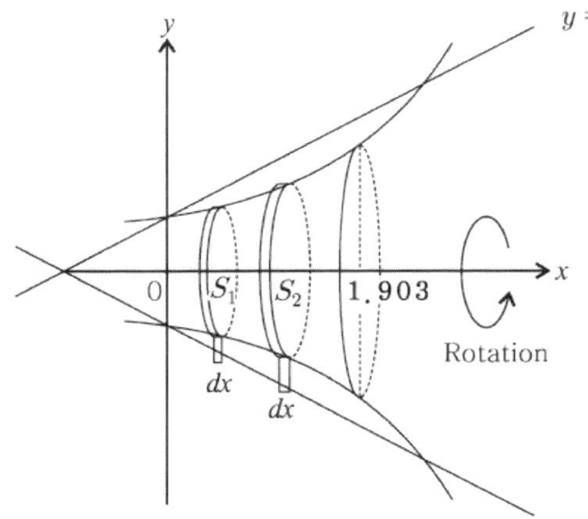

$$\Rightarrow V = \int_0^{1.903} S_1\,dx - \int_0^{1.903} S_2\,dx$$

$$= \int_0^{1.903} \pi y_1^2\,dx - \int_0^{1.903} \pi y_2^2\,dx$$

$$= \pi \int_0^{1.903} \left\{ (3x+1)^2 - e^{2x} \right\}dx$$

$$\approx 35.99$$

(2) x축으로 $+1$만큼 이동하여 회전축이 y축이 되도록 한다.

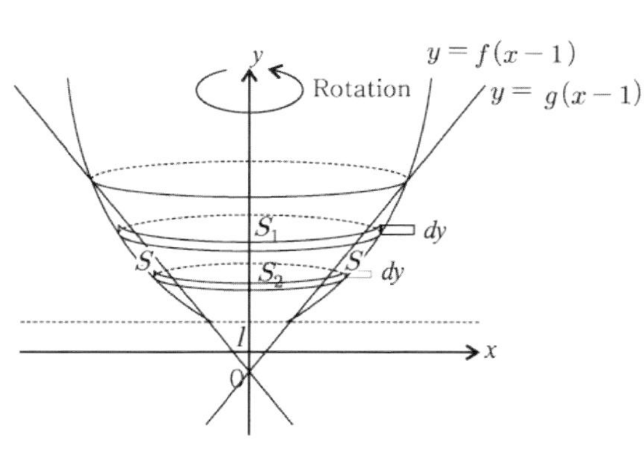

$$\Rightarrow \begin{cases} f(x-1) = e^{x-1} \\ g(x-1) = 3x-2 \end{cases}$$

$$\Rightarrow V = \int_1^{6.711} S_1\,dy - \int_1^{6.711} S_2\,dy$$

$$= \int_1^{6.711} \pi x_1^2\,dy - \int_1^{6.711} \pi x_2^2\,dy$$

$$= \pi \int_1^{6.711} \left\{ (\ln y + 1)^2 - \left(\frac{y+2}{3} \right)^2 \right\}dy$$

$$\approx 20.58$$

$$\Uparrow$$

$$\begin{cases} x_1 = \ln y + 1 \\ x_2 = \dfrac{y+2}{3} \end{cases}$$

Solution

② 공식으로만 쉽게 구해본다.

(1) x축의 둘레로 회전하므로

$$V = \pi \int_0^{1.903} (y_1^2 - y_2^2)dx = \pi \int_0^{1.903} \{(3x+1)^2 - e^{2x}\}dx \approx 35.99$$

(2) x축으로 +1만큼 이동한 후 y축 둘레로 회전하므로

$$V = \pi \int_1^{6.711} (x_1^2 - x_2^2)dy = \pi \int_1^{6.711} \left\{(\ln y + 1)^2 - \left(\frac{y+2}{3}\right)^2\right\}dy \approx 20.58$$

정답　　　　(1) 35.99　　　(2) 20.58

Ⅱ. Shell

예를 들어, $y = x^3 + x + 3$, $x = 0$, $y = 0$으로 둘러싸인 부분의 면적을 y축 둘레로 회전시켜 생기는 입체의 부피를 구한다고 해보자.

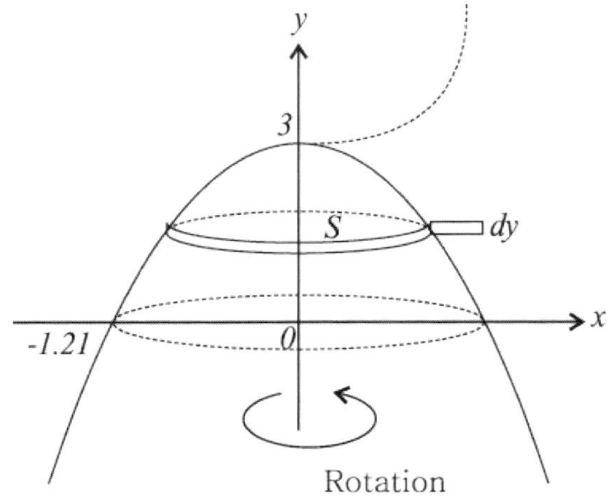

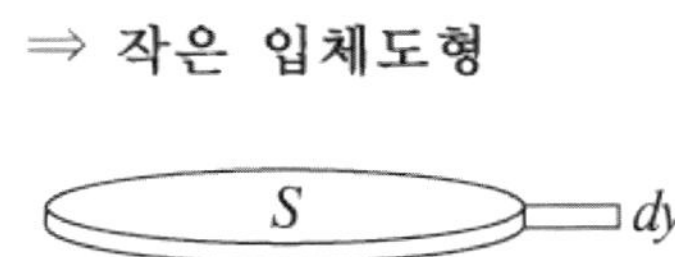

$$V = \int_0^3 S\,dy = \pi \int_0^3 r^2\,dy = \pi \int_0^3 x^2\,dy \cdots$$

$\pi \displaystyle\int_0^3 x^2\,dy$ 여기서 x^2은 y에 대한 식으로 나타내어야 하지만 $y = x^3 + x + 3$을 x^2에 대해 정리하기란 너무 어렵다. 이런 경우에 Shell Method를 사용한다.

그렇다면, Shell Method는 언제 사용하는가?
① 모든 경우, 즉 Washer, Disk 모두 Shell Method로 구할 수 있다.
② $y = x^3 + x + 3$일 때, $\pi \displaystyle\int_a^b x^2\,dy$에서 x^2에 대해 정리하기가 어려운 경우에 사용한다.

여기서 필자는 Shell Method에 대해서 자세히 설명을 하겠지만 대부분 학생들이 Shell에 대해서 그림으로 잘 해결을 못하는 것이 현실이다. 그러므로, 필자 나름대로의 방법을 알려드리고자 한다. 그 방법과 공식을 암기해서 풀어도 좋다.

일단 다음의 예제를 풀이와 함께 읽어보도록 하자. 특히, 두 번째 풀이에 좀 더 집중해서 보기 바란다.

$\left(\textbf{EX 1}\right)$ Find the volume of the solid formed by revolving the region bounded by the graphs of $y = x^2 + 2$, $y = 0$, $x = 0$, and $x = 2$ about the y-axis.

Solution

① 회전축을 잘라서 구한다! $\Rightarrow$ Disk Method.

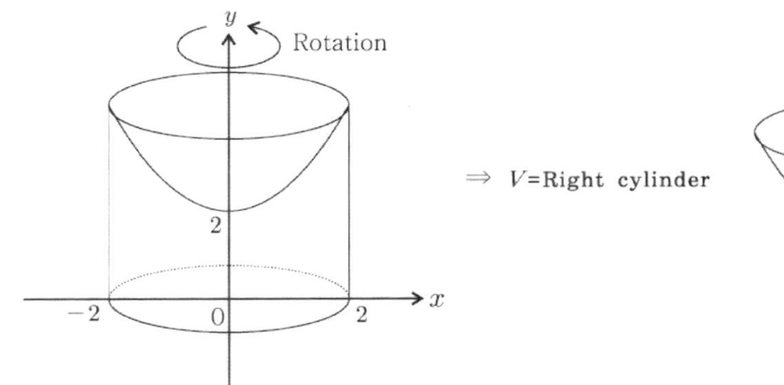

$$\Rightarrow \pi \cdot 2^2 \cdot 6 - \int_2^6 S\,dy \Rightarrow 24\pi - \pi \int_2^6 x^2\,dy \Rightarrow 24\pi - \pi \int_2^6 (y-2)\,dy \quad \text{이므로}$$

$$V = 24\pi - \pi\left[\frac{1}{2}y^2 - 2y\right]_2^6 = 16\pi$$

② 회전축에 평행하게 자른다. $\Rightarrow$ Shell Method.

⇒ 작은 사각형을 y축에 대해 풀리면 Shell 모양이 된다.

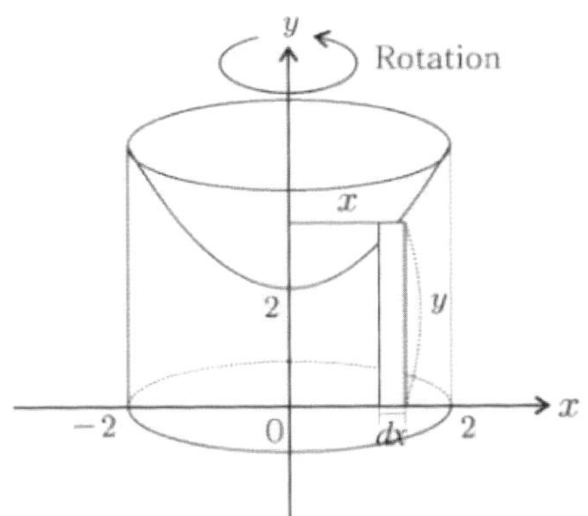

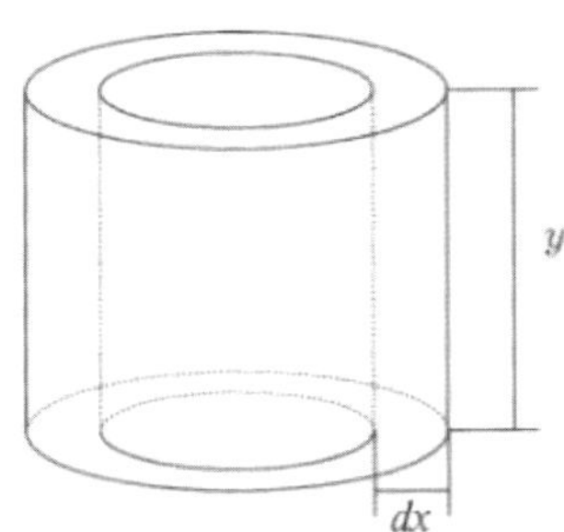

Solution

⇒ 실제 회전체의 모양

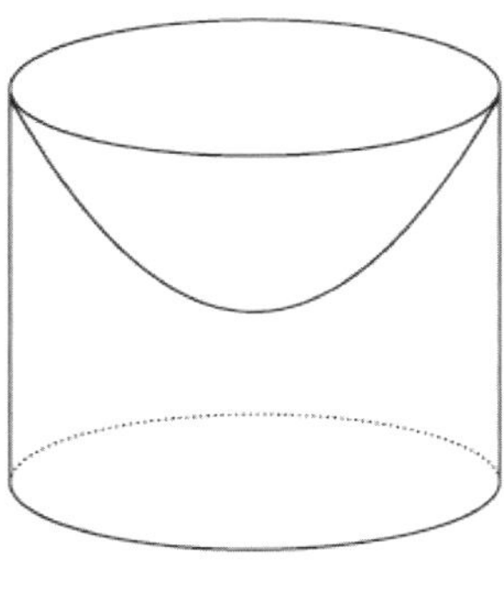

⇒
- 작은 사각형을 y축에 대해 돌려서 Shell 모양이 되었다.
- Shell은 얇은 두께 (dx)를 0부터 2까지 무수히 많이 더한다.

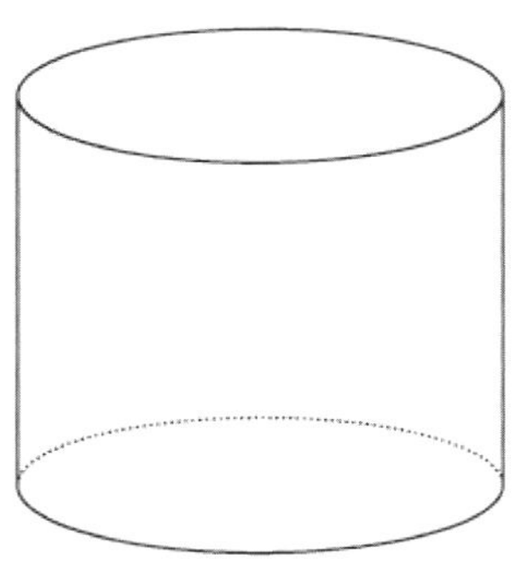

⇒ 이와 같은 Cylinder 모양이 되었다.

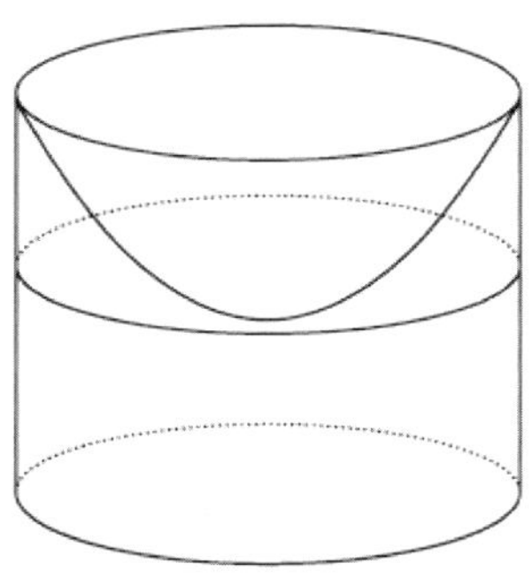

⇒ 이와 같은 Cylinder 모양이 되었다.

즉, 실제 회전체에 부피(Volume)를 Shell의 얇은 두께를 무수히 많이 더하여 만든 Cylinder 부피로 대략 비슷하게 구하는 것이다.

즉, | 실제 회전체의 부피 | $\approx$ | Shell을 무수히 많이 더한 입체 도형의 부피 |

Solution

그래서 다음과 같이 구한다.

[0, 2]에서 무수히 많이
　　　더함　　　　　　~의　　　　　　　　　　Shell의 Volume

$$\int_0^2 \qquad (of)$$

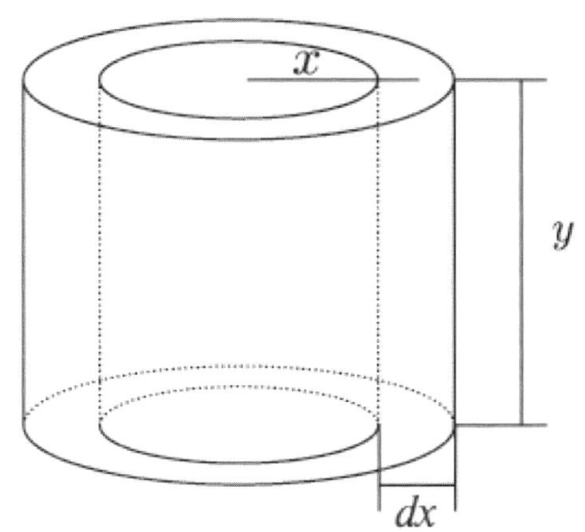

⇒ Shell을 펼친다.

$$\int_0^2 \qquad (of)$$

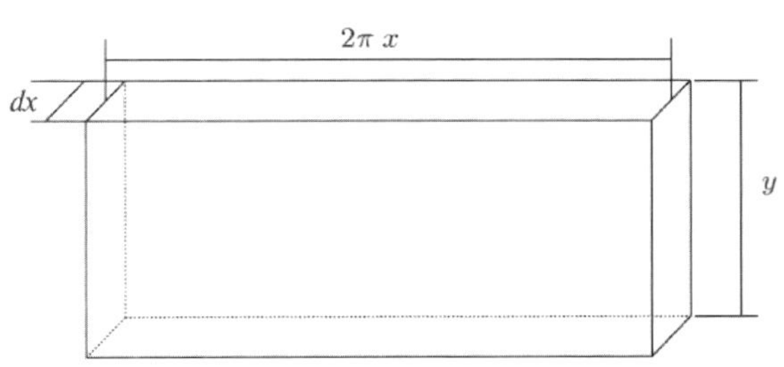

$$\Rightarrow V = 2\pi \int_0^2 x \underbrace{\ h\ }_{=y} \, dx \ \text{에서} \ h = y = x^2 + 2 \ \text{이므로,}$$

$$V = 2\pi \int_0^2 (x^3 + 2x)\,dx = 2\pi \left[\frac{1}{4}x^4 + x^2 \right]_0^2 = 2\pi(8) = 16\pi$$

정답　　　16π

앞에서 본 것처럼 Disk Method로 Volume을 구하거나 Shell Method로 구하나 결과는 같다.
필자 나름대로 Shell Method를 사용하여 앞에서와 같이 풀어 보았다. 앞으로의 모든 Shell은 필자가 제시하는 방법으로 모두 풀린다.

다음의 설명을 암기하면 Shell 문제는 쉽게 해결할 수 있다.

Shim's Tip!

Shell Method

① x축 둘레로 회전 $\Rightarrow dy$
　 y축 둘레로 회전 $\Rightarrow dx$

②

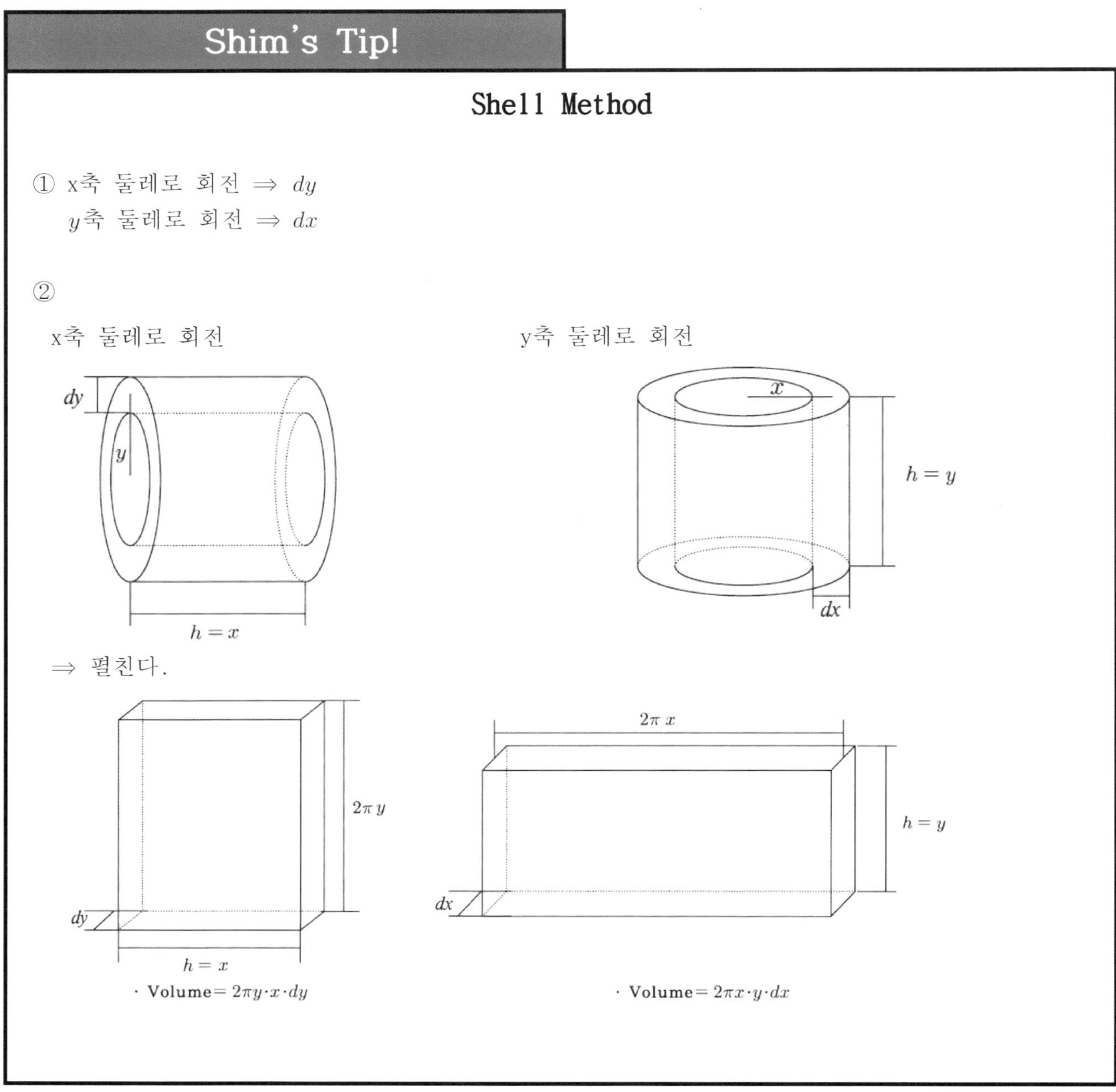

Shim's Tip!

③ Shell을 무수히 많이 더한다.

· x축 둘레로 회전

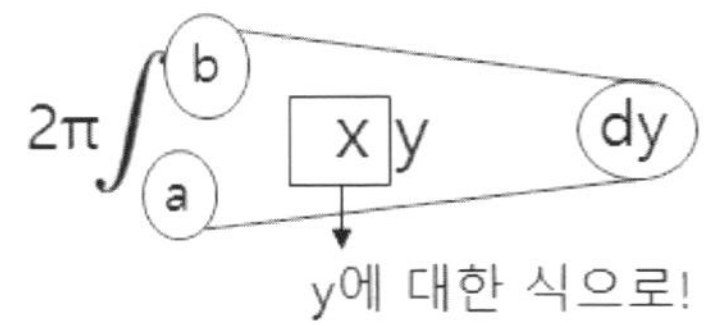

V =   y에 대한 식으로!

· y축 둘레로 회전

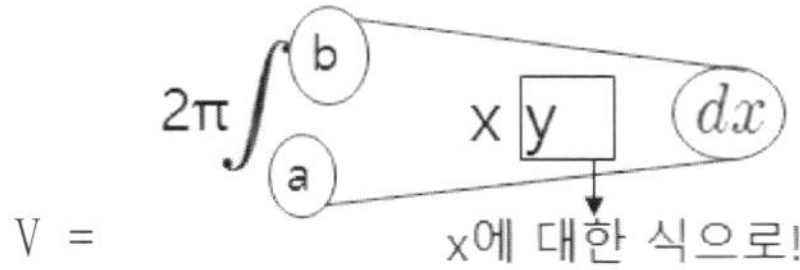

V =   x에 대한 식으로!

④ 결론 … (암기 합시다!)

· x축 둘레로 회전

$$V = 2\pi \int_a^b xy\,dy \quad : \quad x를\ y에\ 대한\ 식으로!$$

· y축 둘레로 회전

$$V = 2\pi \int_a^b xy\,dx \quad : \quad y를\ x에\ 대한\ 식으로!$$

Problem 5 

Find the volume of the solid of revolution formed by revolving the region bounded by $y = 4x - x^3$ and the $y = 0$ $(0 \leq x \leq 2)$ about the y-axis.

Solution

주어진 조건을 직접 그려보면 …

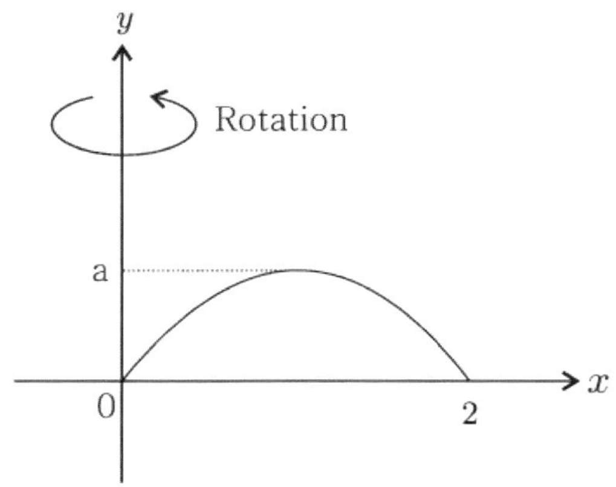

회전축을 잘라서 구하기가 쉽지가 않다. 또한 Disk Method로 풀기 위해 공식을 사용해보면 $V = \pi \int_0^a (x_1^2 - x_2^2)dy$ 에서 x_1^2을 y에 대해서 정의하기가 쉽지 않다. 이런 경우에는 Shell Method 를 이용한다.

① 정확히 그려봐서 구한다.

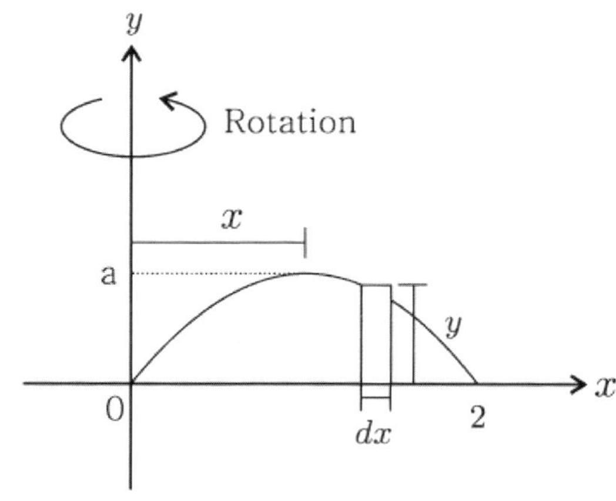

Solution

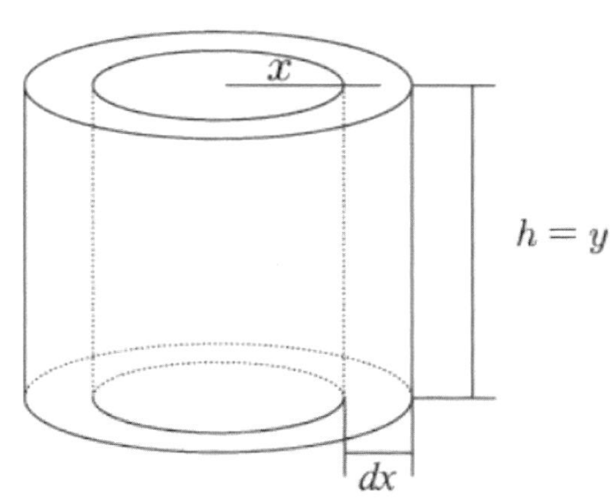

$$V = \int_0^2 \qquad \text{(of)}$$

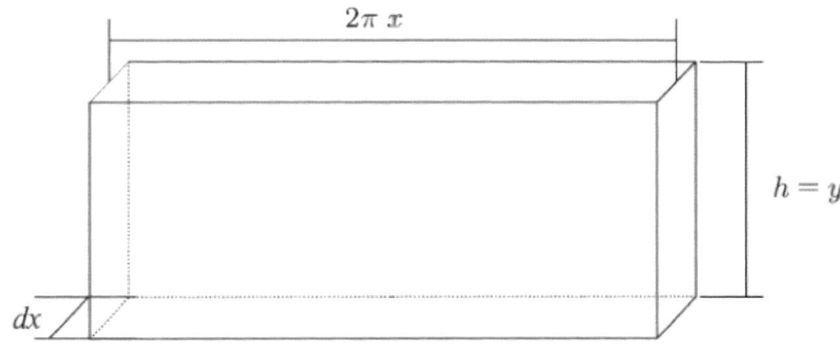

$\Rightarrow$ 펼친다

$$\Rightarrow V = \int_0^2 2\pi xy\,dx = 2\pi \int_0^2 xy\,dx \quad (\text{※}\, y = 4x - x^3) \quad \Rightarrow V = 2\pi \int_0^2 (4x^2 - x^4)\,dx \approx 8.53\pi$$

② 공식으로 쉽게 구한다.
y축 둘레로 회전하므로

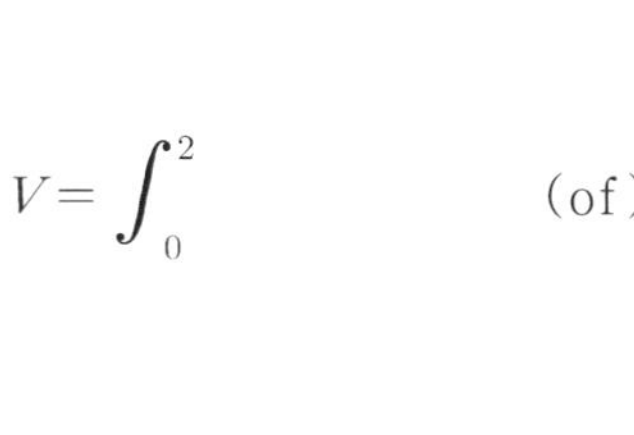

$$V = 2\pi \int_0^2 x\,\boxed{y}\;dx$$

x범위 $(\text{※}\; y = 4x - x^3) \quad \Rightarrow V = 2\pi \int_0^2 (4x^2 - x^4)\,dx \approx 8.53\pi$

정답 8.53π

심선생의 주절주절 잔소리 3

"문과 성향이고 문과로 지원하려 하는데 수학은 적당히 하면 되지 않나요?" 필자는 이러한 질문들도 많이 받는다. 이에 대해 이런 답변을 많이 준다. "수학을 전공하던 공대에 진학을 하더라도 수학을 적당히 해도 상관이 없습니다. 단, 원하는 대학이 어느 수준입니까?"라는 대답을 내 놓는다. 문과 이과는 한국에 존재하는 것이지 미국에는 존재하지 않는다. 미국은 우리나라처럼 문과가 해야 할 분량과 이과생이 해야 할 분량이 정해져 있지 않다. 즉, 본인이 해야 할 만큼 하면 되는 것이다. 그렇다면 어디까지 해야 할까?

앞에서도 말했지만 교과는 학교 과정대로 따라가면 된다. 대부분 한국의 학생들이 AP calculus BC 까지 하는 것이 대부분이고 그보다 조금 더 하는 학생들은 Multivariable이나 Linear Algebra까지 한다. 사실 어느 과에 진학하는지에 관계없이 AP Calculus AB 또는 BC까지 공부하여도 크게 상관은 없다. 그래도 AP Calculus BC 이상까지 하는 것을 권장해 드리고 싶다. 대학 원서에 보면 대학과정 공부한 것을 적는 곳이 있다. 대학 원서를 작성할 때는 되도록 빈칸이 없도록 해야 한다.

교과 이외에는 어디까지 해야 할까? 보통 학생들은 SAT Subject Test에서 Math Level 2, AP Calculus AB 또는 BC, SAT나 ACT까지 시험을 본다. 여기에 더해 요즘에는 AMC Test도 많이 응시를 한다. 필자도 AMC만큼은 반드시 응시하라고 말씀 드리고 싶다. 대학 원서에 봐도 AMC를 쓰는 칸이 있고 점점 AMC성적을 요구하는 대학들이 늘고 있다. AMC이외에도 할 것이 무궁무진하다. 여기서 일일이 모두 나열하기에는 무리가 있어서 쓰지는 않지만 필자는 꼭 AMC만큼은 준비를 하라고 말씀드리고 싶다.

5. Arc Length(BC)

곡선의 길이를 구하는 단원이다. 이 단원에서는 공식을 암기하여 주어진 상황에 알맞게 쓰면 된다. 필자는 공식이 나오기까지의 과정을 모두 설명하고자 한다. 가볍게 읽어보고 암기하라고 하는 것은 반드시 암기하기 바란다.

I . $y = f(x)$

①

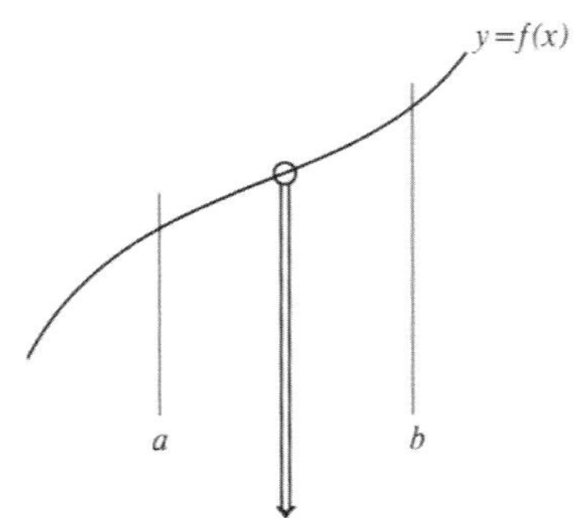

주어진 구간 [a, b]에서 곡선의 길이를 구하기
위해 아주 미세한 부분 일부를 잘라낸다.

②

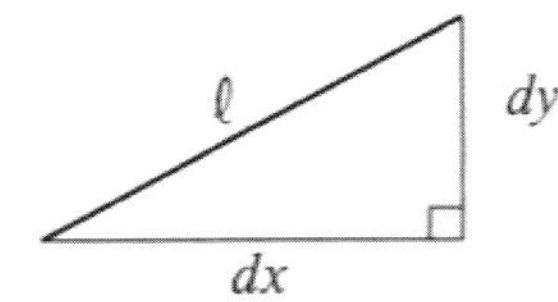

$\Rightarrow$ 확대해보면 …
아주 미세하게 잘랐기 때문에 빗변(Hypotenuse)이
선분(Segment)으로 보인다.
미세한 선분 길이는 $l = \sqrt{(dx)^2 + (dy)^2}$

③

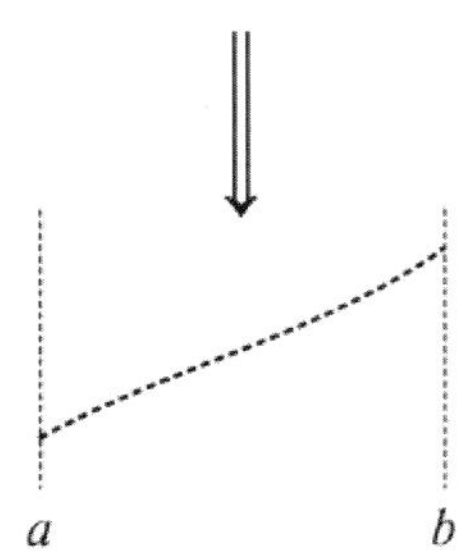

미세하게 자른 선분(Segment)을 구간[a,b]에서 무한 번
더한다.

$$L = \int_a^b \sqrt{(dx)^2 + (dy)^2} \ \Rightarrow \ \sqrt{(dx)^2 \left\{ 1 + \left(\frac{dy}{dx} \right)^2 \right\}}$$

$$\Rightarrow \ \sqrt{1 + \left(\frac{dy}{dx} \right)^2} \, dx$$

그러므로, $L = \int_a^b \sqrt{1 + \left(\dfrac{dy}{dx} \right)^2} \, dx$

위의 ③에서 $L = \int_a^b \sqrt{(dx)^2 + (dy)^2} \ \Rightarrow \ \sqrt{(dy)^2 \left\{ 1 + \left(\dfrac{dx}{dy} \right)^2 \right\}} \ \Rightarrow \ \sqrt{1 + \left(\dfrac{dx}{dy} \right)^2} \, dy$

그러므로, $L = \int_a^b \sqrt{1 + \left(\dfrac{dx}{dy} \right)^2} \, dy$

Ⅱ. $x = f(t), y = g(t)$

①

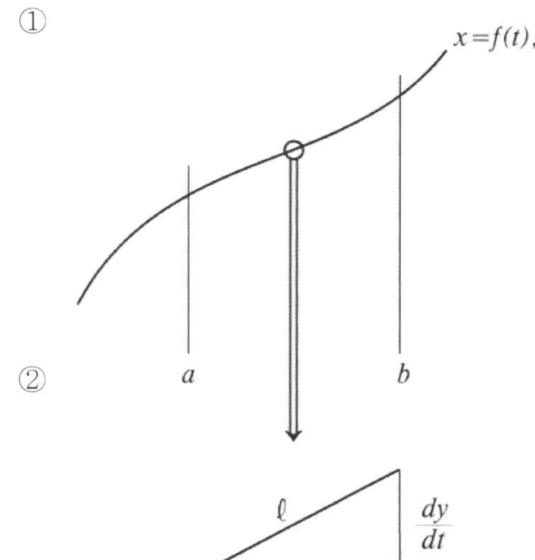

주어진 구간 [a, b]에서 곡선의 길이를 구하기
위해 아주 미세한 부분 일부를 잘라낸다.

②

$\Rightarrow$ 확대해보면 …
아주 미세하게 잘랐기 때문에 빗변(Hypotenuse)이
선분(Segment)으로 보인다.

미세한 선분 길이는 $l = \sqrt{(\dfrac{dx}{dt})^2 + (\dfrac{dy}{dt})^2}$

③

미세하게 자른 선분(Segment)을 구간[a,b]에서
무한 번 더한다.

$$L = \int_a^{\bullet} \sqrt{(\dfrac{dx}{dt})^2 + (\dfrac{dy}{dt})^2}\, dt$$

위에서 공식을 증명하는 과정도 중요하지만 더욱 중요한 겄은 다음 공식들을 암기하는 것이다.
필자 나름대로의 암기 방법을 제시하고자 한다. 이렇게 외우면 기억에 오래 남는다.

Shim's Tip!

Arc Length

① $L = \displaystyle\int_a^b \sqrt{(\dfrac{dx}{dt})^2 + (\dfrac{dy}{dt})^2}\, dt$ $\Rightarrow$ 매개변수(Parameter, t)가
나오는 경우

② $L = \displaystyle\int_a^b \sqrt{1 + (\dfrac{dy}{dx})^2}\, dx$ $\Rightarrow$ x의 범위가 주어질 때
(①에서 t대신 x대입!)

(dx가 서로 일치)

③ $L = \displaystyle\int_a^b \sqrt{1 + (\dfrac{dx}{dy})^2}\, dy$ $\Rightarrow$ y의 범위가 주어질 때
(①에서 t대신 y대입!)

(dy가 서로 일치)

Problem 1 

(1) Find the length of the arc of $y = \ln(\sec x)$ from $x = 0$ to $x = \dfrac{\pi}{6}$

(2) Find the length of $x = e^{t}$, $y = \ln t$ from $t = 3$ to $t = 5$

Solution

(1) x의 범위가 주어졌으므로 ② 공식을 사용!

$$L = \int_{0}^{\frac{\pi}{6}} \sqrt{1 + \{(\ln(\sec x))'\}^2}\, dx$$

$$= \int_{0}^{\frac{\pi}{6}} \sqrt{1 + (\frac{\sec x \cdot \tan x}{\sec x})^2}\, dx$$

$$= \int_{0}^{\frac{\pi}{6}} \sqrt{1 + \tan^2 x}\, dx \qquad (1 + \tan^2 x = \sec^2 x \Rightarrow \text{일단 타면 시켜멓다.})$$

$$= \int_{0}^{\frac{\pi}{6}} \sqrt{\sec^2 x}\, dx$$

$$= \int_{0}^{\frac{\pi}{6}} |\sec x|\, dx \quad = [\ln(\sec x + \tan x)]_{0}^{\frac{\pi}{6}}$$

에서 계산기를 사용하면 0.549

(2) 매개변수(Parameter) t가 나왔으므로 ① 공식을 사용!

$$L = \int_{3}^{5} \sqrt{(\frac{dx}{dt})^2 + (\frac{dy}{dt})^2}\, dt = \int_{3}^{5} \sqrt{e^{2t} + \frac{1}{t^2}}\, dt \quad \text{에서 계산기를 사용하면 128.33}$$

정답　　(1) 0.549　　　(2) 128.33

Problem 2

(1) Find the length of path by the parametric equations $x = 3(\ln t)^2$ and $y = (\ln t)^3$ for $1 \leq t \leq e$

(2) Find the length of arc of $y = \dfrac{1}{2}(e^x + e^{-x})$ from $x = -1 \ to \ x = 1$

 (3) Find the length of the arc of $x = e^y$ from $y = 2 \ to \ y = 3$

(4) The length of the arc of $y = f(x)$ from $x = 2$ to $x = 5$ is given by $\displaystyle\int_2^5 \sqrt{1 + 25x^6}\, dx$. Find the equation of the line tangent to the graph of $y = f(x)$ at the point $(1, 7)$.

Solution

(1) $L = \displaystyle\int_1^e \sqrt{(\dfrac{dx}{dt})^2 + (\dfrac{dy}{dt})^2}\, dt$ 에서 $\dfrac{dx}{dt} = 6\ln t \cdot \dfrac{1}{t}$ 이고 $\dfrac{dy}{dt} = 3(\ln t)^2 \cdot \dfrac{1}{t}$ 이므로

$L = \displaystyle\int_1^e \dfrac{3\ln t}{t}\sqrt{4 + (\ln t)^2}\, dt$. $4 + (\ln t)^2 = u$ 라고 하면 $\dfrac{2\ln t}{t}\, dt = du$ 이고 $t = 1$ 일 때 $u = 4$, $t = e$ 일

때 $u = 5$ 이므로 $L = \displaystyle\int_4^5 \dfrac{3}{2}\sqrt{u}\, du = [u^{\frac{3}{2}}]_4^5 = 5\sqrt{5} - 8$

(2) $\dfrac{dy}{dx} = \dfrac{1}{2}(e^x - e^{-x})$ 이므로 곡선의 길이는

$L = \displaystyle\int_{-1}^1 \sqrt{1 + (\dfrac{dy}{dx})^2}\, dx = \int_{-1}^1 \sqrt{1 + \dfrac{1}{4}(e^x - e^{-x})^2}\, dx = \int_{-1}^1 \sqrt{\dfrac{1}{4}(e^x + e^{-x})^2}\, dx$

$= \dfrac{1}{2}\displaystyle\int_{-1}^1 (e^x + e^{-x})\, dx = \dfrac{1}{2}[e^x - e^{-x}]_{-1}^1 = e - \dfrac{1}{e}$

(3) $\dfrac{dx}{dy} = e^y$ 에서 곡선의 길이를 L 이라고 하면

$L = \displaystyle\int_2^3 \sqrt{1 + (\dfrac{dx}{dy})^2}\, dy$ 에서 $L = \int_2^3 \sqrt{1 + e^{2y}}\, dy \approx 3.67$

(4) 곡선의 길이는 $L = \displaystyle\int_a^b \sqrt{1 + \{f'(x)\}^2}\, dx$ 이므로 $f'(x) = 5x^3$. 그러므로 $x = 1$ 에서 Slope는 5

이고 $(1, 7)$을 지나므로 $y - 7 = 5(x - 1)$ 에서 $y = 5(x - 1) + 7$ 또는 $y = 5x + 2$

정답　　(1) $5\sqrt{5} - 8$　(2) $e - \dfrac{1}{e}$　(3) 3.67　(4) $y = 5(x - 1) + 7$ 또는 $y = 5x + 2$

심선생의 주절주절 잔소리 4

"미국의 명문 대학은 어떤 학생들이 진학하는 것일까?" 대학 결과가 나오고 나면 필자는 부모님들로부터 여러 말들을 듣게 된다. "저 아이는 우리아이보다 성적이 별루인데...아마 빽이 있었을 거야..." 라던가.. " 저 아이가 어떻게 그 대학에? 우리 아이보다 SAT점수도 100점이나 낮고 AP도 별로 없는데 말이야...뭔가..수상해.." 물론 수상하거나 빽이 있었을 수도 있다. 하지만 필자가 봐 왔던 학생들은 절대 그런 학생들이 아니었다. 예전 SAT가 2400만점일 때 2100점이 안 되는 학생이 한 아이비리그에 입학을 한 반면 2300점이 넘는 학생이 그 대학으로부터 Reject를 받았다.

한국 사람들에게는 모든지 점수로 등급을 매기는 버릇이 있는 것 같다. 실제로 SAT가 1600점이 만점이 되면서 1550밑으로는 명문대는 꿈도 꾸지 말라는 말들도 많이 들려오곤 한다. 과연 그럴까?

물론 SAT성적이 우수하면 어느 정도 유리한 것은 사실이지만 SAT성적이 대학 입시결과에 절대적이지가 않다. 한국 수능시험의 경우 하루에 결판이 나고 점수가 좋을수록 좋은 대학에 진학을 하지만 미국 대학의 경우 학생의 그 동안의 과정을 중요시 한다. SAT점수가 안 좋더라도 꾸준히 여러 대회에 참가를 했었고 본인의 재능도 기부했었으며 미국의 명문 Summer Camp에도 다녀왔던 학생이 입시 결과가 좋았다. 물론 GPA가 좋고 학교생활이 성실했다는 것은 기본이다. 꾸준히 컴퓨터를 공부하면서 본인만의 작품을 만들고 여러 경쟁력 있는 캠프에 도전을 했었으며 교내에서 Math Tutor활동을 하며 여러 친구들과 후배들을 도왔던 학생이 결과가 좋았다. 단지 점수만으로 원하는 대학에 진학할 수 있다는 생각은 버려야 한다.

많은 학생들이 SAT나 ACT성적이 만족스럽지 못하면 매 방학 때마다 모든 일을 놔두고 성적향상에만 몰두를 한다. 다행인 것은 그렇게 공부를 한 대부분의 학생들이 원하는 SAT나 ACT성적이 나온다는 점이다. 이는 유능한 SAT ACT강사들이 많다는 점도 큰 영향이 있다. 하지만 대학 원서를 쓸 때가 되면 상당히 난감해지는 일이 벌어진다. 성적 말고는 원서에 쓸 것이 없기 때문이다.

필자는 항상 이런 점을 강조해왔고 앞으로도 강조하고 싶다. 성공하는 자는 시간을 아껴서 쓸 줄 알아야 한다는 것이다. 단어를 하루에 몇 백 개 외운다고 아침부터 밤까지 학원에 앉아 있다면 과연 그 시간동안 그 만큼의 공부를 하는 것일까 싶다. SAT나 ACT성적이 쉽게 나오는 학생들의 경우 평소 책 읽기가 습관화 되어 있거나 그것이 아니라면 공부시간을 세세하게 잘 짜서 버려지는 시간을 최소화 시키는 학생들이 대부분 이었다. 남들은 12시간 동안 SAT나 ACT하나에 올인할 때 시간을 잘 쓰는 학생은 그 시간 안에 SAT, ACT 공부뿐만 아니라 본인의 프로젝트(논문, 컴퓨터 프로젝트...등등) 그리고 운동 봉사활동까지 해 나간다. SAT ACT 때문에 시간이 없어서 다른 것을 못한다는 것은 본인의 나태함을 감싸기 위한 변명일 뿐이다.
명문 대학 진학을 원한다면 시간 관리를 철저하게 해야 된다는 점을 명심하자.

6. More Applications of Definite Integrals

1. Definite Integral As Accumulated Change
2. Motion

시작에 앞서서...

Definite Integral As Accumulated Change 와 Motion을 한 단원으로 묶어 보았다.
꼼꼼히 공부하기 바란다.

1. Definite Integral As Accumulated Change

Ⅰ. 변화율(Rate of Change)이란?

다음을 보자.

① 부피(Volume)의 변화율(Rate of Change)

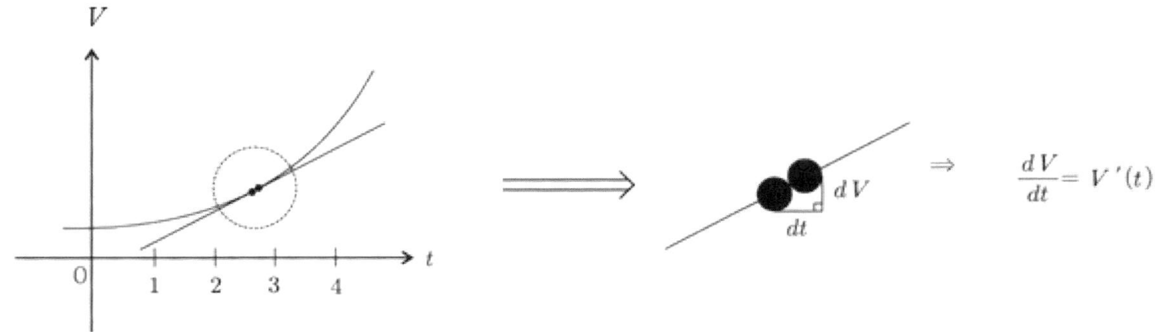

② 길이(Length)의 변화율(Rate of Change)

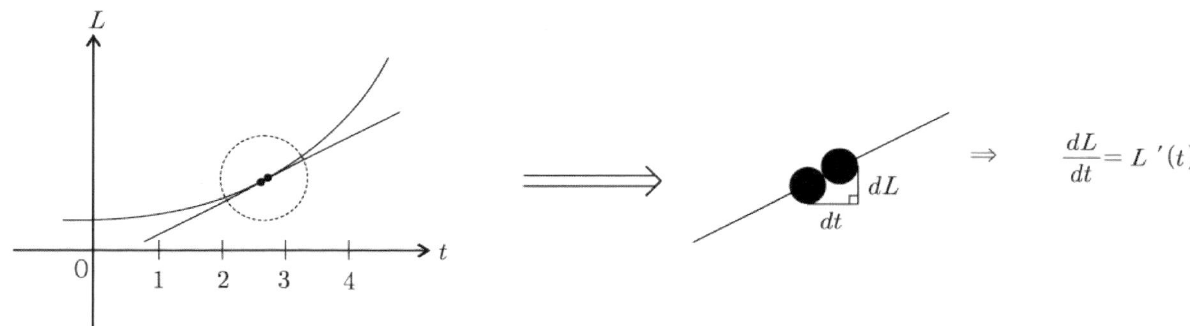

즉, 짧은 시간(dt)동안에 일어나는 미세한 부피(dV), 미세한 길이(dL) … 등의 변화 …

Ⅱ. 변화율(Rate of Change) ⇒ 원래 값으로!

① 부피(Volume)의 변화율(Rate of Change)

$$\Rightarrow \frac{dV}{dt} = V'(t) \Rightarrow dV = V'(t)dt \Rightarrow \text{양변에} \int \text{을 붙인다.}$$

$$\Rightarrow \int 1dV = \int V'(t)dt \Rightarrow V = \int V'(t)dt$$

② 길이(Length)의 변화율(Rate of Change)

$$\Rightarrow \frac{dL}{dt} = L'(t) \Rightarrow dL = L'(t)dt \Rightarrow \text{양변에} \int \text{을 붙인다.}$$

$$\int 1dL = \int L'(t)dt \Rightarrow L = \int L'(t)dt$$

매년 5월에 실시되는 AP시험이나 학교 시험을 보면 다음과 같이 풀면 거의 모두 해결된다.

다음은 필자가 수업 시간에 필기 시키는 내용이다.

Shim's Tip!

Accumulated Change 문제 풀이

① 학생들 눈에 익숙한 변화율(Rate of Change)을 나타니는 것은 $f'(t)$ or $g'(t)$등이다.

② 즉, 변화율(Rate of Change)을 $R(t)$, $W(t)$ 등으로 저시한 문제의 경우, $R(t)$, $W(t)$ 등을 $f'(t)$ 또는 $g'(t)$ 등으로 바꾸어 놓고 풀도록 하자.

③ 예를 들어, Volume의 변화율(Rate of Change)인 $f'(t)$가 $t=2$일 때 Volume이 a이고, t=4일 때 Volume을 구한다고 하면, 다음과 같이 두 가지 방법으로 구할 수 있다.

• $V(4) = V(2) + \int_0^2 f'(t)dt = a + \int_0^2 f'(t)dt$

• $V(t) = \int f'(t)dt = f(t) + C$ 에서 $t=2$일 때 $V(2) = c$인 조건에서 C 값을 구한 다음 t대신 4를 대입한다.

④ 예를 들어, Volume의 변화율(Rate of Change)인 $f'(t)$가 Time interval $2 \leq t \leq 4$일 때 Volume을 구한다고 하면 다음과 같이 구할 수 있다.

• $V(t) = \int_2^4 f'(t)dt$

다음의 예제를 보자.

(EX 1) Water is leaking from a faucet at the rate of $W(t) = 2e^{-0.2t}$ gallons per hour, where t is measured in hours. How many gallons of water would have leaked from the faucet in 8 hours of a period?

Solution

$W(t)$를 $f'(t)$라고 하면 $f(t)$는 흘러나온 물의 양이 된다. 즉, $f(t) = \int_0^8 2e^{-0.2t} = 7.98\,\text{gallons}$.

정답 7.98gallons

(EX 2) The change in temperature in a space beginning at 2P.M is represented by $T(t) = e^{2t} + 3^{-1.5t}$ degrees Fahrenheit, where t is the number of hours elapsed after 2PM. If at 2PM, the temperature is 92°F, find the temperature in the space at 4PM.

Solution

$T(t)$를 $f'(t)$라고 하면 $f(t)$는 온도를 나타낸다.
2시일 때 온도가 92°F이므로 $f(0) = 92$ 이고, 4시일 때의 온도를 $f(2)$라고 하면,

$f(2) = f(0) + \int_0^2 f'(t)dt$ 에서 $f(2) = 92 + \int_0^2 (e^{2t} + 3^{-1.5t})dt = 92 + 27.38 = 119.38$

정답 119.38

Problem 1

(1) The number of microbe in a fish bowl is growing at a rate of $1000e^{\frac{t}{2}}$ per unit of time t. At $t=0$, the number of microbe present was 20. Find the number present $t=4$.

(2) In a forest, that population of rabbit is increasing at a rate which can be approximately represented by $P(t)=32e^{-0.8t}$, which t is measured in months. How many will the population of rabbit in a forest increase during 2 years?

Solution

(1) Microbe의 수를 $f(t)$라고 하면 $f'(t)=1000e^{\frac{t}{2}}$ 이므로

$f(4)=f(0)+\int_0^4 f'(t)dt$에서 $f(4)=20+\int_0^4 1000e^{\frac{t}{2}}dt$. $\frac{t}{2}=u$라고 하면 $\frac{1}{2}=\frac{du}{dt}$에서 $dt=2du$이고 $t=4$일 때 $u=2$, $t=0$일 때 $u=0$이므로

$f(4)=20+\int_0^2 1000e^u\,du=20+2000\int_0^2 e^u\,du=20+2000(e^2-1)=2000(e^2-1)+20\approx 12798$

(2)Rabbit의 증가율을 $f'(t)$라고 하면 $P(t)=f'(t)$이므로 $f'(t)=32e^{-0.8t}$ 이고 2years는 24months 이므로 $f(t)=\int_0^{24} f'(t)dt \approx 40$

정답 　　(1) 12798　　　(2) 40

Problem 2 

A oil tank at a factory holds 1000 gallons of oil at time $t=0$.

During the time interval $0 \leq t \leq 12$ hours, oil is pumped into the tank at the rate $P(t) = 5\sqrt{t}\,\sin^2\left(\dfrac{1}{3}t\right)$ gallons per hour.

During the same time interval, oil is removed from the tank at the rate $R(t) = 4\sin^2\left(\dfrac{1}{2}t\right)$ gallons per hour.

How many gallons of oil are in the tank at time $t=12$?

Solution

... rate ...라는 표현이 있으면 $f'(t)$ 또는 $g'(t)$ 등으로 바꾸어서 풀면 편할 때가 많다.

$P(t)$를 $f'(t)$로 $R(t)$를 $g'(t)$로 바꾸면 tank안의 oil양의 변화율은 $f'(t) - g'(t)$가 되므로 $h'(t) = f'(t) - g'(t)$ 라 두자.

$h(b) - h(a) = \displaystyle\int_a^b h'(t)dt$를 이용하면 $h(12) - h(0) = \displaystyle\int_0^{12} h'(t)dt$ 이므로

$h(12) = 1000 + \displaystyle\int_0^{12}\left(5\sqrt{t}\,\sin^2\left(\frac{1}{3}t\right) - 4\sin^2\left(\frac{1}{2}t\right)\right)dt \approx 1034.303$

그러므로, 정답은 1,034

정답   1,034

Problem 3

A oil tank Holds 500 gallons of oil at time $t=0$. During the time interval $0 \leqq t \leqq 12$ hours, oil is pumped into the tank at the rate of $P(t)=23t\cos^2\left(\dfrac{t}{4}\right)$ gallons per hour.

During the same time interval, oil is removed from the tank at the rate $R(t)=14t\sin^2\left(\dfrac{t}{3}\right)$ gallons per hour.

(1) To the nearest whole number, how many gallons of oil are in the tank at time $t=12$?

(2) How much oil will be removed from the tank during this 12-hour period?

Solution

(1) $P(t)$와 $R(t)$는 변화율(Rate of Change)이므로 $P(t)$를 $f'(t)$로 $R(t)$를 $g'(t)$로 놓자.
Tank 내의 oil 양을 $A(t)$라 하면

$$A(t)=A(0)+\int_0^{12}\{f'(t)-g'(t)\}dt \text{ 이므로}$$

$$A(12)=500+\int_0^{12}(f'(t)-g'(t))dt \approx 851.666 \approx 852 \quad \text{gallons}$$

(2) Tank로부터 빠져나간 oil의 양을 $L(t)$라고 하면

$$L(12)=\int_0^{12}14t\sin^2\left(\frac{t}{3}\right)dt \approx 397.382 \approx 397 \text{ gallons.}$$

정답   (1) 852 gallons   (2) 397 gallons

2. Motion

Ⅰ. Position, Velocity, Acceleration 사이의 관계

반드시 암기하자!

$$\text{Position (t)} \underset{Integrate}{\overset{Differentiate}{\rightleftarrows}} \text{Velocity (t)} \underset{Integrate}{\overset{Differentiate}{\rightleftarrows}} \text{Acceleration(t)}$$

① Velocity와 Acceleration은 Vector이다. 즉, 부호(Sign)가 의미하는 것은 방향이다.

$$\Rightarrow \begin{cases} \bullet \; Positive \;\Rightarrow\; (Right) \; \Uparrow \,(Up) \\ \bullet \; Negative \;\Leftarrow\; (Left) \;\; \Downarrow \,(Down) \end{cases}$$

② Position, Velocity, Acceleration은 모두 time이 결정되어야 구할 수 있다. 즉, 문제의 조건에서 time이 없는 경우 time을 찾아야만 한다.

③ • 어떤 물체의 운동 방향이 바뀐다 ⇒ Velocity의 부호가 바뀜
  • 어떤 물체가 쉬고 있다. ⇒ Velocity가 0.

④ $\displaystyle\int_a^b a(t)dt = V(b) - V(a)$, $\displaystyle\int_a^b V(t)dt = P(b) - P(a)$

  ($a \leqq t \leqq b$에서 Velocity의 변화) ($a \leqq t \leqq b$에서 Position의 변화)

⑤ Position의 변화

$$P(t) = P(0) + \int_0^t V(t)dt$$

예를 들어, 어떤 물체가 $t=2$일 때 $x=-1$에 있었다고 할 때, $t=5$일 때 이 물체의 Position을 찾는다고 하면 $P(5) = P(2) + \displaystyle\int_2^5 V(t)dt$: $P(2)$는 $t=2$일 때 물체의 위치, $\displaystyle\int_2^5 V(t)dt$는 3초 동안의 위치 변화(이동거리)

위 식을 그림으로 나타내어 보면,

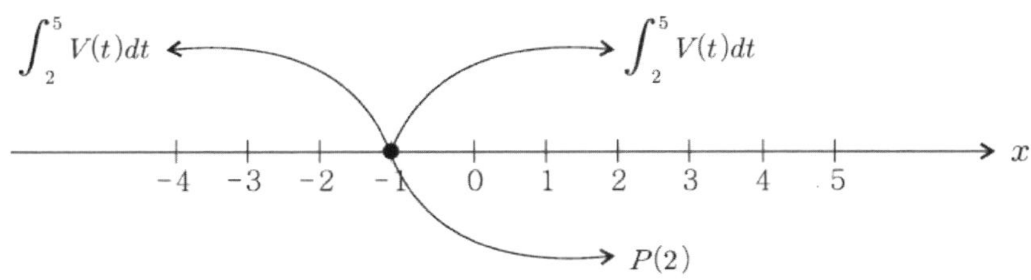

⑥ 어느 물체가 오른쪽으로 5, 왼쪽으로 3만큼 이동하였다견 ⋯

$\Rightarrow$ Total distance = 8, 즉, $\displaystyle\int_a^b |V(t)|\,dt$

$\Rightarrow$ Displacement = 2, 즉, $\displaystyle\int_a^b V(t)\,dt$

⑦

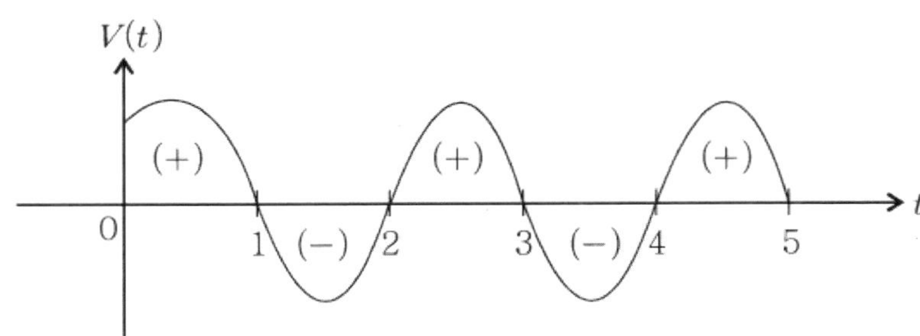

$\Rightarrow$ 물체가 가장 오른쪽에 있을 때 t는? 1 or 3 or 5중 하나!
$\Rightarrow$ 물체가 가장 왼쪽에 있을 때 t는? 2 or 4 중 하나!
이유는?

0초(시작) —— Velocity (+) ——>		• 1초
2초 < —— Velocity (−) ——		• 1초
2초 —— Velocity (+) ——>		• 3초
4초 < —— Velocity (−) ——		• 3초
4초 —— Velocity (+) ——>		• 5초

$\Rightarrow$ 왼쪽에 있을 때의 t $\qquad\qquad\qquad\qquad$ $\Rightarrow$ 오른쪽에 있을 때의 t

Ⅱ. Speed

자동차 계기판을 본 적이 있는가? 자세히 살펴보면 Velocity가 아닌 Speed라고 쓰여 있을 것이다. Speed는 Vector가 아니므로 방향에 상관없이 항상 Positive이다. 즉, 크기만 나타낸다. 자동차가 후진한다고 해서 계기판의 Speed는 Negative가 되지 않는 것을 많이 봤을 것이다. 자동차가 전진하던지 후진하던지 간에 가속 페달을 밟으면 계기판의 Speed는 Increasing할 것이고 브레이크 페달을 밟으면 계기판의 Speed는 Decreasing할 것이다. 즉, 전진하던지 후진하던지 간에 Velocity 방향(부호)과 Acceleration 의 방향(부호)이 같으면 Speed는 Increasing하고 다르면 decreasing한다.

이를 정리해보면,

$\Rightarrow$
- Speed Increasing　　　: Velocity와 Acceleration의 부호(Sign)가 같을 때
- Speed Decreasing　　　: Velocity와 Acceleration의 부호(Sign)가 다를 때

Ⅲ. Vector (BC)

Vector는 방향(Direction)과 크기(Magnitude)를 갖는다.

Vector는 방향(Direction)과 크기(Magnitude)가 같으면 같은 Vector이고, 다음 그림과 같이 좌표에 나타낼 수 있다. 다음의 두 Vector ① ②는 같은 Vector이다.

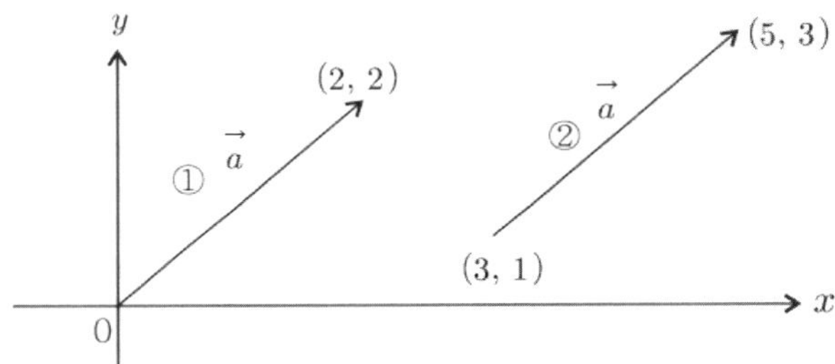

②의 $\vec{a}$는 initial point (3, 1), terminal point (5, 3)으로 나타낼 수 있고 ①의 $\vec{a}$는 initial point (0, 0), terminal point (2, 2)인데 이처럼 initial point가 (0, 0)인 경우에는 $\vec{a} = (2,2)$와 같이 나타낸다.
만약, $\vec{a} = (x_1, y_1)$이라고 하면 크기(magnitude)는 $|\vec{a}|$와 같이 나타내고 이는 원점(origin)과 (x_1, y_1) 사이의 거리를 나타낸다.

Vector로 표현한 Position, Velocity, Acceleration 사이의 관계

Position	Velocity	Acceleration
$(x(t), y(t))$ $\xrightleftharpoons[Integration]{Differentiation}$	$(x'(t), y'(t))$ $\xrightleftharpoons[Integration]{Differentiation}$	$(x''(t), y''(t))$

① Speed $= |V| = \sqrt{(x'(t))^2 + (y'(t))^2} = \sqrt{(\dfrac{dx}{dt})^2 + (\dfrac{dy}{dt})^2}$

② Velocity $= (\dfrac{dx}{dt}, \dfrac{dy}{dt}) = \dfrac{dx}{dt} i + \dfrac{dy}{dt} j$

③ Acceleration $= (\dfrac{d^2 x}{dt^2}, \dfrac{d^2 y}{dt^2}) = \dfrac{d^2 x}{dt^2} i + \dfrac{d^2 y}{dt^2} j$

Problem 4

(1) If the position of a particle at time t is given by the equation $x(t) = t^3 + 2t + 5$, find the velocity and the acceleration of the particle at time $t = 3$.

(2) If the position of a particle is given by $x(t) = 2t^2 - 8t + 2$, where $t > 0$, find the time at which the particle changes direction.

Solution

(1) $V(t) = x'(t) = 3t^2 + 2$ 에서 $V(3) = 3 \cdot 3^2 + 2 = 29$, $a(t) = V'(t) = 6t$ 에서 $a(3) = 18$

(2) 방향이 바뀐다는 것은 Velocity의 부호가 바뀐다는 것이므로 $V(t)$의 부호가 바뀌는 t의 값을 찾는다. $V(t) = x'(t) = 4t - 8$ 이므로 $t = 2$에서 부호가 바뀐다. 즉 $t = 2$.

정답　　(1) V(3)=29, $a(3)$=18　(2) 2

Problem 5

(1) If the position of a particle at time t is given by $x(t) = 3t^3 - 36t^2 + 108t + 54$, where $t>0$, find the interval of the time during the particle slows down.

(2) How far does a particle travel between the second and fourth seconds, if its position function is $x(t) = 2t^2 - 12t$

Solution

(1) Slows down ⋯ 즉, speed가 감소한다는 것은 Velocity와 Acceleration의 부호가 다르다는 것! 이와 같은 문제는 그래프를 그려서 한방에 해결하도록 하자.

$$V(t) = x'(t) = 9t^2 - 72t + 108 = 9(t^2 - 8t + 12) \qquad a(t) = V'(t) = 18t - 72 = 18(t-4)$$

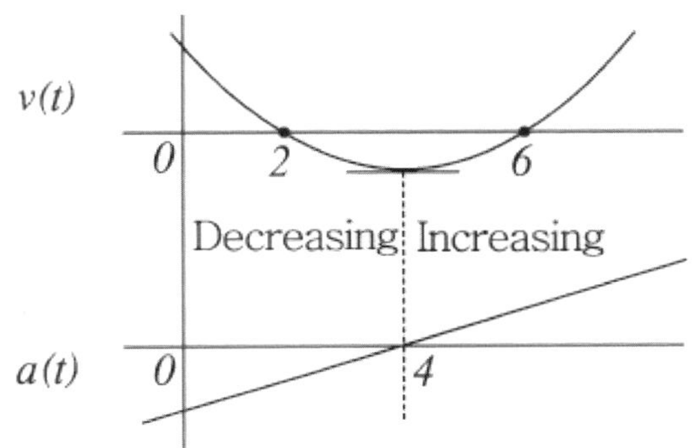

$V(t)$, $a(t)$ 두 그래프를 비교해 보면 0초~2초 사이에서 $V(t) > 0, a(t) < 0$이므로 speed는 감소하고 4초~6초 사이에서 $V(t) < 0,\ a(t) > 0$이므로 역시 이 구간에서도 speed는 감소한다. 그러므로 [0,2], [4,6]

(2) 2초에서 4초 사이에 움직인 거리라고 해서 $x(4) - x(2)$라고 하면 안 된다.

예를 들어 $\dfrac{3m}{2m}$ 의 그림처럼 오른쪽으로 3m, 왼쪽으로 2m를 움직였다면 총 5m를 움직인 것인데 위와 같이 하면 다른 결과가 나오게 된다. 즉 velocity가 (+)인 부분에서 운동한 거리와 (−) 부분에서 운동한 거리를 구해서 더해준다. $V(t) = x'(t) = 4t - 12$ 에서 $4t - 12 = 0$ 인 t는 3. 그러므로 2초에서 3초 사이 운동한 거리 $|x(3) - x(2)|$와 3초에서 4초 사이에 운동한 거리 $|x(4) - x(3)|$를 더하여 준다.

그러므로, $|x(3) - x(2)| = |(18 - 36) - (8 - 24)| = 2$, $x(4) - x(3)| = |(32 - 48) - (18 - 36)| = 2$ 에서

$$|x(3) - x(2)| + |x(4) - x(3)| = 4$$

정답   (1) [0,2], [4,6] (2) 4

Problem 6

(1) A particle moves along the y-axis so that at time $t \geq 0$ its position is given by $y(t) = 2t^2 - 8t + 1$. At what time t is the particle at rest?

(2) The maximum acceleration attained on the interval $2 \leq t \leq 5$ by the particle whose velocity is given by $v(t) = \dfrac{1}{3}t^3 - 2t^2 + 2$ is

ⓐ 2　　ⓑ 3　　ⓒ 4　　ⓓ 5

Solution

(1) Particle이 rest하고 있을 때는 velocity가 0일 때이다. 즉, $y'(t) = V(t) = 4t - 8 = 0$ 에서 $t = 2$.

(2) $V'(t) = a(t) = t^2 - 4t$ 이고 $a(t)$의 graph를 그려보면

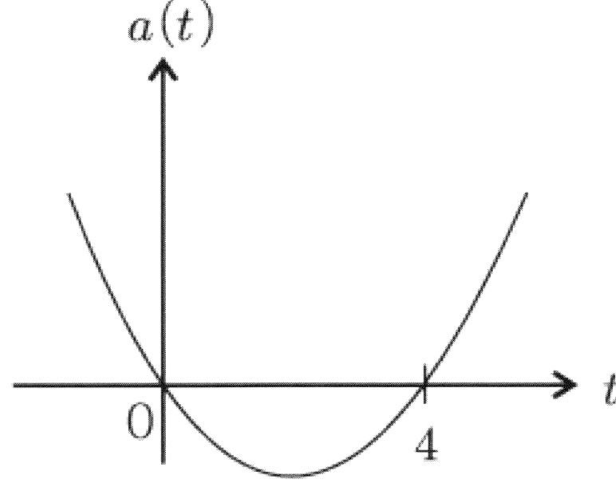

즉, $t = 5$일 때 acceleration은 maximum이 된다. $a(5) = 25 - 20 = 5$이므로 정답은 ⓓ

정답　　　(1) 2　　　　(2) ⓓ

Problem 7

(1) The acceleration function of a moving particle on a coordinate line is $a(t) = -2$ and $v_0 = 4$ for $0 \le t \le 4$. Find the total distance traveled by the particle during $0 \le t \le 4$.

(2) The acceleration of a particle moving in a straight line is given in terms of time t by $a(t) = 4 - 2t$. If the velocity of the particle is 7 at $t = 2$ and if $P(t)$ is the distance of the particle from the origin at time t, what is $P(2) - P(1)$?

Solution

(1) $V(t) = \int a(t)dt = -2t + c$ 에서 $V(0) = 4$이므로 $c = 4$. 그러므로 $V(t) = -2t + 4$

Total distance traveled $= \int_0^4 |-2t + 4| dt = \int_0^2 (-2t + 4)dt + \int_2^4 (2t - 4)dt = 8$

(2) $v(t) = \int a(t)dt = \int (4 - 2t)dt = 4t - t^2 + c$ 에서 $v(2) = 7$이므로 $8 - 4 + C = 7$ 에서

$C = 3$에서 $v(t) = 4t - t^2 + 3$. $P(2) - P(1) = \int_1^2 v(t)dt$ 이므로

$\int_1^2 (4t - t^2 + 3)dt = [2t^2 - \frac{1}{3}t^3 + 3t]_1^2 = (8 - \frac{8}{3} + 6) - (2 - \frac{1}{3} + 3) = \frac{20}{3}$

정답　　(1) 8　　(2) $\dfrac{20}{3}$

(BC) **Problem 8**   

A particle moving along a curve in the plane has position $(x(t), y(t))$ at time t, where

$$\frac{dx}{dt} = \sqrt{t^3 + 1} \quad \text{and} \quad \frac{dy}{dt} = 3e^t + 4e^{-t}$$

for all real values of t. At time t=0, the particle is at the point (3, 2)

(1) Find the speed of the particle at time t=0.

(2) Find the total distance traveled by the particle over the time interval $0 \leq t \leq 2$

(3) Find the x-coordinate of the position of the particle at time $t=5$.

Solution

(1) Speed $= \sqrt{(\frac{dx}{dt})^2 + (\frac{dy}{dt})^2} = \sqrt{(t^3+1) + (3e^t + 4e^{-t})^2}$ 에서 $t=0$을 대입하면 $\sqrt{50} \approx 7.07$

(2) Total distance $= \int_0^2 (speed)dt = \int_0^2 \sqrt{(t^3+1) + (3e^t + 4e^{-t})^2} \, dt \approx 22.857$

(3) Position(b)-Position(a)$=\int_a^b (Velocity)dt$를 이용하면 $x(5) - x(0) = \int_0^5 \sqrt{t^3+1} \, dt$ 에서

$x(5) = 3 + \int_0^5 \sqrt{t^3+1} \, dt \approx 26.596$

정답　　(1) 7.07　　(2) 22.857　　(3) 26.596

Differential Equations

Differential Equations

1. Separable Differential Equations
2. Euler's Method (BC)
3. Slope Fields
4. Exponential Growth and <u>Logistic Differential Equations</u> (BC)

시작에 앞서서...

다른 단원들에 비해서 공부하기 편한 단원이다.
편안한 마음으로 필자가 설명하는 것들을 꼼꼼히 공부하기 바란다.

1.Separable Differential Equations

$\dfrac{dy}{dx} = 2y$ 와 같이 주어진 식에서 y에 대한 식을 찾는 단원이다.

방법은 간단하다. 예를 들어, $\dfrac{dy}{dx} = \dfrac{x}{2y}$ 이고 $y(0) = 2$라고 할 때 x와 y에 대해 방정식(Equation)을 찾는다고 해보자.

① 일단 같은 변수(Variable)가 있는 것끼리 모은다. $\Rightarrow\ 2y\,dy = x\,dx$

② 양변에 $\displaystyle\int$ 을 취한다. 즉, 양변을 적분(Integral)!

$$\Rightarrow 2\int y\,dy = \int x\,dx \Rightarrow 2 \cdot \frac{1}{2}y^2 = \frac{1}{2}x^2 + C \ \text{ 에서 } \ y^2 = \frac{1}{2}x^2 + C$$

③ Initial Condition이 $x=0$일 때 $y=2$이므로, $2^2 = \dfrac{1}{2} \cdot 0^2 + C$ 에서 $C = 4$.

그러므로, $y^2 = \dfrac{1}{2}x^2 + 4$ 의 방정식이 나온다.

다음의 예제들을 풀어보자.

$\left(\textbf{EX 1}\right)$ Given $\dfrac{dy}{dx} = 2x^2 y^3$ and $y(0) = 1$, solve the differential equation.

Solution

① 같은 변수(Variable)가 있는 것끼리 모은다. $\Rightarrow y^{-3}\,dy = 2x^2\,dx$

② 양변 적분(Integral)! $\Rightarrow \displaystyle\int y^{-3}\,dy = 2\int x^2\,dx \Rightarrow -\frac{1}{2}y^{-2} = \frac{2}{3}x^3 + C$

③ $y(0) = 1$에서 $C = -\dfrac{1}{2}$. 그러므로, $\dfrac{2}{3}x^3 + \dfrac{1}{2y^2} - \dfrac{1}{2} = 0$

정답 $\qquad \dfrac{2}{3}x^3 + \dfrac{1}{2y^2} - \dfrac{1}{2} = 0$

(EX 2) Find the solution of the differential equation $\dfrac{dy}{dx} = x\cos(2x^2)$, $y(0) = 1$.

Solution

① 같은 변수(Variable)가 있는 것끼리 모은다. $\Rightarrow dy = x\cos(2x^2)dx$

② 양변 적분(Integral)! $\Rightarrow \displaystyle\int 1\,dy = \int x \cdot \cos(2x^2)\,dx$

u로 치환(Substitution)!

$$u = 2x^2 \text{ 에서 양변을 } x\text{에 대해서 미분(Differentiation)하면 } \frac{du}{dx} = 4x \text{ 에서 } dx = \frac{1}{4x}\,du$$

$\Rightarrow y = \displaystyle\int x\cos u\,\frac{1}{4x}\,du = \frac{1}{4}\int \cos u\,du = \frac{1}{4}\sin u + C$ 에서 $u = 2x^2$ 이므로 $y = \dfrac{1}{4}\sin(2x^2) + C$

③ $x = 0$일 때, $y = 1$ 이므로 $C = 1$. 그러므로 $y = \dfrac{1}{4}\sin(2x^2) + 1$

정답 $y = \dfrac{1}{4}\sin(2x^2) + 1$

(EX 3) If $\dfrac{d^2y}{dx^2} = x - 2$ and $y'(0) = 1$ and $y(0) = 2$, find the solution of the differential equation.

Solution

① $\dfrac{d}{dx}\dfrac{dy}{dx} = x - 2$ 에서 $\dfrac{dy}{dx} = y'$ 이므로 $\dfrac{dy'}{dx} = x - 2$ 에서 같은 변수(Variable)가 있는 것끼리 모은다. $\Rightarrow dy' = (x-2)dx$

② 양변 적분(Integral)! $\Rightarrow \displaystyle\int 1\,dy' = \int (x-2)\,dx \Rightarrow y' = \frac{1}{2}x^2 - 2x + C$

$\cdot \displaystyle\int 1\,dy = y + C \quad \cdot \int 1\,dy' = y' + C$

③ $x = 0$일 때, $y' = 1$이므로 $1 = \dfrac{1}{2}\cdot 0^2 - 2\cdot 0 + C$ 에서 $C = 1$이므로 $y' = \dfrac{1}{2}x^2 - 2x + 1$

$\Rightarrow \dfrac{dy}{dx} = \dfrac{1}{2}x^2 - 2x + 1$ 이므로 같은 변수(Variable)끼리 모으면 $\Rightarrow dy = (\dfrac{1}{2}x^2 - 2x + 1)dx$

④ 양변 적분(Integral) $\Rightarrow \displaystyle\int 1\,dy = \int (\frac{1}{2}x^2 - 2x + 1)\,dx$ 에서 $y = \dfrac{1}{6}x^3 - x^2 + x + C$

$x = 0$일 때 $y = 2$이므로 $C = 2$. 그러므로 $y = \dfrac{1}{6}x^3 - x^2 + c + 2$

정답 $y = \dfrac{1}{6}x^3 - x^2 + c + 2$

Problem 1

(1) If $f(0)=1$, $\dfrac{dy}{dx} = \dfrac{x}{ye^{x^2}}$ and $y>0$ for all x, find $f(x)$.

(2) If $\dfrac{dy}{dx} = \cos x \sin^2 x$ and $f(0)=0$, find $f(x)$.

Solution

(1) $\displaystyle\int y\,dy = \int xe^{-x^2}\,dx$ 에서 $-x^2 = u$ 라고 하면, $-2x = \dfrac{du}{dx}$ 이고 $\displaystyle\int xe^2(-\dfrac{1}{2x})du$ 이므로

$-\dfrac{1}{2}\displaystyle\int e^u\,du$. 즉 $\dfrac{1}{2}y^2 = -\dfrac{1}{2}e^u + C$ 이고 $u = -x^2$ 이므로 $\dfrac{1}{2}y^2 = -\dfrac{1}{2}e^{-x^2} + C$.

$f(0)=1$이므로 $\dfrac{1}{2} = -\dfrac{1}{2} + C$ 에서 $C=1$.

그러므로 $y^2 = -e^{-x^2} + C$ 이고 $y>0$이므로 $y = \sqrt{-e^{-x^2} + 2}$

(2) $\displaystyle\int y\,dy = \int \cos x \sin^2 x\,dx$ 에서 $\sin x = u$ 라고 하면, $\cos x = \dfrac{du}{dx}$ 이고 $\displaystyle\int (\cos x)u^2\dfrac{du}{\cos x}$ 이므

로 $\displaystyle\int u^2\,du$. 즉 $y = \displaystyle\int u^2\,du$ 에서 $y = \dfrac{1}{3}u^3 + C$ 이고 $u = \sin x$ 이므로 $y = \dfrac{1}{3}\sin^3 x + C$ 이고

$f(0)=0$ 에서 $C=0$. 그러므로 $y = \dfrac{1}{3}\sin^3 x$

정답　　　(1) $y = \sqrt{-e^{-x^2} + 2}$　　　(2) $y = \dfrac{1}{3}\sin^3 x$

Problem 2

If $\dfrac{d^2 y}{dx^2} = 3x + 1$, $y'(0) = 1$ and $y(0) = 2$, find the solution of the differential equation.

Solution

$\dfrac{d}{dx}\dfrac{dy}{dx} = 3x + 1$ 에서 $\dfrac{dy}{dx} = y'$ 이므로 $\dfrac{dy'}{dx} = 3x + 1$. $\displaystyle\int dy' = \int (3x+1)dx$ 에서

$y' = \dfrac{3}{2}x^2 + x + C$ 이므로 $y'(0) = 1$ 에서 $C = 1$. 즉, $y' = \dfrac{dy}{dx} = \dfrac{3}{2}x^2 + x + 1$ 에서

$\displaystyle\int dy = \int (\dfrac{3}{2}x^2 + x + 1)dx$

$y = \dfrac{1}{2}x^3 + \dfrac{1}{2}x^2 + x + C$ 이므로 $y(0) = 2$ 에서 $C = 2$.

그러므로, $y = \dfrac{1}{2}x^3 + \dfrac{1}{2}x^2 + x + 2$

정답 $y = \dfrac{1}{2}x^3 + \dfrac{1}{2}x^2 + x + 2$

(BC) Problem 3

If $\dfrac{dy}{dx} = y \ln x$ and $f(1) = 1$, Find y.

Solution

같은 변수(Variable)끼리 모으고 양변에 $\displaystyle\int$ 을 취하면,

$\displaystyle\int \dfrac{1}{y} dy = \int \ln x \, dx$ 에서 $\ln|y| = \displaystyle\int \ln x \, dx = x \ln x - x + C$ 이므로 $\ln|y| = x \ln x - x + C$ 에서

$x = 1$일 때 $y = 1$이므로 $0 = -1 + C$ 에서 $C = 1$.

그러므로 $\ln y = x \ln x - x + 1$ 에서

$y = e^{x \ln x - x + 1}$ 이므로, $y = e^{x \ln x} \cdot e^{-x} \cdot e = \dfrac{e \cdot e^{x \ln x}}{e^x} = \dfrac{e^{x \ln x}}{e^{x-1}}$

정답 $y = \dfrac{e \cdot e^{x \ln x}}{e^x}$ or $y = \dfrac{e^{x \ln x}}{e^{x-1}}$

2. Euler's Method (BC)

간단한 공식만 암기하면 되는 단원이다.

다음의 예제를 본 후 공식을 암기하자.

(EX 1) Let $\dfrac{dy}{dx} = \dfrac{1}{x}$. Use Euler's Method to approximate the y-values with three steps, starting at point $P_0 = (1,1)$ and letting $\triangle x = 1$.

Solution

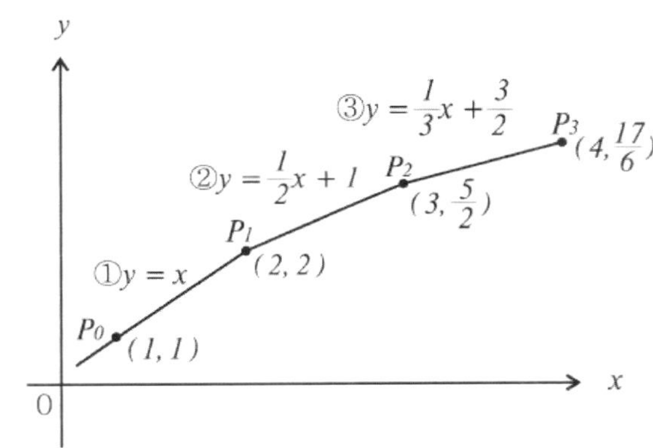

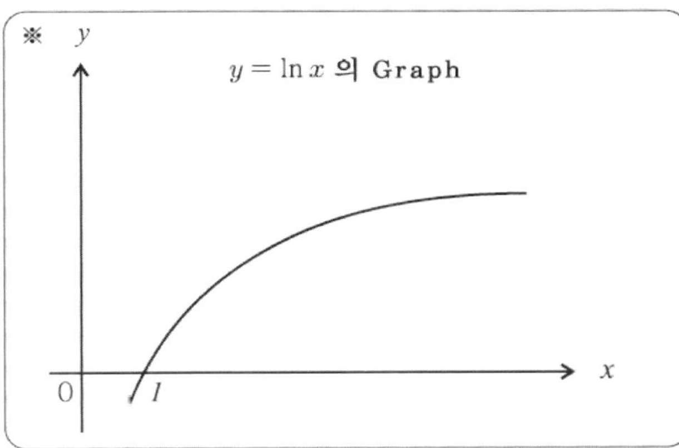

① Slope : $\dfrac{dy}{dx} = \dfrac{1}{x}$ 에서 $x = 1$ 이므로 slope=1. 즉, $y - 1 = 1 \cdot (x - 1) \Rightarrow y = x$

② Slope : $\dfrac{dy}{dx} = \dfrac{1}{x}$ 에서 $\triangle x = 1$ 이므로 $x = 2$, ①번 식에서 $x = 2$를 대입하면 $y = 2$,

$\dfrac{dy}{dx} = slope = \dfrac{1}{2}$. 즉, $y - 2 = \dfrac{1}{2}(x - 2) \Rightarrow y = \dfrac{1}{2}x + 1$

③ Slope : $\triangle x = 1$ 이므로 $x = 3$ 이고 ②번 식에 $x = 3$을 대입하면 $y = \dfrac{5}{2}$ 이고 $\dfrac{dy}{dx} = slope = \dfrac{1}{3}$.

즉, $y - \dfrac{5}{2} = \dfrac{1}{3}(x - 3) \Rightarrow y = \dfrac{1}{3}x + \dfrac{3}{2}$

④ $\triangle x = 1$ 이므로 좌표(Coordinate)는 $(4, \dfrac{17}{6})$, 즉, $y = \dfrac{17}{6}$

(EX1)을 이와 같이 일일이 접선의 방정식(The Equation of The Tangent Line)을 구해서 풀어도 되지만 너무 번거로울 때가 있다.
위의 방법을 공식화 시켰다. 다음의 것을 암기해서 풀면 훨씬 더 풀이가 간단해진다.
실제 AP 시험이나 학교 시험에서는 다음의 공식만 가지고도 모든 문제가 해결된다.

반드시 암기하자!

Euler's Method

- $x_n = x_{n-1} + \triangle x$
- $y_n = y_{n-1} + \triangle x \cdot (y'_{n-1}), \ n = 1,2,3,\cdots$

암기한 것을 가지고 (EX1)을 다시 풀어보면 $\cdots$ $\triangle x = 1$이므로

	x	y
P_0	1	1
$P_1\,(n=1)$	$x_1 = x_0 + 1 = 2$	$y_1 = y_0 + 1 \cdot (y_0') = 1 + 1 \cdot 1 = 2,\ y_0' : slope$ ($\ast P_0\,(1,1)$ 이므로 $\dfrac{dy}{dx}$에서 slope는 1)
$P_2\,(n=2)$	$x_2 = x_1 + 1 = 3$	$y_2 = y_1 + 1 \cdot (y_1') = 2 + 1 \cdot \dfrac{1}{2} = \dfrac{5}{2}$ ($\ast P_1\,(2,2)$ 이므로 $\dfrac{dy}{dx} = \dfrac{1}{x}$에서 slope는 $\dfrac{1}{2}$)
$P_3\,(n=3)$	$x_3 = x_2 + 1 = 4$	$y_3 = y_2 + \triangle x \cdot (y_2') = \dfrac{5}{2} + 1 \cdot \dfrac{1}{3} = \dfrac{17}{6}$

$\left(\text{EX 2}\right)$ Given the differential equation $\dfrac{dy}{dx} = x + y$ with initial condition $(0,0)$.
Use Euler's method with $\triangle x = 0.1$ to estimate the value of y when $x = 0.4$

Solution

앞에서 소개한 공식을 이용하면

	x	y
P_0	0	0
P_1	$x_1 = x_0 + 0.1 = 0.1$	$y_1 = y_0 + 0.1(y_0{}') = 0$
P_2	$x_2 = x_1 + 0.1 = 0.2$	$y_2 = y_1 - 0.1(y_1{}') = 0 + 0.1 \times 0.1 = 0.01$
P_3	$x_3 = x_2 + 0.1 = 0.3$	$y_3 = y_2 + 0.1(y_2{}') = 0.01 + 0.1 \times 0.21 = 0.031$
P_4	$x_4 = x_3 + 0.1 = 0.4$	$y_4 = y_3 + 0.1(y_3{}') = 0.031 + 0.1 \times 0.331 = 0.0641$

그러므로 $y_4 = 0.0641$

Euler's Method (BC)

Problem 1

Consider the differential equation $\dfrac{dy}{dx} = 2x + 5y - 1$. Let $y = f(x)$ be a particular solution to the differential equation with the initial condition $f(0) = 1$. Use Euler's method starting at $x = 0$, with a step size of $\dfrac{1}{2}$ to approximate $f(1)$.

Solution

	x	y
P_0	0	1
$P_1\,(n=1)$	$x_1 = x_0 + \dfrac{1}{2} = \dfrac{1}{2}$	$y_1 = y_0 + \dfrac{1}{2}\,(y_0{}') = 3$
$P_2\,(n=2)$	$x_2 = x_1 + \dfrac{1}{2} = 1$	$y_2 = y_1 + \dfrac{1}{2}\,(y_1{}') = 3 + \dfrac{1}{2}\,(15) = \dfrac{21}{2}$
$\vdots$	$\vdots$	$\vdots$

그러므로 $P_2 = f(1) = \dfrac{21}{2}$

정답 $\quad \dfrac{21}{2}$

3. Slope Fields

"Direction Field" 라고도 한다. 공부하기에 쉬운 단원 중 하나이다.

예를 들어, $\dfrac{dy}{dx} = 2x$ 라고 할 때 주어진 좌표에 slope field를 나타내 보자.

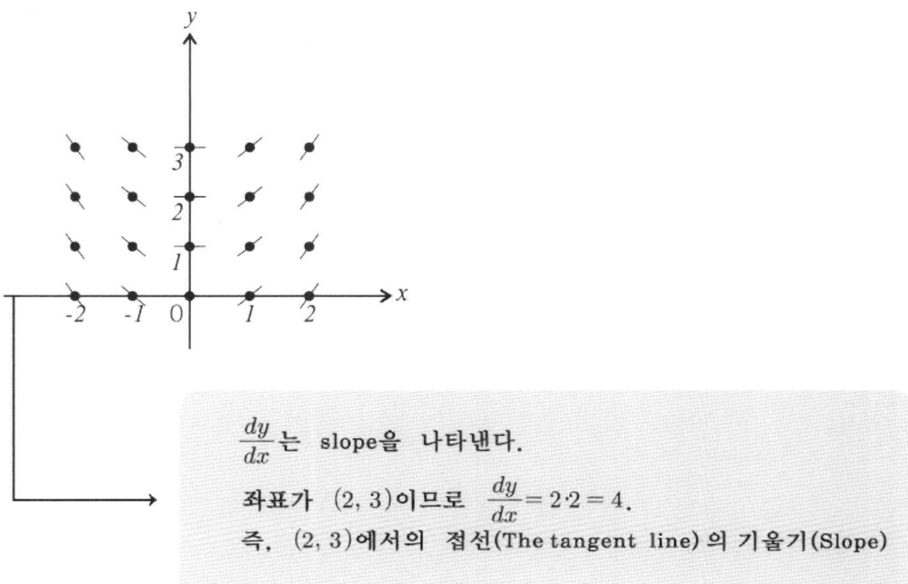

위의 그림에서 수많은 선분(Segment)들은 각각의 점에서의 접선(The tangent line)이며
이 수많은 접선들로 하여금 굳이 Differential Equation을 풀지 않고도 원래 함수의 그래프(Solution Curve)의 형태를 짐작할 수 있다.

그렇다면 위의 Slope Field로부터 $(0,1)$을 지나는 Solution Curve를 그려보자.

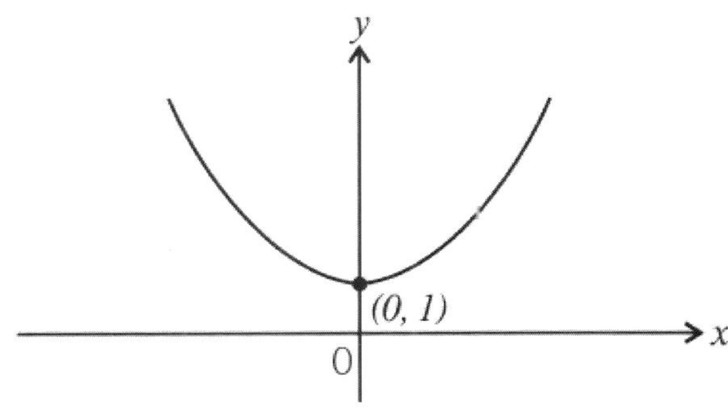

$\left(\text{EX 1}\right)$ Given $\dfrac{dy}{dx} = x + y$, sketch the slope field for the given function.

Solution

임의대로 15점을 잡아서 짧은 접선(The tangent line)들을 그리면

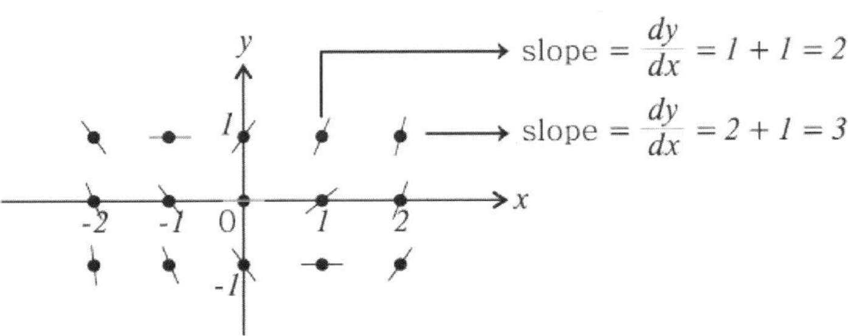

$\left(\text{EX 2}\right)$ Consider the differential equation $\dfrac{dy}{dx} = x - 2y$. On the axes provided below, sketch a slope field for the given differential equation on the twelve points indicated.

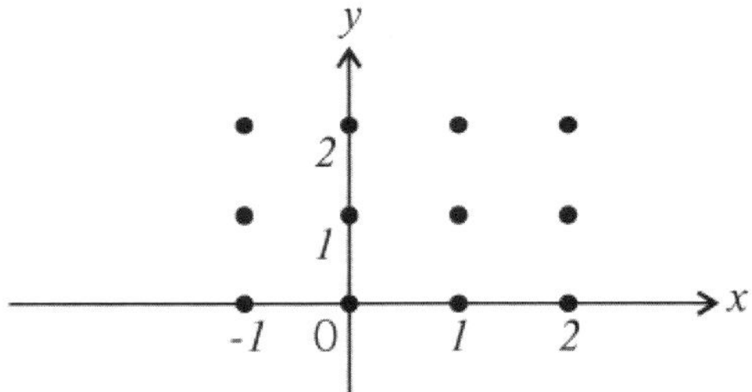

Solution

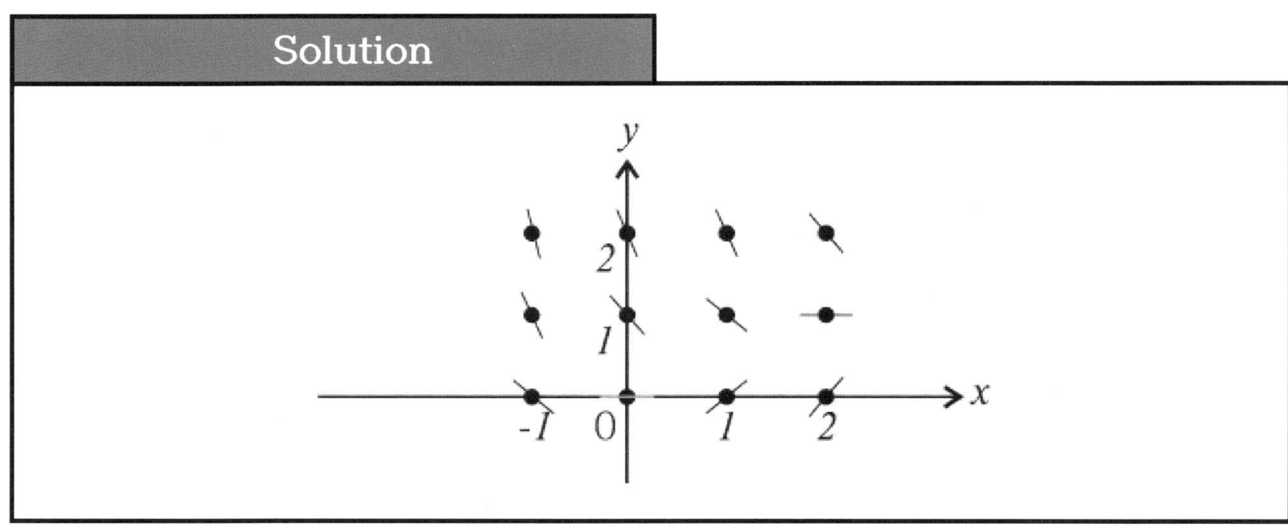

Problem 1

Consider the differential equation $\dfrac{dy}{dx} = \dfrac{y}{x}$, where $x \neq 0$.

Sketch a slope field for the given differential equation on the twelve points indicated.

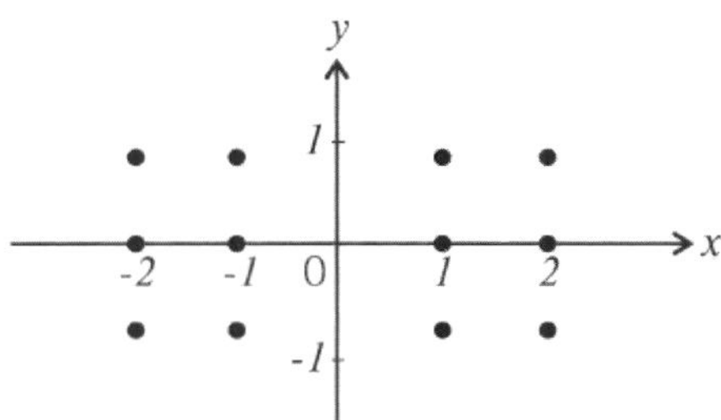

Solution

정답

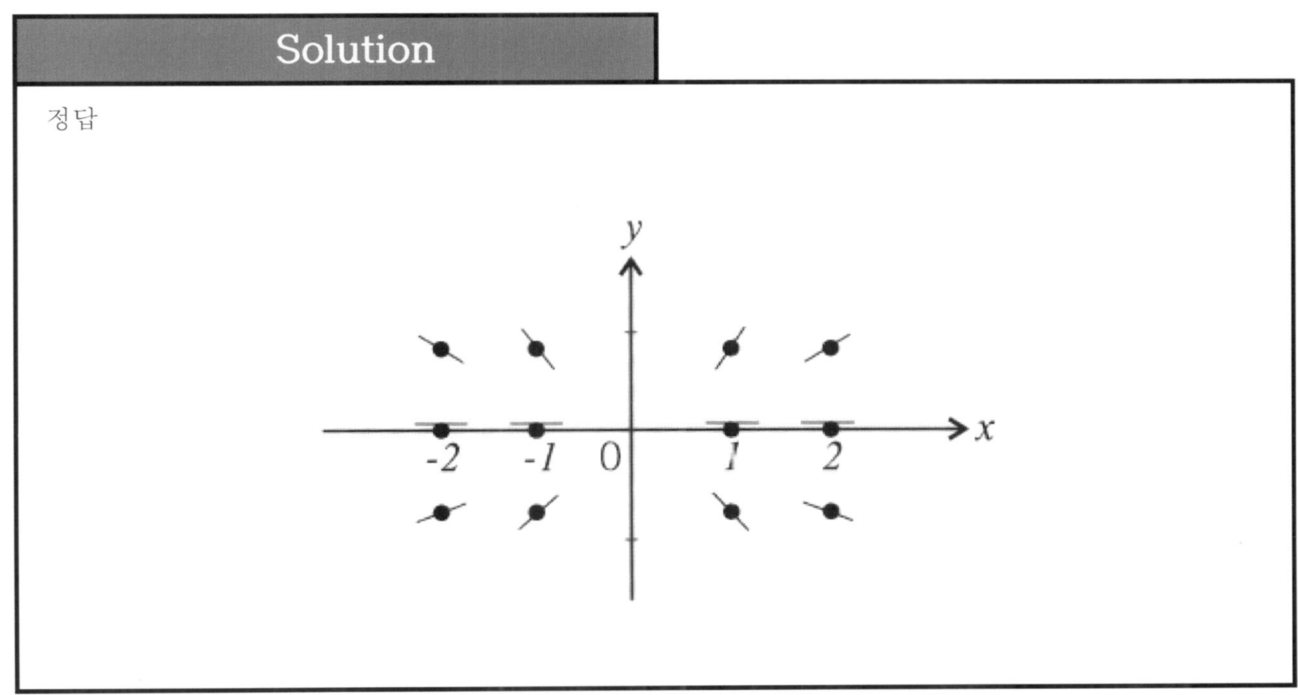

심선생의 주절주절 잔소리 5

　예전에 이런 말을 들은 적이 있다. "실패하는 자는 항상 비판적이고 성공하는 자는 항상 긍정적이다" 상당히 공감이 가는 말이다. 이는 학생들도 마찬가지이다. 항상 학교생활에 불만을 가지는 학생이 있는가 하면 학교의 모든 환경이 부족하여도 항상 그에 맞추어 생활하는 학생들이 있다. 우연일지는 모르겠으나 항상 긍정적인 학생들이 결과가 좋았던 것이 사실이다. 자신에게 주어진 일을 열심히 하는 사람은 절대로 비판적으로 될 수가 없다.

　학생들에게 해주고 싶은 말은.... "지금은 힘들어도 곧 꽃 필 날이 온다~대학에 가서 본인이 하고 싶은 모든 것을 다 해보라~ 세계 일주도 해보고 여자친구 남자친구도 많이 사귀어보고~ 취미 생활도 열정적으로 하고~ 공부도 열심히 하고~ 그러니, 지금은 너희가 힘들고 짜증 날수도 있지만 머지않아 모두 보상을 받게 되니 항상 현재의 생활에 만족하며 감사한 마음으로 생활하자~!! 긍정적으로 살자~!!"

4. Exponential Growth and Logistic Differential Equations (BC)

1. Exponential Growth

"A positive quantity Q increases at a rate that at any time t is proportional to the amount present"

$\Rightarrow \dfrac{dQ}{dt} = kQ,\ \dfrac{dQ}{dt}$: 짧은 시간 동안 일어나는 어떤 양의 순간변화율, k : 비례상수 (Proportional constant), Q : 현재의 양

즉, $\dfrac{dQ}{dt} = kQ$ 에서 $\dfrac{1}{Q} dQ = kdt$의 양변을 적분(Integral)하면 $\displaystyle\int \dfrac{1}{Q} dQ = \int kdt$ 에서 $\ln Q = kt + C$ 이므로 $Q = e^{kt+C} = e^{kt} \cdot e^{C}$ 에서 $e^{C} = C$ 라고 하면, $Q = C \cdot e^{kt}$ 결과를 암기할 필요는 없다. 문장을 읽고 "$\dfrac{dQ}{dt} = kQ$" 와 같은 식만 잘 세우면 된다. 식을 세우고 난 뒤에는 앞에서 풀었던 것처럼 풀면 된다.

$\left(\textbf{EX 1}\right)$ The hare population of a forest is growing at a rate proportional to its population. If the growth rate per months is 2% of the current population, how long will it take for the population to triple?

Solution

$\dfrac{dP}{dt} = 0.02 \cdot P \Rightarrow \dfrac{1}{P} dP = 0.02dt \Rightarrow \displaystyle\int \dfrac{1}{P} dP = \int 0.02dt \Rightarrow \ln P = 0.02t + C \Rightarrow$

$P = e^{0.0.2t} \cdot e^{C} \Rightarrow (e^{c} = P_0) \Rightarrow P = P_0 \cdot e^{0.02t}$ 에서 triple이 되어야 하므로

$P = 3P_0,\ 3P_0 = P_0 \cdot e^{0.02t} \Rightarrow 3 = e^{0.02t}$ 양변에 ln을 취하면 $\ln 3 = 0.02t$ 에서

$t = \dfrac{1}{0.02} \times \ln 3 \approx 54.93$ 그러므로, $t = 54.93 months$

정답   54.93

$\left(\textbf{EX 2}\right)$ At a monthly rate of 1.5% compounded continuously, how long does it take for an investment to double?

Solution

$\dfrac{dA}{dt} = 0.015A \ \Rightarrow \ \dfrac{1}{A}\,dA = 0.015dt \ \Rightarrow \ \displaystyle\int \dfrac{1}{A}\,dA = \int 0.015dt \ \Rightarrow \ \ln|A| = 0.015t + C$ 에서

$A = e^{0.015t + C} = \pm\,e^{0.015t} \cdot e^{C},\ (\pm e^{C} = A_0) \ \Rightarrow \ A = A_0 \cdot e^{0.015t}$ 에서 double이 되어야 하므로

$A = 2A_0,\ 2A_0 = A_0 \cdot e^{0.015t} \ \Rightarrow \ 2 = e^{0.015t}$ 양변에 ln을 취하면 $\ln 2 = 0.015t$ 에서

$t = \dfrac{1}{0.015} \times \ln 2 \approx 46.21$

그러므로, $t \approx 46.21 months$

정답	46.21

Problem 1

The squirrel population P in a forest grows according to the equation $\dfrac{dP}{dt} = kP$, where k is a constant and t is measured in years. If the squirrel population triples every 5 years, Find the value of k.

Solution

$\dfrac{dP}{dt} = kP$ 에서 $\displaystyle\int \dfrac{1}{P} dP = \int k\,dt$ 에서 $\ln|P| = kt + C$ $\quad P = \pm e^{kt} \cdot e^{C}$ 에서 $\pm e^{C} = P_0$ 이므로

$P = P_0 e^{kt}$ (※ $t = 0$ 일 때 $e^{C} = P$. 즉, C 값은 $t = 0$일 때의 값이다.)

문제의 조건에서 $t = 5$일 때, $P = 3P_0$이므로 $3P_0 = P_0 e^{5k}$ 에서 $3 = e^{5k}$ 이고 양변에 $\ln$을 취하면 $k \approx 0.22$

정답   0.22

2. Logistic Growth (BC)

만약 어느 숲에 토끼가 서식하고 있다고 가정해보자. 이 숲에는 토끼의 천적이 없다고 해보면 토끼의 수는 한없이 늘어나서 그 숲의 한계를 초과할까 …? 그렇지 않다.
생태계(Ecosystem)가 수용할 수 있는 수가 있는 것이다. 이러한 수를 Carrying Capacity라고 한다.
그렇다면 앞에서 공부한 Exponential Growth와 Logistic Growth와의 차이점은 무엇일까? …

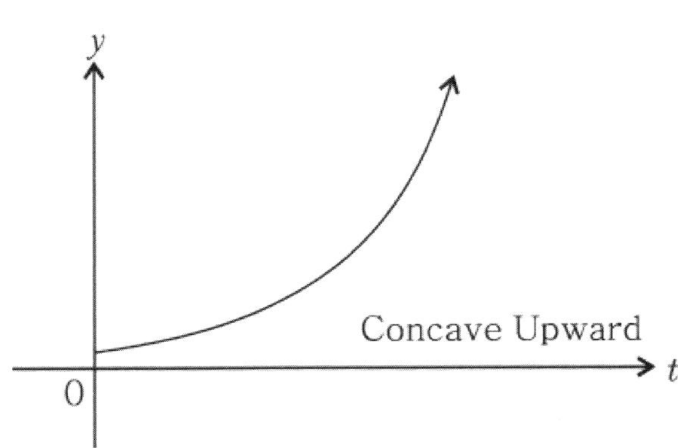

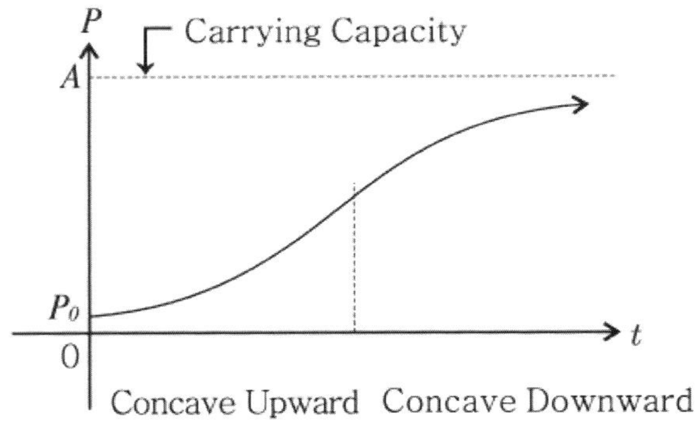

Exponential Growth	Logistic Growth

Exponential Growth
(어떤 수나 양(Quantity)이 어떤 제한 조건 (Restrictions)없이 증가)

Logistic Growth
(어떤 수의 양(Quantity)이 어떤 제한 조건 (Restriction)이 있다.)

<반드시 알아두자!>

$$\frac{dy}{dt} = ky$$

<반드시 알아두자!>

$$\frac{dy}{dt} = ky(A - y)$$

$\Rightarrow$ ① 같은 변수(Variable)끼리 모은다.

$$\frac{1}{y}\,dy = kdt$$

$\Rightarrow$ ② 양변 적분(Integrate)

$$\int \frac{1}{y}\,dy = \int kdt$$

$\Rightarrow$ $\ln|y| = kt + C$ 에서 결과는 다음과 같다.

$\Rightarrow$ ① 같은 문자끼리 모은다.

$$\frac{1}{y(A - y)}\,dy = kdt$$

$\Rightarrow$ ② 양변 적분(Integrate)

$$\int \frac{1}{y(A - y)}\,dy = \int kdt$$

결과는 다음과 같다.

<반드시 알아두자!>

암기보다는 식을 유도하자.
$$y = e^{kt + C} = Ce^{kt}$$

<반드시 알아두자!>

$$y = \frac{A}{1 + ce^{-Akt}}$$

(EX 1) The population of a small town was 2500 in 2000 and 3500 in 2005. How many people will be there in 2010? (Assuming a carrying capacity of 10000)

Solution

$$P(t) = \frac{A}{1 + C \cdot e^{-Akt}}$$

① 2000년을 $t = 0$이라고 하면, $P(0) = 2500 = \dfrac{10000}{1 + C}$ 에서 $C = 3$

② 2005년을 $t = 5$라고 하면, $P(5) = 3500 = \dfrac{10000}{1 + 3 \cdot e^{-10000 \cdot 5 \cdot k}}$ 에서 $e^{-10000 \cdot 5 \cdot k} \approx 0.62$

③ 2010년은 $t = 10$이므로, $P(10) = \dfrac{10000}{1 + 3 \cdot e^{-10000 \cdot 10 \cdot k}}$, ②에서 $e^{-10000 \cdot 5 \cdot k} \approx 0.619$ 이므로

$$P(10) = \frac{10000}{1 + 3 \cdot (e^{-10000 \cdot 5 \cdot k})^2} \approx 4652.28$$

그러므로 2010년 이 마을의 인구수는 대략 4652명이 된다.

정답　　　4652명

(EX 2) A town had a population of 1000 in 2000 and 1200 in 2005. Assuming an exponential growth rate, estimate the town's population in 2010.

Solution

$\dfrac{dP}{dt} = kP$ 에서 같은 문자끼리 모으면 $\dfrac{1}{P}\,dP = k\,dt$ 에서 양변을 적분(Integrate)하면

$\displaystyle\int \frac{1}{P}\,dP = \int k\,dt$ 에서 $\ln|P| = kt + C$, $|P| = e^{kt + C} = \pm e^{kt} \cdot e^{C} = C \cdot e^{kt}$ (여기서 $\pm e^{C} = C$)

즉, $P(t) = C \cdot e^{kt}$

① 2000년 $\Rightarrow t = 0$일 때 $P = 1000$ 이므로 $1000 = C$

② 2005년 $\Rightarrow t = 5$일 때 $P = 1200$ 이므로 $1200 = 1000 \cdot e^{5k}$ 에서 $e^{5k} \approx 1.2$

③ 2010년 $\Rightarrow t = 10$일 때 $P(10) = 1000(e^{5k})^2 = 1440$

정답　　　1440명

Problem 2

The population $P(t)$ of a rabbit in a region satisfies the logistic differential equation $\dfrac{dP}{dt} = P(3 - \dfrac{P}{1000})$, where the initial population $P(0) = 2,500$ and t is the time in years. Evaluate $\lim\limits_{t \to \infty} P(t)$

Solution

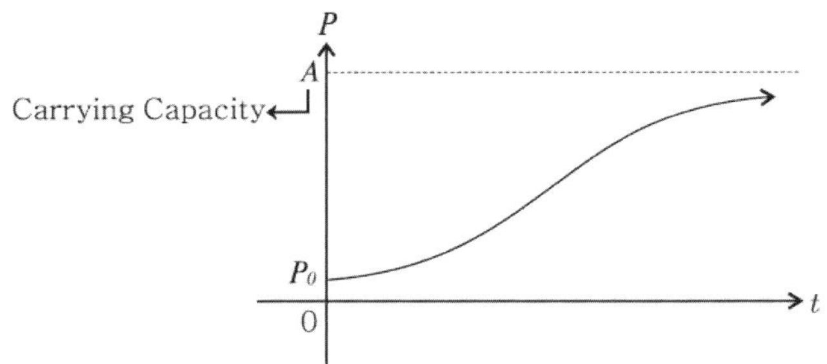

위의 Logistic Growth의 Graph를 보면 t값이 커질수록 Carrying capacity에 가까워짐을 알 수 있다. 즉, $\dfrac{dP}{dt} = kP(A - P)$ 에서 t가 ∞로 가까워지면 (즉, 시간이 충분히 커지면)

$P \approx A$ 이므로 $\dfrac{dP}{dt} = 0$ 이 된다.

그러므로 $\lim\limits_{t \to \infty} P(t) = 0 \Rightarrow P(3 - \dfrac{P}{1000})$ 에서 $P = 3000$, 즉 $\lim\limits_{t \to \infty} P(t) = 3,000$

정답   3,000

Problem 3

An infectious disease is spreading through a population of 12,000 at a rate proportional both to the number of people already infected and to the number still uninfected.
If there were 300 infected people 2 months ago, and 1 month ago 900 people were infected, about how many infected people are there now?

Solution

Logistic Growth 문제이다!!

$$P(t) = \frac{A}{1 + C \cdot e^{-Akt}} \quad (A : \text{Carrying Capacity}, \ t : \text{time})\text{에서}$$

① 2 months ago ···를 $\Rightarrow$ $t = 0$이라 하면 $P(0) = 300 = \dfrac{12000}{1 + C}$ 에서 $C = 39$

② 1 month ago ···를 $\Rightarrow$ $t = 1$이라 하면 $P(1) = 900 = \dfrac{12000}{1 + 39 \cdot C^{-12000k}}$ 에서

$\quad e^{-12000k} \approx 0.316$

③ 현재는 $\Rightarrow$ $t = 2$이므로 $P(2) = \dfrac{12000}{1 + 39 \cdot e^{-12000 \cdot 2 \cdot k}} = \dfrac{12000}{1 + 39 \cdot (e^{-12000k})^2} \approx 2451.79$

대략 2451명

정답   2,451

Problem 4

The number of rats in a region by the function P and grows according to the logistic differential equation $\dfrac{dP}{dt} = 0.92P(1 - \dfrac{P}{4000})$, where t is the time in months and $F(0) = 300$. Which of the following statements could be false?

  ⓐ $\lim\limits_{t \to \infty} P(t) = 4000$ ⓑ $\lim\limits_{t \to \infty} \dfrac{dP}{dt} = 0$ ⓒ $\dfrac{dP}{dt} > 0$ ⓓ $\dfrac{d^2P}{dt^2} > 0$

Solution

$\dfrac{dP}{dt} = 0.92P(1 - \dfrac{P}{4000})$ 를 나타내는 Logistic Growth Curve는 다음과 같다.

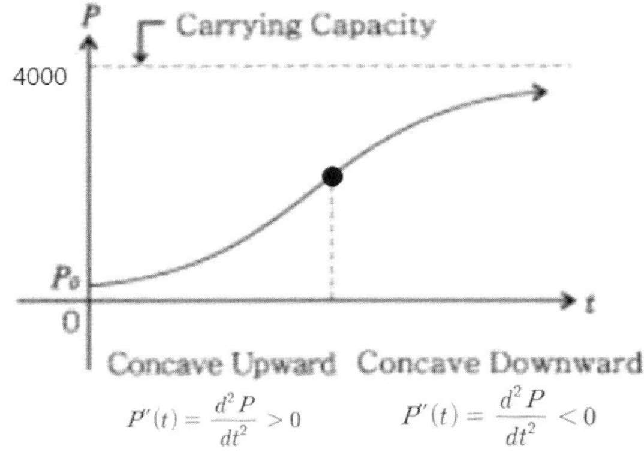

- $\lim\limits_{t \to \infty} \dfrac{dP}{dt} = 0$이 되어야 하므로 $P = 4000$이 되어야 한다. 그러므로 ⓐ,ⓑ는 True.

- Curve가 Increasing 하므로 $\dfrac{dP}{dt} > 0$, 그러므로 ⓒ는 True.

- Concave up 에서 Concave Down으로 변하기 때문에 ⓓ는 False
그러므로, 정답은 ⓓ

정답   ⓓ

Series

Series

시작에 앞서서...

많은 학생들이 Series를 어렵다고 하는데 이는 생소하게 보이는 내용을 무조건 암기만 하려고 해서 그렇다. 물론 다른 단원에 비해서 암기할 부분이 많은 것이 사실이지만 필자가 설명하는 모든 것들을 꼼꼼히 봐 가면서 공부하기 바란다.

1. Series?

"Series"를 한 마디로 표현하자면 "수를 한없이 더해나가는 것"이다. 다음을 보자.

- The Sum of the sequence

$$S_n = a_1 + a_2 + a_3 + \cdots + a_n$$

- Series

$$S = \underbrace{a_1 + a_2 + a_3 + \cdots + a_n}_{(S_n = \sum_{k=1}^{n} a_k)} \underbrace{+ \cdots}_{\lim_{n \to \infty}}$$

즉, Series는 "The Sum of the Sequence"에 lim만 추가시키면 된다. 그러므로, Series는 다음과 같이 표현할 수 있다. 암기할 필요는 없지만 이렇다는 것만 알아두자.

반드시 알아두자!

$$\lim_{n \to \infty} S_n = \lim_{n \to \infty} \sum_{k=1}^{n} a_k = \sum_{k=1}^{\infty} a_k = \sum a_k \cdots$$

다음은 여러 가지 수들을 나열한 후 한없이 더한 것들이다. 결과를 보도록 하자.

① $1 + 3 + 5 + 7 + 9 \cdots$ $= \infty$ (Diverge)

② $1 - 1 - 3 - 5 - 7 - \cdots$ $= -\infty$ (Diverge)

③ $1 + 2 + 4 + 8 + 16 + \cdots$ $= \infty$ (Diverge)

④ $1 - 2 + 4 - 8 + 16 - \cdots$ $= \infty$ (Diverge)

⑤ $1 + \dfrac{1}{2} + \dfrac{1}{4} + \dfrac{1}{8} + \dfrac{1}{16} + \cdots$ $= C$ (Converge)

⑥ $1 - \dfrac{1}{3} + \dfrac{1}{9} - \dfrac{1}{27} + \dfrac{1}{81} - \cdots$ $= C$ (Converge)

⑦ $-\dfrac{1}{\sqrt{2}} + \dfrac{1}{\sqrt{3}} - \dfrac{1}{\sqrt{4}} + \dfrac{1}{\sqrt{5}} - \dfrac{1}{\sqrt{6}} + \cdots$ $= ?$ (Diverge? or Converge?)

⑧ $\dfrac{1}{3} + \dfrac{1}{5} + \dfrac{1}{7} + \dfrac{1}{9} + \dfrac{1}{11} + \cdots$ $= ?$ (Diverge? or Converge?)

⑨ $\dfrac{1}{e} + \dfrac{2}{e^2} + \dfrac{3}{e^3} + \dfrac{4}{e^4} + \dfrac{5}{e^5} + \cdots$ $= ?$ (Diverge? or Converge?)

위의 ①~⑨까지의 예제를 통해서 보듯이 …
- ①~②는 Arithmetic Series
  ⇒ Arithmetic Series는 계산해봐야 $\pm\infty$로 뻔하다. (Diverge)

- ③~⑥는 Geometric Series
  ⇒ Geometric Series는 한없이 더하면 결과가 여러 가지!!
  ⇒ ⑤, ⑥번이 Converge하는 경우인데 이때의 Ratio가 ⑤는 $\dfrac{1}{2}$, ⑥은 $-\dfrac{1}{3}$, 즉, Ratio가
$-1 < r < 1$이면 Geometric Series는 한없이 더했을 때 Converge!
  ⇒ ⑦~⑨은 Arithmetic Series도 Geometric Series도 아니다.
  ⇒ Converge인지 Diverge인지 알 수가 없다.

∞는 "너무 커서 알 수 없는 수"이고 $-\infty$는 "너무 작아서 알 수 없는 수"이다. **이처럼 결과가 너무 작거나 커서 알 수가 없는 상태를 "Diverge"라고 하고 어떤 수에 비슷한 값이 나올 때를 "Converge"라고 한다.**

여러분들한테 어떤 수를 한없이 더하라고 할 때 결과가 "Diverge"라면 계산을 할 수 있을까?
필자라면 그 시간에 딴 짓을 할 것이다. 다행히도 Arithmetic Series는 계산해봐야 결과가 $\pm\infty$로 "Diverge"한다는 것을 알 수 있으므로 계산할 필요가 없고 Geometric Series의 경우에도 Ratio가 $-1 < r < 1$일 때 빼고서는 계산할 필요가 없다.

이처럼 Arithmetic Series나 Geometric Series의 경우에는 계산을 해야 할지 말아야 할지 바로 알 수가 있지만 앞의 ①~⑨까지의 예제에서 ⑦~⑨처럼 Arithmetic Series도 Geometric Series도 아닌 경우에는 계산할 필요가 있는지 없는지를 알 수가 없게 된다.

그래서, 우리는 Series를 계산하기에 앞서서 "Convergence Test"를 하게 된다.
Test 결과 "Diverge"이면 계산할 필요가 없고 "Converge"이면 계산할 필요가 있게 된다.
AP Calculus 과정에서는 Arithmetic Series도 Geometric Series도 아닌 경우에는 "Diverge"인지 "Converge"인지 판정하는 Test만 다룬다.

Geometric Series

$S = \lim\limits_{n\to\infty} S_n = \lim\limits_{n\to\infty} \dfrac{a(1-r^n)}{1-r}$ 에서 $-1 < r < 1$인 경우 $\lim\limits_{n\to\infty} r^n = 0$ 이므로 $S = \dfrac{a}{1-r}$ 의 공식이 성립한다.

반드시 암기하자!

Ratio가 $-1 < r < 1$ 일 때, Geometric Series 계산하면 $S = \dfrac{a}{1-r}$ (a:Initial Value, r:Ratio)

☞ 심선생 Math Series

다음의 예제들을 보자.

$\left(\text{EX 1}\right)$ Find the sum of the series $2+1+\dfrac{1}{2}+\dfrac{1}{4}+\cdots$

Solution

Ratio가 $\dfrac{1}{2}$ 이고 $a=2$ 이므로 공식에 대입하면 $S=\dfrac{2}{1-\dfrac{1}{2}}=4$

정답　　4

$\left(\text{EX 2}\right)$ Find the sum of the series $1+4+7+10+13\cdots$

Solution

Arithmetic Series를 계산해봐야 결과는 $\pm\infty$ 중 하나이다.
$1+4+7+10+13+\cdots+=\infty$ 이므로 Diverge

정답　　Diverge

$\left(\text{EX 3}\right)$ Find the sum of the series $2+\dfrac{3}{5}+\dfrac{4}{10}+\dfrac{5}{17}+\cdots$

Solution

Arithmetic Series도 Geometric Series도 아니다. 즉, 계산 결과를 알 수가 없다.
Convergence Test가 필요하다.

정답　　계산 결과를 알 수가 없다. Convergence Test가 필요하다.

<AP CALCULUS AB&BC>

 **Series?**

어느 수들을 한없이 더해나가는 문제를 보면 …

① Arithmetic Series인지, Geometric Series인지 검토해보고…

② Geometric Series인 경우에는 Ratio가 $-1 < r < 1$인 경우에는 "Converge" 하면서 $S = \dfrac{a}{1-r}$ 로 그 결과도 바로 알 수 있지만, 그렇지 않을 경우는 "Diverge" 한다.

③ Arithmetic Series도 Geometric Series도 아닌 경우에는 다음 단원에서 설명하는 Convergence Test를 하여야 한다.

2. Convergence Test

1. The nth Term Test (The Diverge Test)
2. The Integral Test
3. The P-series Test
4. The Basic Comparison Test
5. The Limit Comparison Test
6. The Ratio Test
7. The Root Test
8. The Alternating Series
9. Absolute and Conditional Convergence

시작에 앞서서...

어느 수들을 한 없이 더해 나가는데 그 나열되어 있는 수들이 Arithmetic Series도 Geometric Series도 아니었다면 위에 나열된 9가지 Convergence Test를 하여 계산을 할지 안할지 결정하여야 한다.
위에 소개되어 있는 9가지 Convergence Test들은 한없이 더해나가는 Series와 계산 결과가 같은 것이 아니라 "Diverge", "Converge" 여부만 일치하는 것이다. 즉, Convergence Test의 결과가 Series의 결과와 같은 것이 아니다. 많은 학생들이 이 부분을 헷갈려한다.
즉, "이렇게 해보니까 Series의 값은 정확히 모르겠지만 Diverge인지 Converge인지는 일치하더라." 이렇게 말할 수 있다. 조금 미안한 말을 하자면 위의 9가지 Convergence Test들은 필자가 소개하는 모양과 풀이 방법을 구구단 외우듯이 암기해야 한다.

1. The nth Term Test

$$S_n = a_1 + a_2 + a_3 + \cdots + a_{n-1} + a_n$$
$$- \underline{\quad S_{n-1} = a_1 + a_2 + a_3 + \cdots + a_{n-1} \quad}$$
$$S_n - S_{n-1} = \qquad\qquad a_n$$

즉, $S_n - S_{n-1} = a_n$ 인데 양변에 $\lim\limits_{n \to \infty}$ 을 붙이면 $\lim\limits_{n \to \infty} S_n - \lim\limits_{n \to \infty} S_{n-1} = \lim\limits_{n \to \infty} a_n$ 에서 만약 $\lim\limits_{n \to \infty} S_n$ 가 어떤 값 C로 "Converge" 한다면 $\lim\limits_{n \to \infty} S_n = C$ (Constant)라고 할 수 있고 $\lim\limits_{n \to \infty} S_{n-1} = C$ 라고 할 수 있을 것이다.

예를 들어, $\lim\limits_{n \to \infty} S_n = 5$ 라고 한다면

$\lim\limits_{n \to \infty} S_{n-1} = a_1 + a_2 + a_3 + \cdots + a_{n-1} + \cdots$ 도 대략 5정도 된다고 보는 것이다.

즉, $\lim\limits_{n \to \infty} S_n$ 이 어떤 값 C로 Converge하면 $\lim\limits_{n \to \infty} S_n = C$ 라고 할 수 있고 $\lim\limits_{n \to \infty} S_{n-1}$ 도 C라고 할 수 있으므로 $\lim\limits_{n \to \infty} S_n\,(=C) - \lim\limits_{n \to \infty} S_{n-1}\,(=C) = \lim\limits_{n \to \infty} a_n\,(=0)$

$\Rightarrow$ 그러므로

$\boxed{\lim\limits_{n \to \infty} S_n}$ 이 Converge하면 $\lim\limits_{n \to \infty} a_n = 0$ 이다.

$$= \boxed{\lim_{n \to \infty} \sum_{k=1}^{n} a_k = \sum a_n = \sum_{n=1}^{\infty} a_n}$$

즉, If $\sum a_n$ converge, then $\lim\limits_{n \to \infty} a_n = 0$.

Contraposition(대우)은 참, 거짓이 일치한다.
Contraposition:
(p이면 q이다 $\Rightarrow$ q가 아니면 p가 아니다.) $\Leftrightarrow$ ($p \to q \Rightarrow \sim q \to \sim p$)

앞의 문장을 다시 써보면, If $\displaystyle\sum_{n=1}^{\infty} a_n$ converge, then $\displaystyle\lim_{n\to\infty} a_n = 0$ 이 되고 Contraposition은 다음과 같다.

반드시 암기하자!

$$\text{If } \lim_{n\to\infty} a_n \neq 0, \text{ then } \sum_{n=1}^{\infty} a_n \text{ diverges.}$$

요것이 바로 The nth Term Test! 반드시 암기하여야 한다.

다음을 보자.

$\displaystyle\sum_{n=1}^{\infty} a_n$ 에서 $\displaystyle\lim_{n\to\infty} a_n \neq 0$ 이면 $\displaystyle\sum_{n=1}^{\infty} a_n$ 은 Diverge이다!

$\displaystyle\lim_{n\to\infty} a_n = 0$ 이면 $\displaystyle\sum_{n=1}^{\infty} a_n$ 은 Diverge인지 Converge인지 모른다.

즉, 다음에 소개되는 2th. ~ 8th. 의 Convergence Test들은 Test들을 해보기에 앞서 The nth Term Test를 해봐서 $\displaystyle\lim_{n\to\infty} a_n \neq 0$ 인 경우는 굳이 Test를 할 필요 없이 "Diverge" 이지만 $\displaystyle\lim_{n\to\infty} a_n = 0$ 인 경우는 각각의 형태에 맞는 Test를 하여야 한다.

$\left(\textbf{EX 1}\right)$ Does $\displaystyle\sum_{n=1}^{\infty} \frac{3n}{2n+1}$ converge or diverge?

Solution

$$\lim_{n\to\infty} \frac{3n}{2n+1} = \frac{3}{2} \neq 0 \quad \text{이므로 Diverge!}$$

정답   Diverge

$\left(\textbf{EX 2}\right)$ Does $\displaystyle\sum_{n=1}^{\infty} \frac{n}{n^2+1}$ converge or diverge?

Solution

$$\lim_{n\to\infty} \frac{n}{n^2+1} = 0 \text{ 이므로 알 수 없다. 즉, 이 형태에 맞는 Convergence Test를 하여야 한다.}$$

정답   알 수 없다.

$\left(\textbf{EX 3}\right)$ Does $\displaystyle\sum_{n=1}^{\infty} \frac{n+1}{e^{2n}}$ converge or diverge?

Solution

$$\lim_{n\to\infty} \frac{(n+1)'}{(e^{2n})'} \Rightarrow \lim_{n\to\infty} \frac{1}{2\cdot e^{2n}} = \frac{1}{\infty} = 0 \quad \text{(L'Hopital's Rule)이므로 알 수 없다.}$$

즉, 이 형태에 맞는 Convergence Test를 하여야 한다.

정답   알 수 없다.

2. The Integral Test

> If f is positive, continuous, and decreasing for $x \geq 1$, and $a_n = f(n)$, then :
>
> $$\sum_{n=1}^{\infty} a_n \text{ and } \int_{1}^{\infty} f(x)dx \text{ Either both converge or both diverge.}$$

Integral Test를 하는 경우

반드시 암기하자!

① 모양

$$: \sum_{n=1}^{\infty} \frac{1}{\sqrt{n}}, \ \sum_{n=1}^{\infty} \frac{1}{n^2}, \ \sum_{n=1}^{\infty} \frac{1}{n}, \ \sum_{n=1}^{\infty} \frac{1}{n^2} \cdot \cos \frac{\pi}{n}, \ \sum_{n=1}^{\infty} \frac{1}{n+1}$$

$$\sum_{n=1}^{\infty} \frac{2n}{n^2+1} \ (n^2+1 은 \ 2n 과 \ \text{U-Substitution}) \ \cdots \ 등 \ \cdots$$

Integration 단원에서 계산했던 형태이거나
분모(Denominator)가 $\sqrt{n}$, n, n^2 $\cdots$ 일 때 $\cdots$

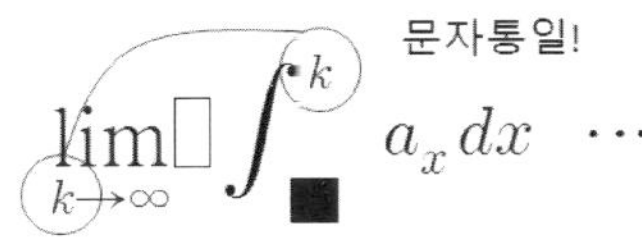

② 계산법 : $\displaystyle\sum_{n=1}^{\infty} a_n = \int_{\blacksquare}^{\infty} a_x \, dx \ \cdots \ \Rightarrow \ \lim_{k \to \infty} \int_{\blacksquare}^{k} a_x \, dx \ \cdots$

> a_n이 정의되는 범위에서는 아무 숫자나 와도 된다. 1이든 10이든 100이든 $\cdots$ 맘대로!
>
> (예를 들어, a_n이 $\dfrac{1}{n}$ 일 때 $\int_{\blacksquare}^{\infty}$ 에서 $\blacksquare$은 0이 아닌 a_n이 정의되는 Domain의 아무 수나 와도 된다.)
>
> 어차피 Converge, Diverge만 일치하면 되는 것이므로
>
> 이 계산 결과가 $\displaystyle\sum_{n=1}^{\infty} a_n$ 의 값이 아니고 Converge, Diverge 여부만 일치한다.

(**EX 1**) Does $\displaystyle\sum_{n=1}^{\infty} \frac{1}{n}$ converge or diverge?

Solution

Integral Test를 해야 하는 경우의 문제이다.

$$\sum_{n=1}^{\infty} \frac{1}{n} \Rightarrow \int_{1}^{\infty} \frac{1}{x}\,dx$$

(굳이 1을 쓰지 않더라도 아무 숫자 마음대로! (단, 0보다 작거나 같으면 안 된다.))

$$= \lim_{k\to\infty} \int_{1}^{k} \frac{1}{x}\,dx = \lim_{k\to\infty} [\ln x]_{1}^{k} = \lim_{k\to\infty} [\ln k - \ln 1] = \lim_{k\to\infty} \ln k = \infty \quad \text{이므로 Diverge}$$

$\Rightarrow$
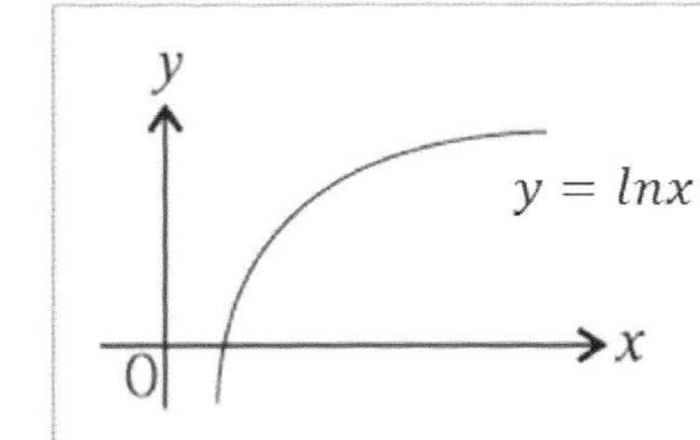

정답   Diverge

(**EX 2**) Does $\displaystyle\sum_{n=1}^{\infty} \frac{1}{\sqrt{n}}$ converge or diverge?

Solution

Integral Test를 해야 하는 경우의 문제이다.

$$\sum_{n=1}^{\infty} \frac{1}{\sqrt{n}} \Rightarrow \int_{1}^{\infty} \frac{1}{\sqrt{x}}\,dx$$

(굳이 1을 쓰지 않더라도 아무 숫자 마음대로! (단, 0보다 작거나 같으면 안 된다.))

$$= \lim_{k\to\infty} \int_{1}^{k} x^{-\frac{1}{2}}\,dx = \lim_{k\to\infty} [2\sqrt{x}\,]_{1}^{k} = \lim_{k\to\infty} [2\sqrt{k} - 2] = \infty \quad \text{이므로 Diverge}$$

정답   Diverge

☞ 심선생 Math Series

$\left(\text{EX 3}\right)$ Does $\displaystyle\sum_{n=1}^{\infty} \frac{1}{n^2}$ converge or diverge?

Solution

Integral Test를 해야 하는 경우의 문제이다.

$$\sum_{n=1}^{\infty} \frac{1}{n^2} \Rightarrow \int_{1}^{\infty} \frac{1}{x^2}\,dx$$

(굳이 1을 쓰지 않더라도 아무 숫자 마음대로! (단, 0은 안 된다.)))

$$= \lim_{k\to\infty} \int_{1}^{k} x^{-2}\,dx = \lim_{k\to\infty} [-\frac{1}{x}]_{1}^{k} = \lim_{k\to\infty} [-\frac{1}{k}+1] = 1 \quad \text{이므로 Converge}$$

정답   Converge

$\left(\text{EX 4}\right)$ Does $\displaystyle\sum_{n=1}^{\infty} \frac{1}{2n^2} \cdot \sin\frac{3\pi}{n}$ converge or diverge?

Solution

Integral Test를 해야 하는 경우의 문제이다.

$$\sum_{n=1}^{\infty} \frac{1}{2n^2} \cdot \sin\frac{3\pi}{n} \Rightarrow \lim_{k\to\infty} \int_{1}^{k} \frac{1}{2x^2} \cdot \sin\frac{3\pi}{x}\,dx \left(\frac{3\pi}{x} \quad \text{와} \quad \frac{1}{2x^2}\text{은 U-Substitution}\right)\text{에서}$$

$\dfrac{3\pi}{x} = u$ 라고 치환(Substitution)하고

양변을 x에 대해서 미분(Differentiation)하면 $-\dfrac{3\pi}{x^2} = \dfrac{du}{dx}$ 이므로 $dx = -\dfrac{x^2}{3\pi}\,du$

$$\lim_{k\to\infty} \int_{3\pi}^{\frac{3\pi}{k}} \frac{1}{2x^2} \cdot \sin u \cdot \left(-\frac{x^2}{3\pi}\right)du = \frac{1}{6\pi}\lim_{k\to\infty} \int_{\frac{3\pi}{k}}^{3\pi} \sin u\,du \quad \text{에서}$$

$$\frac{1}{6\pi}\lim_{k\to\infty} [-\cos u]_{\frac{3\pi}{k}}^{3\pi} = \frac{1}{6\pi}\lim_{k\to\infty} [1+\cos\frac{3\pi}{k}] = \frac{1}{6\pi}\cdot 2 = \frac{1}{3\pi} \quad \text{이므로 Converge!!}$$

정답   Converge

$\left(\textbf{EX 5}\right)$ Does $\displaystyle\sum_{n=1}^{\infty} \frac{\ln n}{n}$ converge or diverge?

Solution

Integral Test를 해야 하는 경우의 문제이다.

$\displaystyle\int_{1}^{\infty} \frac{\ln x}{x}\, dx$ 에서 $\displaystyle\lim_{k\to\infty}\int_{1}^{k} \frac{1}{x}\cdot\ln x\, dx$ (여기서 $\frac{1}{x}$ 와 $\ln x$ 는 U-Substitution)이다.

$\ln x = u$ 라고 하고 양변을 x 에 대해서 미분(Differentiation)하면 $\frac{1}{x} = \frac{du}{dx}$ 에서 $dx = x\, du$ 이므로

$$\lim_{k\to\infty}\int_{0}^{\ln k} \frac{1}{x}\cdot u \cdot x\, du$$

$$\lim_{k\to\infty}\int_{0}^{\ln k} u\, du = \lim_{k\to\infty}\left[\frac{1}{2}u^2\right]_{0}^{\ln k} = \lim_{k\to\infty}\left[\frac{1}{2}(\ln k)^2\right] = \infty \quad \text{이므로 Diverge}$$

정답   Diverge

※ (Ex1)~(EX5) 모두 "The nth term Test" 에 의해 $\displaystyle\lim_{n\to\infty} a_n = 0$ 이기 때문에 모두 Integral Test로 풀었다.

3. The P-series Test

"2. The Integral Test" 에서 (EX1)~(EX3)까지 보면

(EX1) $\displaystyle\sum_{n=1}^{\infty} \frac{1}{n} \Rightarrow$ Diverge   (EX2) $\displaystyle\sum_{n=1}^{\infty} \frac{1}{\sqrt{n}} \Rightarrow$ Diverge   (EX3) $\displaystyle\sum_{n=1}^{\infty} \frac{1}{n^2} \Rightarrow$ Converge

즉, "Integral Test" 에서 $\displaystyle\sum_{n=1}^{\infty} \frac{1}{n^p}$ 의 모양은 굳이 계산하지 않아도 바로 결과를 알 수가 있다. 다음을 암기하자!

반드시 암기하자!

$$\sum_{n=1}^{\infty} \frac{1}{n^p} \ \text{은} \ \cdots \ \text{①}\, P \leqq 1 \ \text{이면 Diverge} \quad \text{②}\, P > 1 \ \text{이면 Converge}$$

Shim's Tip!

위의 암기사항은 반드시 알아야 하지만 대부분의 학생들은 잊어버리거나
위에 나오는 Ratio Test와 햇갈려 한다. 다음의 그림이 도움이 되기를 바라면서...^_^m

① 땅에 떨어진 돈이 1 Penny 이거나
   1Penny 가 인되면 사람들은 다른 사람 보기에
   창피해서 가던 길을 그냥 멀리 간다 (Diverge)

② 땅에 떨어진 돈이 1Penny가 넘으면 (예를 들어. $100 정도)
   사람들은 창피함을 무릅쓰고 땅에 떨어진 돈으로 몰려든다(Converge)

(EX 1) Determine whether the series $\displaystyle\sum_{n=1}^{\infty} \frac{1}{n^3}$ converges or diverges?

Solution

$\displaystyle\sum_{n=1}^{\infty} \frac{1}{n^p}$ 의 모양이고 $P=3>1$ 이므로 Converge!

정답 　 Converge

(EX 2) Determine whether the series $\displaystyle\sum_{n=1}^{\infty} \frac{2}{3\sqrt[3]{n}}$ converges or diverges?

Solution

$\displaystyle\sum_{n=1}^{\infty} \frac{1}{n^p}$ 의 모양이다. $\displaystyle\sum_{n=1}^{\infty} \frac{2}{3\sqrt[3]{n}} = \frac{2}{3} \sum_{n=1}^{\infty} \frac{1}{n^{\frac{1}{3}}}$ 에서 $P=\dfrac{1}{3}<1$ 이므로 Diverge!

정답 　 Diverge

<AP CALCULUS AB&BC>

4. The Basic Comparison Test

Let $0 \leqq a_n \leqq b_n$

1) If $\displaystyle\sum_{n=1}^{\infty} b_n$ converges, then $\displaystyle\sum_{n=1}^{\infty} a_n$ converges.

2) If $\displaystyle\sum_{n=1}^{\infty} a_n$ diverges, then $\displaystyle\sum_{n=1}^{\infty} b_n$ diverges.

일단 본론으로 들어가 보자.

"3. The P-series Test" 를 이용하면 $\displaystyle\sum_{n=1}^{\infty} \dfrac{1}{n^p \pm \alpha}$ (α : Constant)의 결과를 굳이 계산하지 않고도 바로 알 수 있다. … 당연한 말 두 마디만 해보면 …

두 식을 비교했을 때 …

① 작은 것이 Diverge 하면 당연히 큰 것도 Diverge 하고
② 큰 것이 Converge 하면 당연히 작은 것도 Converge …!

음 … 이것이 무슨 말인지는 … 다음의 예제를 보도록 하자.

The Basic Comparison Test.

위의 두 문장은 다음과 같이 이해를 해 보자! 계란에는 흰자와 노른자가 있다.
다음 두개의 계란을 보자

①

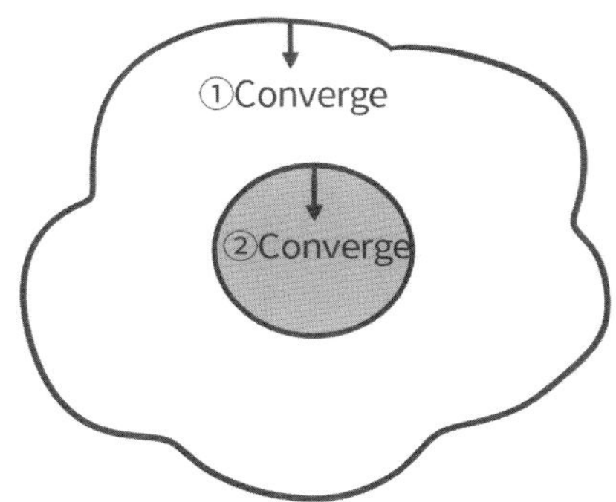

작은 것(노른자)이 부불어 오르면(Diverge)
큰 것(흰자)도 부풀어 오른다.(Diverge)

※ 그럼 작은 것(노른자)이 수축(Converge)하면
큰 것(흰자)는 어떻게 될지 알 수 없다!

⇒ 이때는 뒤에 나오는 LImit Comparison Test를
사용!

큰 것(흰자)이 수축하면(Converge)
작은 것(노른자)도 수축한다.(Converge)

※ 그럼 큰 것(흰자)이 부풀어 오르면(Diverge)?
작은 것(노른자)은 어떻게 될지 알 수 없다!

⇒ 이때는 뒤에 나오는 Limit Comparison Test를
사용

(EX 1) Does $\displaystyle\sum_{n=1}^{\infty} \frac{1}{n^2+1}$ converge or diverge?

Solution

3. The P-series Test에서 $\displaystyle\sum_{n=1}^{\infty} \frac{1}{n^2}$ 은 Converge한다는 사실을 바로 알 수 있다.

Convergence Test에 의해 $\dfrac{1}{n^2} > \dfrac{1}{n^2+1}$ 이므로 즉, $\displaystyle\sum_{n=1}^{\infty} \frac{1}{n^2+1}$ 보다 더 큰 $\displaystyle\sum_{n=1}^{\infty} \frac{1}{n^2}$ 이 Converge 하

므로 $\displaystyle\sum_{n=1}^{\infty} \frac{1}{n^2+1}$ 은 당연히 Converge!

정답   Converge

(EX 2) Does $1 + \dfrac{1}{\sqrt{3}} + \dfrac{1}{\sqrt{5}} + \dfrac{1}{\sqrt{7}} + \cdots$ converge or diverge?

Solution

$$1 + \frac{1}{\sqrt{3}} + \frac{1}{\sqrt{5}} + \frac{1}{\sqrt{7}} + \cdots = \frac{1}{\sqrt{1}} + \frac{1}{\sqrt{3}} + \frac{1}{\sqrt{5}} + \frac{1}{\sqrt{7}} + \cdots = \sum_{n=1}^{\infty} \frac{1}{\sqrt{2n-1}}$$

($\ast$ 1, 3, 5, 7 … 은 Arithmetic Sequence이므로 $a_n = a + (n-1)d$ 공식에 대입하면 $a=1$ 이고

Difference $d=2$ 이므로 $a_n = 1 + (n-1) \cdot 2 = 2n-1$)

The P-series Test에서 $\displaystyle\sum_{n=1}^{\infty} \frac{1}{\sqrt{2n}} = \sum_{n=1}^{\infty} \frac{1}{\sqrt{2}} \cdot \frac{1}{\sqrt{n}} = \frac{1}{\sqrt{2}} \cdot \sum_{n=1}^{\infty} \frac{1}{n^{\frac{1}{2}}}$ 에서 Diverge한다는 사

실을 바로 알 수 있다.

Convergence Test에 의해 $\dfrac{1}{\sqrt{2n}} < \dfrac{1}{\sqrt{2n-1}}$ 이므로 즉, $\displaystyle\sum_{n=1}^{\infty} \frac{1}{\sqrt{2n-1}}$ 보다 더 작은 $\displaystyle\sum_{n=1}^{\infty} \frac{1}{\sqrt{2n}}$

이 Diverge 하므로 $\displaystyle\sum_{n=1}^{\infty} \frac{1}{\sqrt{2n-1}}$ 은 당연히 diverge.

정답   Diverge

5. The Limit Comparison Test

> Suppose that $a_n > 0$, $b_n > 0$ and $\lim_{n \to \infty} \left(\dfrac{a_n}{b_n} \right) = L$ where L is finite and positive.
>
> Then the two series $\sum a_n$ and $\sum b_n$ either both converge or diverge.

다음과 같이 알아두자.

앞의 4. The Basic Comparison Test를 사용하기에 애매한 경우에는 The Limit Comparison Test를 이용한다.

다음과 같이 해보자.

예를 들어, $\displaystyle\sum_{n=1}^{\infty} \dfrac{\sqrt{n}}{n^2 + 2}$ 이 Converge 하는지 Diverge 하는지 조사한다고 하면, p-series에 의해

$\displaystyle\sum_{n=1}^{\infty} \dfrac{\sqrt{n}}{n^2} \Rightarrow \sum_{n=1}^{\infty} \dfrac{1}{n^{\frac{3}{2}}}$ 에서 Converge 한다는 것을 알 수 있다.

$\displaystyle\sum_{n=1}^{\infty} \dfrac{1}{n^{\frac{3}{2}}}$ 이 Converge 한다는 사실을 알았다면 다음의 ①②③ 순서대로 따라 해보자.

① $\displaystyle\sum_{n=1}^{\infty} \dfrac{\sqrt{n}}{n^2 + 2} \times (\blacksquare) : \blacksquare$ 는 $\dfrac{1}{n^{\frac{3}{2}}}$ 의 역수 (Reciprocal)

$\Downarrow$

② $\displaystyle\lim_{n \to \infty} \dfrac{n^2}{n^2 + 2} = 1 :$ "1" is Finite and Positive!

$\Downarrow$

③ $\displaystyle\sum \dfrac{\sqrt{n}}{n^2}$ 이 Converge하고 결과가 1로 (Finite and Positive) 나왔으므로 $\displaystyle\sum_{n=1}^{\infty} \dfrac{\sqrt{n}}{n^2 + 2}$ 도 Converge!

Shim's Tip!

다음과 같이 따라해 보자!

- $\displaystyle\sum_{n=1}^{\infty} \frac{1}{2n^2+n+2}$ $\Rightarrow \displaystyle\sum_{n=1}^{\infty} \frac{1}{n^2}$ (Converge) $\Rightarrow \dfrac{1}{n^2}$ 의 역수(Reciprocal)를 곱!

  $\Rightarrow \displaystyle\lim_{n\to\infty} \frac{n^2}{2n^2+n+2} = \frac{1}{2}$

  $\Rightarrow$ Finite and Positive

  $\Rightarrow$ Converge!

- $\displaystyle\sum_{n=1}^{\infty} \frac{n^2-1}{3n^5+n^2}$ $\Rightarrow \displaystyle\sum_{n=1}^{\infty} \frac{n^2}{n^5} \Rightarrow \displaystyle\sum_{n=1}^{\infty} \frac{1}{n^3}$ (Converge) $\Rightarrow \dfrac{1}{n^3}$ 의 역수(Reciprocal)를 곱!

  $\Rightarrow \displaystyle\lim_{n\to\infty} \frac{n^5-n^3}{3n^5+n^2} = \frac{1}{3}$

  $\Rightarrow$ Finite and Positive

  $\Rightarrow$ Converge!

- $\displaystyle\sum_{n=1}^{\infty} \frac{ne^n}{3n^4+1}$ $\Rightarrow \displaystyle\sum_{n=1}^{\infty} \frac{ne^n}{3n^4} \Rightarrow \frac{1}{3}\displaystyle\sum_{n=1}^{\infty} \frac{e^n}{n^3}$ (Diverge) (※ L' Hopital' s Rule 적용!)

  $\Rightarrow \dfrac{e^n}{n^3}$ 의 역수(Reciprocal)를 곱!

  $\Rightarrow \displaystyle\lim_{n\to\infty} \frac{ne^n}{3n^4+1} \times \frac{n^3}{e^n}$

  $\Rightarrow \displaystyle\lim_{n\to\infty} \frac{n^4}{3n^4+1} = \frac{1}{3}$

  $\Rightarrow$ Finite and Positive

  $\Rightarrow$ Diverge!

$\left(\textbf{EX 1}\right)$ Does $\displaystyle\sum_{n=1}^{\infty} \frac{1}{3n+2}$ converge or diverge?

Solution

① Basic Comparison Test를 사용해 본다.

$\dfrac{1}{3n+2} < \dfrac{1}{3n}$ 이고 $\displaystyle\sum \frac{1}{3n}$ 은 P-series에 의해 Diverge임을 알 수 있다.

그러므로, $\displaystyle\sum \frac{1}{3n+2}$ 의 결과는 알 수 없다.

② Integral Test로 가능하다.

③ Limit Comparison Test를 사용한다.

$\displaystyle\sum \frac{1}{n}$ 이 P-series에 의해 Diverge 하므로 $\dfrac{1}{n}$ 의 역수(Reciprocal)를 곱하면,

$$\lim_{n\to\infty} \frac{1}{3n+2} \times n \Rightarrow \lim_{n\to\infty} \frac{n}{3n+2} = \frac{1}{3} \Rightarrow \text{Finite and Positive} \Rightarrow \text{Diverge}$$

정답   Diverge

$\left(\text{EX 2}\right)$ Does $\displaystyle\sum_{n=1}^{\infty} \dfrac{n}{n^2-1}$ converge or diverge?

Solution

Limit Comparison Test를 사용!

$$\sum_{n=1}^{\infty} \dfrac{n}{n^2} = \sum_{n=1}^{\infty} \dfrac{1}{n} \text{ 은 Diverge!}$$

$$\lim_{n\to\infty} \dfrac{n}{n^2-1} \times n = 1 \text{ 이고 1은 Positive and Finite!}$$

그러므로 $\displaystyle\sum_{n=1}^{\infty} \dfrac{n}{n^2-1}$ 은 Diverge

정답   Diverge

6. The Ratio Test

Let $\displaystyle\sum_{n=1}^{\infty} a_n$ be a series where all of the terms are positive, and suppose that $\displaystyle\lim_{n\to\infty} \frac{a_{n+1}}{a_n} = \alpha$
then :
1) If $\alpha < 1$, the series converges.
2) If $\alpha > 1$, the series diverges.
3) If $\alpha = 1$, the test provides insufficient information and the series might converge or diverge.

Ratio Test를 하는 경우

반드시 암기하자!

$\displaystyle\sum_{n=1}^{\infty} a_n$ 에서

① $\displaystyle\lim_{n\to\infty} \frac{a_{n+1}}{a_n} = \alpha$

$\quad\quad \alpha < 1$: Converge

$\quad\quad \alpha > 1$: Diverge

$\quad\quad \alpha = 1$: 다른 Test를 해야 함　(Fail)

② 모양 : a_n이 $(\ )^n$, $n!$, 3^n, $\ln n$ ⋯ 일 때 Ratio Test 사용!

다음과 같이 암기해보자.

Shim's Tip!

위의 암기 사항을 필자는 수업시간에 다음과 같이 암기 시킨다

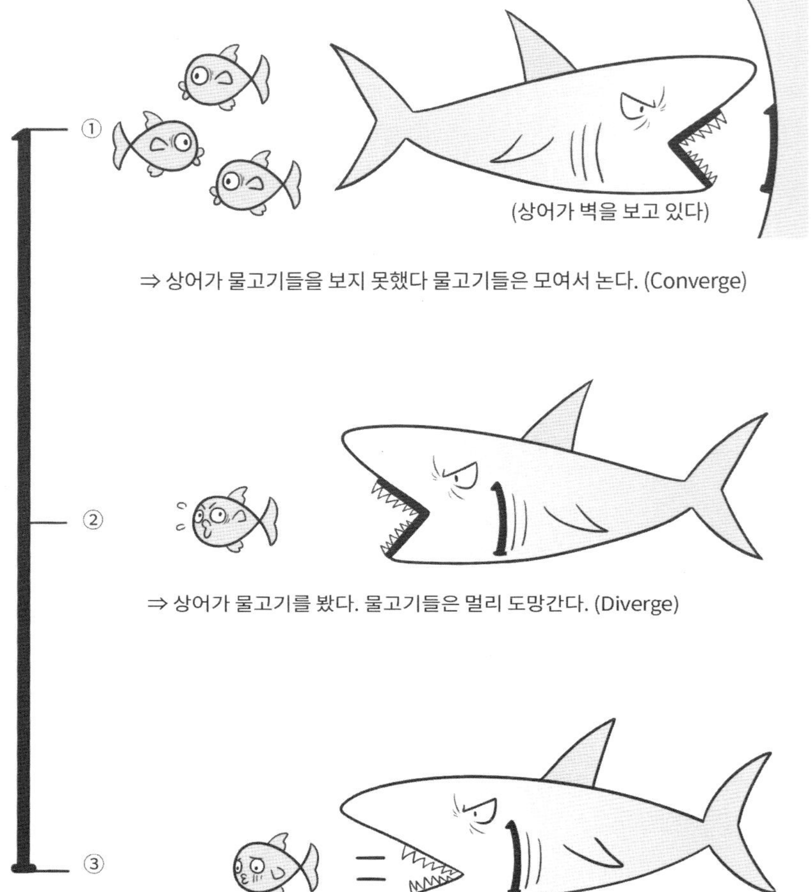

① ⇒ 상어가 물고기들을 보지 못했다 물고기들은 모여서 논다. (Converge)

② ⇒ 상어가 물고기를 봤다. 물고기들은 멀리 도망간다. (Diverge)

③ ⇒ 상어가 물고기를 잡았다. 물고기 인생이 끝났다. 즉, 인생실패(Fail)

다소 유치한 감이 있기는 하지만 한 번에 암기 시키고 싶어서 많이 고민했던 부분이다. 암기에 꼭 도움이 되시길...^_^m

(EX 1) Does $\displaystyle\sum_{n=1}^{\infty} \frac{n^2}{3^n}$ converge or diverge?

Solution

Ratio Test를 해야 하는 경우의 문제이다.

$\displaystyle\sum_{n=1}^{\infty} \frac{n^2}{3^n}$ 에서 $a_n = \dfrac{n^2}{3^n}$ 이므로 $a_{n+1} = \dfrac{(n+1)^2}{3^{n+1}}$ 에서

$$\lim_{n\to\infty} \frac{\dfrac{(n+1)^2}{3^{n+1}}}{\dfrac{n^2}{3^n}} = \lim_{n\to\infty} \frac{3^n \cdot (n+1)^2}{3^{n+1} \cdot n^2} = \lim_{n\to\infty} \frac{3^n \cdot (n+1)^2}{3^n \cdot 3 \cdot n^2} = \frac{1}{3} < 1 \text{ 이므로 Converge!}$$

※ 여기에서 $\dfrac{1}{3}$ 은 $\displaystyle\sum_{n=1}^{\infty} \frac{n^2}{3^n}$ 의 계산 결과가 아니라는 사실!

$\dfrac{1}{3}$ 은 $\displaystyle\sum_{n=1}^{\infty} \frac{n^2}{3^n}$ 이 Converge하는지 Diverge하는지만 알게 해주는

수이다. The nth Term Test에 의해 $\displaystyle\lim_{n\to\infty} \frac{n^2}{3^n} = 0$ 이므로

Convergence Test가 필요!

정답   Converge

(EX 2) Does $\displaystyle\sum_{n=1}^{\infty} \frac{n^3}{e^n}$ converge or diverge?

Solution

Ratio Test를 해야 하는 경우의 문제이다.

$\displaystyle\sum_{n=1}^{\infty} \frac{n^3}{e^n}$ 에서 $a_n = \dfrac{n^3}{e^n}$ 이므로 $a_{n+1} = \dfrac{(n+1)^3}{e^{n+1}}$ 에서

$$\lim_{n\to\infty} \frac{\dfrac{(n+1)^3}{e^{n+1}}}{\dfrac{n^3}{e^n}} = \lim_{n\to\infty} \frac{e^n \cdot (n+1)^3}{e^{n+1} \cdot n^3} = \lim_{n\to\infty} \frac{e^n \cdot (n+1)^3}{e^n \cdot e \cdot n^3} = \frac{1}{e} < 1 \quad \text{이므로 Converge!}$$

The nth Term Test에 의해 $\displaystyle\lim_{n\to\infty} \frac{n^3}{e^n} = 0$ 이므로 Convergence Test가 필요!

정답   Converge

(EX 3) Does $\displaystyle\sum_{n=1}^{\infty} \frac{n!}{n^3}$ converge or diverge?

Solution

Ratio Test를 해야 하는 경우의 문제이다.

$\displaystyle\sum_{n=1}^{\infty} \frac{n!}{n^3}$ 에서 $a_n = \dfrac{n!}{n^3}$ 이므로 $a_{n+1} = \dfrac{(n+1)!}{(n+1)^3}$ 에서

$$\lim_{n\to\infty} \frac{\dfrac{(n+1)!}{(n+1)^3}}{\dfrac{n!}{n^3}} = \lim_{n\to\infty} \frac{(n+1)! \cdot n^3}{n! \cdot (n+1)^3} = \lim_{n\to\infty} \frac{(n+1) \cdot n^3}{(n+1)^3} = \infty > 1 \ \text{이므로 diverge!}$$

정답   Diverge

(EX 4) Does $\displaystyle\sum_{n=1}^{\infty} \frac{(n+1) \cdot 3^n}{n!}$ converge or diverge?

Solution

Ratio Test를 해야 하는 경우의 문제이다.

$\displaystyle\sum_{n=1}^{\infty} \frac{(n+1) \cdot 3^n}{n!}$ 에서 $a_n = \dfrac{(n+1) \cdot 3^n}{n!}$ 이므로 $a_{n+1} = \dfrac{(n+2) \cdot 3^{n+1}}{(n+1)!}$ 에서

$$\lim_{n\to\infty} \frac{\dfrac{(n+2) \cdot 3^{n+1}}{(n+1)!}}{\dfrac{(n+1) \cdot 3^n}{n!}} = \lim_{n\to\infty} \frac{(n+2) \cdot n! \cdot 3^{n+1}}{(n+1) \cdot (n+1)! \cdot 3^n} = \lim_{n\to\infty} \frac{(n+2) \cdot 3}{(n+1) \cdot (n+1)} = 0 < 1 \ \text{이므로}$$

Converge!

정답   Converge

7. The nth root test

자주 사용하는 Test는 아니다. 여기에서는 간단하게 소개하도록 하겠다.

The nth Root Test $\cdots$

Let $\sum a_n$ be a series.

1) $\sum a_n$ converges absolutely if $\displaystyle\lim_{n\to\infty} \sqrt[n]{|a_n|} < 1$.

2) $\sum a_n$ diverges if $\displaystyle\lim_{n\to\infty} \sqrt[n]{|a_n|} > 1$ or $\displaystyle\lim_{n\to\infty} \sqrt[n]{|a_n|} = \infty$.

3) The Root Test or inconclusive if $\displaystyle\lim_{n\to\infty} \sqrt[n]{|a_n|} = 1$.

보통 nth Power를 포함하는 Series의 Converge 또는 Diverge 여부를 조사할 때 쓰인다.

다음의 예제를 통해서 알아보도록 하자.

$\left(\text{ EX 1 }\right)$ Does $\displaystyle\sum_{n=1}^{\infty} \frac{e^n}{n^n}$ converge or diverge?

Solution

$$\lim_{n\to\infty} \sqrt[n]{|a_n|} = \lim_{n\to\infty} \sqrt[n]{\frac{e^n}{n^n}} = \lim_{n\to\infty} \frac{e}{n} = 0 < 1$$

그러므로, Converge.

정답　　　Converge

8. The Alternating Series

Alternating series

The Series $\displaystyle\sum_{n=1}^{\infty} (-1)^{n+1} b_n$ converges if all there of the following conditions are satisfied :

1) $b_n > 0$ (which means that the terms must be alternating in sign)

2) $b_n > b_{n+1}$ for all n

3) $\displaystyle\lim_{n\to\infty} b_n = 0$

즉, 다음과 같은 모양을 "Alternating Series" 라고 한다.

$$1 - \frac{1}{2} + \frac{1}{3} - \frac{1}{4} + \cdots \frac{(-1)^{n+1}}{n} + \cdots = \sum_{n=1}^{\infty} \frac{(-1)^{n+1}}{n}$$

다음을 암기하자!

반드시 암기하자!

The Alternating Series $\displaystyle\sum_{n=1}^{\infty} (-1)^{n+1} b_n$ 은 다음과 같은 경우에 Converge한다.

① $b_n > 0$ ② $b_n > b_{n+1}$ ③ $\displaystyle\lim_{n\to\infty} b_n = 0$

※ Key Point는 $(-1)^n$ 과 b_n 또는 $(-1)^{n+1}$ 과 b_n을 분리시키는 것이다.

(Ex) $\displaystyle\sum_{n=1}^{\infty} \frac{(-1)^n}{n} \Rightarrow \sum_{n=1}^{\infty} (-1)^n \cdot \frac{1}{n} \quad (b_n = \frac{1}{n})$

이것이 무슨 말인지는 다음의 예제들을 통해서 알아보도록 하자.

$\left(\textbf{EX 1} \right)$ Does $1 - \dfrac{1}{2} + \dfrac{1}{3} - \dfrac{1}{4} + \cdots \dfrac{(-1)^{n+1}}{n} + \cdots$ converge or diverge?

Solution

Alternating Series의 모양이다.

$\displaystyle\sum_{n=1}^{\infty} \dfrac{(-1)^{n+1}}{n}$ 에서

$$\sum_{n=1}^{\infty} \boxed{(-1)^{n+1}} \cdot \boxed{\dfrac{1}{n}} \quad \leftarrow b_n$$

이렇게 분리시킨다!

$\Rightarrow b_n = \dfrac{1}{n}$ 에서 $\dfrac{1}{n} > \dfrac{1}{n+1}$ 이고 $\displaystyle\lim_{n\to\infty} \dfrac{1}{n} = 0$ 이므로 Converge!

정답   Converge

$\left(\textbf{EX 2} \right)$ Does $\dfrac{1}{e} - \dfrac{2}{e^2} + \dfrac{3}{e^3} - \dfrac{4}{e^4} + \cdots$ converge or diverge?

Solution

$$\dfrac{1}{e} - \dfrac{2}{e^2} + \dfrac{3}{e^3} - \dfrac{4}{e^4} + \cdots = \sum_{n=1}^{\infty} \boxed{(-1)^{n-1}} \cdot \boxed{\dfrac{n}{e^r}} \quad \leftarrow b_n$$

$\Rightarrow b_n = \dfrac{n}{e^n}$ 에서 $\dfrac{n}{e^n} > \dfrac{n+1}{e^{n+1}}$ (n대신 1, 2, 3… 대입해 보면 알 수 있다.)

이고 $\displaystyle\lim_{n\to\infty} \dfrac{n}{e^n} = 0$ (L'Hopital's Rule로 계산!)이므로 Converge!

정답   Converge

9. Absolute and Conditional Convergence

앞에서 공부한 Alternating Series Test는 독일의 수학자(라이프니치, Leibniz)에 의해 제안된 방법이다. 사실 모든 Alternating Series의 Convergence와 Divergence를 판정하는 것은 불가능하지만 Alternating Harmonic Series와 Geometric Series같이 특정한 형태를 가지면 무조건 "Convergence"를 판정하는 방법은 존재한다.

그렇다면 Alternating Harmonic Series와 Geometric Series는 어떤 모양인가?

⇒ Alternating Harmonic Series

$$1 - \frac{1}{2} + \frac{1}{3} - \frac{1}{4} + \frac{1}{5} + \cdots$$

⇒ Geometric Series

$$1 - \frac{1}{2} + \frac{1}{4} - \frac{1}{8} + \frac{1}{16} + \cdots$$

위의 두 가지는 우리가 자주 보던 Series들이다.

위의 두 가지 Alternating Series의 경우 쉽게 Converge한다는 사실을 알 수 있다.

그렇다면 왜 "Absolute Convergence Test"를 쓰는가?
다음의 두 가지 예제를 보도록 하자.

$\left(\textbf{EX 1}\right)$ Determine whether the series $\displaystyle\sum_{n=1}^{\infty} \frac{(-1)^n}{n^2}$ converges or diverges?

Solution

앞에서 공부한대로 쉽게 Converge 하는 것을 알 수 있다.

$b_n = \dfrac{1}{n^2}$ 이라고 하면,

① $b_n > 0$ ② $b_n > b_{n+1}$ ③ $\displaystyle\lim_{n \to \infty} b_n = 0$

①,②,③을 모두 만족하므로 정답은 Converge.

정답   Converge

$\left(\textbf{EX 2}\right)$ Determine whether the series $\displaystyle\sum_{n=1}^{\infty} (-1)^n \cdot \frac{(n!)^2 \cdot 2^n}{(2n+1)!}$ converges or diverges?

Solution

$b_n = \dfrac{(n!)^2 \cdot 2^n}{(2n+1)!}$ 이라고 하면

① $b_n > 0$

② $b_n > b_{n+1}$ (?)

③ $\displaystyle\lim_{n \to \infty} b_n = 0$ (?)

이런 경우 (EX1)과 같이 ②,③을 쉽게 알 수가 없게 된다. 이럴 때 우리는 절대수렴판정법 (Absolute Convergence Test)을 쓰게 된다.

그렇다면 절대수렴판정법 (Absolute Convergence Test)이란 무엇인가?

다음을 반드시 알아두자!

Absolute and Conditional Convergence

1. $\displaystyle\sum_{n=1}^{\infty} |a_n|$ 이 Converge하고 $\displaystyle\sum_{n=1}^{\infty} a_n$ 도 Converge하면 Absolute Convergence.

2. $\displaystyle\sum_{n=1}^{\infty} |a_n|$ 이 Diverge하지만 $\displaystyle\sum_{n=1}^{\infty} a_n$ 이 Converge하면 Conditional Convergence.

3. $\displaystyle\sum_{n=1}^{\infty} |a_n|$ 이 Diverge하고 $\displaystyle\sum_{n=1}^{\infty} a_n$ 도 Diverge하면 Absolute Diverge. (Diverge)

다음의 네 가지 경우를 보도록 하자.

(Case I)

$$\sum_{n=1}^{\infty} \frac{(-1)^n}{n} \quad \Rightarrow \quad \text{Converge}$$

$$\sum_{n=1}^{\infty} \left| \frac{(-1)^n}{n} \right| \Rightarrow \sum_{n=1}^{\infty} \frac{1}{n} \quad \Rightarrow \quad \text{Diverge (By P-Series)}$$

$\Rightarrow \displaystyle\sum_{n=1}^{\infty} a_n$이 Converge하고 $\displaystyle\sum_{n=1}^{\infty} |a_n|$이 Diverge하는 경우를 "Conditional Convergence" 라고 한다.

(Case II)

$$\sum_{n=1}^{\infty} \frac{(-1)^n}{n^2} \quad \Rightarrow \quad \text{Converge}$$

$$\sum_{n=1}^{\infty} \left| \frac{(-1)^n}{n^2} \right| \Rightarrow \sum_{n=1}^{\infty} \frac{1}{n^2} \quad \Rightarrow \quad \text{Converge (By P-Series)}$$

$\Rightarrow \displaystyle\sum_{n=1}^{\infty} a_n$이 Converge하고 $\displaystyle\sum_{n=1}^{\infty} |a_n|$ 도 Converge하는 경우를 "Absolute Convergence" 라고 한다.

(Case Ⅲ)

$$\sum_{n=1}^{\infty} \frac{1}{\sqrt{n}} \quad \Rightarrow \quad \text{Diverge}$$

$$\sum_{n=1}^{\infty} \left| \frac{1}{n} \right| \Rightarrow \sum_{n=1}^{\infty} \frac{1}{\sqrt{n}} \quad \Rightarrow \quad \text{Diverge (By P-Series)}$$

$\Rightarrow$ (Case Ⅲ)는 이해를 돕고자 제시해 보았다. $\sum_{n=1}^{\infty} \frac{1}{\sqrt{n}}$ 은 Alternating Series가 아니면서 Diverge

하는데 어차피 $\sum_{n=1}^{\infty} \left| \frac{1}{\sqrt{n}} \right|$ 도 Diverge한다. 이런 경우에는 그냥 "Diverge" 한다고 한다.

(Case Ⅳ)

$\sum_{n=1}^{\infty} a_n$ 이 Diverge 하면서 $\sum_{n=1}^{\infty} |a_n|$ 이 Converge하는 경우가 있을까?

$\Rightarrow$ 아직 알려지지 않은 부분이다. 그러므로, 알 수 없다.

이쯤에서 앞에서 풀다가 만 (EX2)를 다시 풀어보도록 하자. $\sum_{n=1}^{\infty} a_n$ 상태에서는 "Converge" 여부를 판

단하기 어려웠기 때문에 이번에는 $\sum_{n=1}^{\infty} |a_n|$ 로 판단해보도톡 하자.

앞의 정의(Definition)에서 말한 것처럼 $\sum_{n=1}^{\infty} |a_n|$ 이 Converge하면 "Absolutely Convergent" 가 된다.

즉, Alternating Series에서 $\sum_{n=1}^{\infty} |a_n|$ 이 Converge하면 $\sum_{n=1}^{\infty} a_n$ 도 무조건 Converge하기 때문이다.

P. 333의 $\left(\text{EX 2}\right)$ 의 풀이를 다시 해보면 다음과 같다.

Solution

$$\left|\sum_{n=1}^{\infty} (-1)^n \cdot \frac{(n!)^2 \cdot 2^n}{(2n+1)!}\right| \Rightarrow \sum_{n=1}^{\infty} (-1)^n \cdot \frac{(n!)^2 \cdot 2^n}{(2n+1)!}$$

$\Rightarrow$ Alternating Series에서 Ratio Test 모양으로 탈바꿈~!

$$a_n = \frac{(n!)^2 \cdot 2^n}{(2n+1)!} \text{ 으로 놓으면}$$

$$\lim_{n \to \infty} \frac{a_{n+1}}{a_n} = \lim_{n \to \infty} \frac{(n+1) \cdot (n+1) \cdot 2}{(2n+3)(2n+1)} = \frac{2}{4} < 1 \quad \text{이므로 Converge.}$$

$\Rightarrow$ 즉, Absolute Convergence

정답　　　　Absolute Convergence

다음의 사항도 알아두자!

The Ratio Test for Absolute Convergence

$\sum\limits_{n=1}^{\infty} a_n$ 에서 $\lim\limits_{n \to \infty} \left| \dfrac{a_{n+1}}{a_n} \right| = \alpha$ 라고 할 때,

① $\alpha < 1$ 이면 Converges absolutely and therefore converges

② $\alpha > 1$ Diverge

③ $\alpha = 1$ 이면 Fail

EX 3 Use the ratio test for absolute convergence to determine whether the series converges.

(a) $\sum\limits_{n=1}^{\infty} (-1)^n \cdot \dfrac{3^n}{(n+1)!}$
(b) $\sum\limits_{n=1}^{\infty} (-1)^n \cdot \dfrac{(n+1)!}{3^n}$

Solution

(a) $\lim\limits_{n \to \infty} \left| \dfrac{(-1)^n \cdot (-1) \cdot \dfrac{3^n \cdot 3}{(n+2)!}}{(-1)^n \cdot \dfrac{3^n}{(n+1)!}} \right| = \lim\limits_{n \to \infty} \left| -\dfrac{3}{n+2} \right| = 0 < 1$

$\Rightarrow$ This series converges absolutely and therefore converges.

(b) $\lim\limits_{n \to \infty} \left| \dfrac{(-1)^n \cdot (-1) \cdot \dfrac{(n+2)!}{3^n \cdot 3}}{(-1)^n \cdot \dfrac{(n+1)!}{3^n}} \right| = \lim\limits_{n \to \infty} \left| -\dfrac{n+2}{3} \right| = \infty > 1$

$\Rightarrow$ This series diverges.

정답 (a) Converge (b) Diverge

Problem 1

Determine whether the following series converges or diverges

(1) $\displaystyle\sum_{n=1}^{\infty} \sin^n \frac{\pi}{6}$

(2) $\displaystyle\sum_{n=1}^{\infty} \frac{4n^2-1}{2n^2+n}$

(3) $\displaystyle\sum_{n=1}^{\infty} \frac{n}{3n+1}$

(4) $1 + \dfrac{2}{3} + \dfrac{3}{5} + \dfrac{4}{7} + \dfrac{5}{9} + \cdots$

Solution

(1) $\sin\dfrac{\pi}{6} = \dfrac{1}{2}$ 이므로 $\displaystyle\sum_{n=1}^{\infty} \sin^n \frac{\pi}{6} = \sum_{n=1}^{\infty} \left(\frac{1}{2}\right)^n$.

Geometric Series이고 $-1 < r < 1$ 이므로 Converge.

(2) The nth term test에 의해 $\displaystyle\lim_{n\to\infty} \frac{4n^2-1}{2n^2+n} = 2 \neq 0$ 이므로 Diverge.

(3) The nth term test에 의해 $\displaystyle\lim_{n\to\infty} \frac{n}{3n+1} = \frac{1}{3} \neq 0$ 이므로 Diverge.

(4) $1 + \dfrac{2}{3} + \dfrac{3}{5} + \dfrac{4}{7} + \dfrac{5}{9} + \cdots = \displaystyle\sum_{n=1}^{\infty} \frac{n}{2n-1}$ 이므로

The nth term test에 의해 $\displaystyle\lim_{n\to\infty} \frac{n}{2n-1} = \frac{1}{2} \neq 0$ 이므로 Diverge.

정답   (1) Converge   (2) Diverge   (3) Diverge   (4) Diverge

Problem 2

Determine whether the following series converges or diverges

(1) $\displaystyle\sum_{n=1}^{\infty} \frac{3n}{3n^2+2}$

(2) $\displaystyle\sum_{n=1}^{\infty} \frac{\ln n}{n}$

Solution

(1) $\displaystyle\sum_{n=1}^{\infty} \frac{3n}{3n^2+2}$, ($3n^2+2$를 미분(Differentiation) 하면 $3n$이므로

$3n^2+2$를 치환(Substitution))

   ∴ 왠지 "U-Substitution" 모양

   $\Rightarrow$ The Integral Test. $\displaystyle\int_{1}^{\infty} \frac{3x}{3x^2+2}\,dx = \lim_{k\to\infty}\int_{1}^{k} \frac{3x}{3x^2+2}\,dx$, $3x^2+2=u$라고 치환

   (Substitution)하고 양변을 x에 대해서 미분(Differentiation)하면 $6x=\dfrac{du}{dx}$에서

$dx=\dfrac{1}{6x}\,du$

$\displaystyle\lim_{k\to\infty}\int_{1}^{k}\frac{3x}{1}\cdot\frac{1}{6x}\,du = \frac{1}{2}\cdot\lim_{k\to\infty}\int_{1}^{k}\frac{1}{u}\,du = \frac{1}{2}\lim_{k\to\infty}[\ln u]_{1}^{k} = \frac{1}{2}\cdot\lim_{k\to\infty}[\ln k] = \infty$ 이므로 Diverge.

(2) $\displaystyle\sum_{n=1}^{\infty}\frac{\ln n}{n}$, ($\ln n$을 미분(Differentiation)하면 $\dfrac{1}{n}$, $\ln n$을 치환(Substitution))

   ∴ 왠지 "U-Substitution" 모양

   $\Rightarrow$ The Integral Test. $\displaystyle\int_{1}^{\infty}\frac{1}{x}\cdot\ln x\,dx = \lim_{k\to\infty}\int_{1}^{k}\frac{1}{x}\cdot\ln x\,dx$, $\ln x=u$ 라고 치환

   (Substitution)하고 양변을 x에 대해서 미분(Differentiation)하면 $\dfrac{1}{x}=\dfrac{du}{dx}$에서 $dx=x\,du$

$\displaystyle\lim_{k\to\infty}\int_{1}^{k}\frac{1}{x}\cdot u\cdot x\,du = \lim_{k\to\infty}\int_{1}^{k}u\,du = \lim_{k\to\infty}\left[\frac{1}{2}u^2\right]_{1}^{k} = \lim_{k\to\infty}\left[\frac{1}{2}k^2-\frac{1}{2}\right] = \infty$ 이므로 Diverge.

정답   (1) Diverge   (2) Diverge

Problem 3

Determine whether the following series converges or diverges

(1) $\displaystyle\sum_{n=1}^{\infty} \frac{1}{n\sqrt{n}}$

(2) $\displaystyle\sum_{n=1}^{\infty} \frac{1}{n^2+1}$

(3) $\displaystyle\sum_{n=1}^{\infty} \frac{n}{2n^2-1}$

(4) $\displaystyle\sum_{n=1}^{\infty} \frac{2n}{3^n(n+1)}$

Solution

(1) $\displaystyle\sum_{n=1}^{\infty} \frac{1}{n\sqrt{n}} = \sum_{n=1}^{\infty} \frac{1}{n^{\frac{3}{2}}}$, 즉, The P-series Test에 의해 Converge!

(2) The P-series Test에 의해 $\displaystyle\sum_{n=1}^{\infty} \frac{1}{n^2}$는 Converge! $\dfrac{1}{n^2} > \dfrac{1}{n^2+1}$ 이므로. 즉, 큰 것이 Converge 하면 당연히 작은 것도 Converge! (The Basic Comparison Test)

(3) $\dfrac{n}{2n^2} < \dfrac{n}{2n^2-1}$ 이고 $\displaystyle\sum_{n=1}^{\infty} \frac{n}{2n^2} = \frac{1}{2}\sum_{n=1}^{\infty} \frac{1}{n}$ 이므로 Diverge! 작은 것이 Diverge하므로 큰 것은 당연히 Diverge! (The Basic Comparison Test)

(4) $\left(\dfrac{1}{3}\right)^n \dfrac{n}{n+1} < \left(\dfrac{1}{3}\right)^n$ 에서 $\displaystyle\sum_{n=1}^{\infty} \left(\frac{1}{3}\right)^n$은 Converge하므로 ($\displaystyle\sum_{n=1}^{\infty} \left(\frac{1}{3}\right)^n$은 Geometric Series이고 $-1 < r < 1$ 이므로 …) $\displaystyle\sum_{n=1}^{\infty} \frac{2n}{3^n(n+1)}$은 Converge!
(※ 큰 것이 Converge하면 작은 것은 당연히 Converge!)

정답   (1) Converge   (2) Converge   (3) Diverge   (4) Converge

Problem 4

Determine whether the following series converges or diverges

(1) $\displaystyle\sum_{n=1}^{\infty} \frac{2n+3}{n^3 - 2n^2 + 3}$

(2) $\displaystyle\sum_{n=1}^{\infty} \frac{1}{\sqrt{n^2 + 5n}}$

Solution

(1) The Limit Comparison Test 사용!

$\displaystyle\sum_{n=1}^{\infty} \frac{2n}{n^3} = \sum_{n=1}^{\infty} \frac{2}{n^2}$ 은 Converge!

$\displaystyle\lim_{n\to\infty} \frac{2n+3}{n^3 - 2n^2 + 3} \times \frac{n^2}{2} \;\Rightarrow\; \lim_{n\to\infty} \frac{2n^3 + 3n^2}{2(n^3 - 2n^2 + 3)} = 1$ 에서 1은 Finite and Positive!

그러므로 $\displaystyle\sum_{n=1}^{\infty} \frac{2n+3}{n^3 - 2n^2 + 3}$ 도 Converge!

(2) The Limit Comparison Test 사용!

$\displaystyle\sum_{n=1}^{\infty} \frac{1}{\sqrt{n^2}} = \sum_{n=1}^{\infty} \frac{1}{n}$ 은 Diverge!

$\displaystyle\lim_{n\to\infty} \frac{1}{\sqrt{n^2 + 5n}} \times n \;\Rightarrow\; \lim_{n\to\infty} \frac{n}{n^2 + 5n} = 1$ 에서 1은 Finite and Positive!

그러므로 $\displaystyle\sum_{n=1}^{\infty} \frac{1}{\sqrt{n^2 + 5n}}$ 은 Diverge!

정답　　(1) Converge　　(2) Diverge

Problem 5

Determine whether the following series converges or diverges

(1) $\displaystyle\sum_{n=1}^{\infty} \frac{n!}{3^n}$

(2) $\displaystyle\sum_{n=1}^{\infty} \frac{n^2}{(\ln 5)^n}$

(3) $\displaystyle\sum_{n=1}^{\infty} \frac{(n+1)\cdot 2^n}{n^2}$

(4) $\displaystyle\sum_{n=1}^{\infty} \left(\frac{2n}{5n+2}\right)^n$

Solution

(1) The Ratio Test 사용!

$a_n = \dfrac{n!}{3^n}$ 이고 $a_{n+1} = \dfrac{(n+1)!}{3^{n+1}}$ 이므로 $\displaystyle\lim_{n\to\infty} \dfrac{\dfrac{(n+1)!}{3^{n+1}}}{\dfrac{n!}{3^n}} = \lim_{n\to\infty} \dfrac{n+1}{3} = \infty > 1$ 이므로 Diverge!

또는 The Ratio Test에서 편법(Expedient)을 사용하면 $3^n < n!$ 이므로 $\displaystyle\sum_{n=1}^{\infty} n!$ 로 생각해도 된다.

즉, $\displaystyle\sum_{n=1}^{\infty} n!$ 은 Diverge!

(2) The Ratio Test 사용!

$a_n = \dfrac{n^2}{(\ln 5)^n}$ 이고 $a_{n+1} = \dfrac{(n+1)^2}{(\ln 5)^{n+1}}$ 이므로 $\displaystyle\lim_{n\to\infty} \dfrac{\dfrac{(n+1)^2}{(\ln 5)^{n+1}}}{\dfrac{n^2}{(\ln 5)^n}} = \lim_{n\to\infty} \dfrac{(n+1)^2}{(\ln 5)n^2} = \dfrac{1}{\ln 5} < 1$ 이므로

Converge! 또는 The Ratio Test에서 편법(Expedient)을 사용하면 $n^2 < (\ln 5)^n$ 이므로

$\displaystyle\sum_{n=1}^{\infty} \dfrac{1}{(\ln 5)^n}$ 로 생각해도 된다. 즉, $\displaystyle\sum_{n=1}^{\infty} \left(\dfrac{1}{\ln 5}\right)^n$ 은 Converge!

(※ $\displaystyle\sum r^n$ 에서 $-1 < r < 1$ 이면 Converge)

Solution

(3) The Ratio Test 사용!

$a_n = \dfrac{(n+1)\cdot 2^n}{n^2}$ 이고 $a_{n+1} = \dfrac{(n+2)\cdot 2^{n+1}}{(n+1)^2}$ 이므로

$$\lim_{n\to\infty} \frac{\dfrac{(n+2)\cdot 2^{n+1}}{(n+1)^2}}{\dfrac{(n+1)\cdot 2^n}{n^2}} = \lim_{n\to\infty} \frac{(n+2)\cdot n^2 \cdot 2^{n+1}}{(n+1)^2 \cdot (n+1)\cdot 2^n} = \lim_{n\to\infty} \frac{2n^2(n+2)}{(n+1)^2(n+1)} = 2 > 1 \quad \text{이므로 Diverge!}$$

또는 The Ratio Test에 분자(Numerator)의 경우 $n+1 < 2^n$ 이므로 $(n+1)$이 없어진다.

$\displaystyle\sum_{n=1}^{\infty} \frac{2^n}{n^2}$ 에서 $n^2 < 2^n$ 이므로 n^2이 없어진다. 즉, $\displaystyle\sum_{n=1}^{\infty} 2^r = \infty$ 이므로 Diverge!

(4) The nth Root Test 사용!

$$\lim_{n\to\infty} \sqrt[n]{\left(\frac{2n}{5n+2}\right)^n} = \lim_{n\to\infty} \frac{2n}{5n+2} = \frac{2}{5} < 1 \ \text{이므로 Converge!}$$

정답   (1) Diverge   (2) Converge   (3) Diverge   (4) Converge

Convergence Test

Problem 6

Determine whether the following series converges or diverges

(1) $\displaystyle\sum_{n=1}^{\infty} \frac{(-1)^n}{\sqrt{n^2+1}}$

(2) $\displaystyle\sum_{n=1}^{\infty} \frac{(-1)^n}{n}$

Solution

(1) The Alternating Series이고 $\displaystyle\sum_{n=1}^{\infty} (-1)^n \cdot \frac{1}{\sqrt{n^2+1}}$ 에서

$b_n = \dfrac{1}{\sqrt{n^2+1}}$ 이고 $b_n > 0$, $b_n > b_{n+1}$.

즉, $\dfrac{1}{\sqrt{n^2+1}} > \dfrac{1}{\sqrt{(n+1)^2+1}}$ 이고 $\displaystyle\lim_{n\to\infty} \frac{1}{\sqrt{n^2+1}} = 0$ 이므로 Converge!

(2) The Alternating Series이고 $\displaystyle\sum_{n=1}^{\infty} (-1)^n \frac{1}{n}$ 에서 $b_n = \dfrac{1}{n}$ 이고

① $b_n > 0$ ② $b_n > b_{n+1}$ ③ $\displaystyle\lim_{n\to\infty} b_n = 0$ 이므로 Converge!

정답   (1) Converge   (2) Converge

Problem 7

Which of the following series are conditionally convergent?

I. $\displaystyle\sum_{n=1}^{\infty} \frac{(-1)^n}{\sqrt[3]{n}}$

II. $\displaystyle\sum_{n=1}^{\infty} \frac{\cos n\pi}{n}$

III. $\displaystyle\sum_{n=1}^{\infty} \frac{(-1)^n}{2n^4}$

Solution

I. $\displaystyle\sum_{n=1}^{\infty} \frac{(-1)^n}{\sqrt[3]{n}} \;\Rightarrow\;$ Converge

$\displaystyle\sum_{n=1}^{\infty} \left| \frac{(-1)^n}{\sqrt[3]{n}} \right| = \sum_{n=1}^{\infty} \frac{1}{\sqrt[3]{n}} \;\Rightarrow\;$ Diverge

$\Rightarrow$ Conditionally Convergent

II. $\cos n\pi$ 은 $(-1)^n$ 이므로

$\displaystyle\sum_{n=1}^{\infty} \frac{(-1)^n}{n} \;\Rightarrow\;$ Converge

$\displaystyle\sum_{n=1}^{\infty} \left| \frac{(-1)^n}{n} \right| = \sum_{n=1}^{\infty} \frac{1}{n} \;\Rightarrow\;$ Diverge

$\Rightarrow$ Conditionally Convergent

III. $\displaystyle\sum_{n=1}^{\infty} \frac{(-1)^n}{2n^4} \;\Rightarrow\;$ Converge

$\displaystyle\sum_{n=1}^{\infty} \left| \frac{(-1)^n}{2n^4} \right| = \sum_{n=1}^{\infty} \frac{1}{2n^4} \;\Rightarrow\;$ Converge

$\Rightarrow$ Absolutely Convergent

그러므로, 정답은 I , II

정답   I , II

Problem 8

Classify each series as absolutely convergent, conditionally convergent or divergent.

I . $\displaystyle\sum_{n=1}^{\infty} (-1)^n \frac{n+1}{n(n+2)}$

II . $\displaystyle\sum_{n=1}^{\infty} \frac{(-1)^n}{n^2+1}$

III. $\displaystyle\sum_{n=1}^{\infty} \sin \frac{n\pi}{2}$

Solution

I .

$\Rightarrow \displaystyle\sum_{n=1}^{\infty} (-1)^n \frac{n+1}{n(n+2)}$ 에서 $b_n = \dfrac{n+1}{n^2+2n}$ 이라고 하면

① $b_n > 0$ ② $b_n > b_{n+1}$ ③ $\displaystyle\lim_{n\to\infty} b_n = 0$ 이므로 Converge

$\displaystyle\sum_{n=1}^{\infty} \left| (-1)^n \frac{n+1}{n(n+2)} \right| = \sum_{n=1}^{\infty} \frac{n+1}{n(n+2)} = \sum_{n=1}^{\infty} \frac{n+1}{n^2+2n}$

$\Rightarrow$ Limit Comparison Test 사용!

$\displaystyle\sum_{n=1}^{\infty} \frac{1}{n}$ 은 Diverge이므로 $\displaystyle\lim_{n\to\infty} \frac{n(n+1)}{n^2+2n} = 1$ 에서 $\displaystyle\sum_{n=1}^{\infty} \frac{n+1}{n(n+2)}$ 은 Diverge!

그러므로, Conditionally Convergent

Solution

II.

$\Rightarrow \displaystyle\sum_{n=1}^{\infty} \frac{(-1)^n}{n^2+1}$ 에서 $b_n = \dfrac{1}{n^2+1}$ 이라고 하면

① $b_n > 0$ ② $b_n > b_{n+1}$ ③ $\displaystyle\lim_{n\to\infty} b_n = 0$ 이므로 Converge

$$\sum_{n=1}^{\infty} \left| \frac{(-1)^n}{n^2+1} \right| = \sum_{n=1}^{\infty} \frac{1}{n^2+1}$$

$\Rightarrow$ Limit Comparison Test 사용!

$\displaystyle\sum_{n=1}^{\infty} \frac{1}{n^2}$ 은 Converge이므로 $\displaystyle\lim_{n\to\infty} \frac{1}{n^2+1} \times n^2 = 1$

그러므로 $\displaystyle\sum_{n=1}^{\infty} \frac{1}{n^2+1}$ 은 Converge

그러므로 Absolutely Convergent

III.

$\Rightarrow \displaystyle\sum_{n=1}^{\infty} \sin\frac{n\pi}{2} = 1+0-1+0-1+0-1\cdots$

$\qquad\qquad = 1-1+1\cdots \Rightarrow$ Common ratio가 -1이드로 Diverge

$\Rightarrow \displaystyle\sum_{n=1}^{\infty} \left| \sin\frac{n\pi}{2} \right| = 1+1+1+\cdots \Rightarrow$ Diverge

그러므로, Absolutely Divergent (Divergent)

정답
I. Conditionally Divergent
II. Absolutely Convergent
III. Divergent

Problem 9

Use the ratio test for absolute convergence to determine whether the series converges or diverges.

(1) $\displaystyle\sum_{n=1}^{\infty} (-1)^{n+1} \cdot \frac{2^n}{n^2}$

(2) $\displaystyle\sum_{n=1}^{\infty} (-1)^{n} \cdot \frac{n^2}{e^n}$

Solution

(1) $\displaystyle\lim_{n\to\infty} \left| \frac{(-1)^n \cdot (-1)^2 \cdot \dfrac{2^n \cdot 2}{(n+1)^2}}{(-1)^n \cdot (-1) \cdot \dfrac{2^n}{n^2}} \right| = \lim_{n\to\infty} \left| -\frac{2n^2}{(n+1)^2} \right| = 2 > 1$

그러므로, Diverge

(2) $\displaystyle\lim_{n\to\infty} \left| \frac{(-1)^n \cdot (-1) \cdot \dfrac{(n+1)^2}{e^n \cdot e}}{(-1)^n \cdot \dfrac{n^2}{e^n}} \right| = \lim_{n\to\infty} \left| -\frac{(n+1)^2}{e \cdot n^2} \right| = \frac{1}{e} < 1$

그러므로, Converges absolutely

정답　　(1) Diverge　　　(2) Converges absolutely (Converge)

3. Series의 계산

03 Series의 계산

Series는 AP Calculus 과정에서는 계산보다는 계산가치 여부(Convergence Test)를 더 많이 공부하게 된다.

이번 단원에서는 계산 가능한 Series의 계산에 대해 알아보도록 하겠다.

계산 가능한 Series

① Geometric Series
② Telescoping Series

---

1. Geometric Series

$S = a + ar + ar^2 + \ldots + ar^{n-1} + \ldots$ 에서 $\mathrm{ratio}(r)$가 $-1 < r < 1$일 때 $S = \dfrac{a}{1-r}$로 Sum을 구할 수가 있다.

다음을 보자.

$$S = \left| \, a + ar + ar^2 + \cdots \qquad + ar^{\,n\text{-}1} \, \right| + \cdots$$

$$S_n = \frac{a(1-r^n)}{1-r} \qquad\qquad \lim_{n \to \infty}$$

$\Rightarrow S = \displaystyle\lim_{n \to \infty} \dfrac{a(1-r^n)}{1-r}$ 에서 $-1 < r < 1$ 이면 $\displaystyle\lim_{n \to \infty} r^n = 0$ 이 되므로 $S = \dfrac{a}{1-r}$가 되는 것이다.

종종 학생들이 Alternating Sires와 Geometric Series를 헷갈려 하는 경우가 있다.

다음을 보도록 하자.

Geometric Series와 Alternating Series

1. $\displaystyle\sum_{n=1}^{\infty} \left(-\frac{1}{3}\right)^n \Rightarrow$ Geometric Series

2. $\displaystyle\sum_{n=1}^{\infty} \frac{(-1)^n}{n} \Rightarrow$ Alternating Series

위에서 보는바와 같이 $\displaystyle\sum_{n=1}^{\infty} a_n$ 에서

$a_n = (\quad)^n$ 모양이 Geometric Series,

$a_n = (-1)^n \times b_n$ 모양이 Alternating Series 모양으로 구별하면 된다.

2.Telescoping Series

$\displaystyle\sum_{k=1}^{\infty}(a_k - a_{k-1})$ 인 모양을 말한다.

$\sum$ 를 풀어서 항들을 주우욱~ 늘였다가 중간의 항들을 삭제하여 특정한 Term들만 구하는 형태이다.

다음의 예를 보도록 하자.

$$\sum_{k=1}^{n}\left(\frac{1}{k}-\frac{1}{k+1}\right)=\left(1-\frac{1}{2}\right)+\left(\frac{1}{2}-\frac{1}{3}\right)+\left(\frac{1}{3}-\frac{1}{4}\right)+\cdots+\left(\frac{1}{n}-\frac{1}{n+1}\right)$$
$$= 1 - \frac{1}{n+1}$$

이와 같은 형태가 Telescoping Series이다.

• The nth partial sum으로부터 General Term(a_n) 구하기
$\Rightarrow$ 즉, $a_n = S_n - S_{n-1}$ 이다.

다음을 보자.

$$S_n = a_1 + a_2 + a_3 + \ldots + a_{n-1} + a_n$$
$$-|\,S_{n-1} = a_1 + a_2 + a_3 + \ldots + a_{n-1}$$
$$S_n - S_{n-1} = \qquad\qquad a_n$$

이미 Precalculus과정에서 Partial Fraction을 배웠을 것이다.
Series를 계산하기 위해서는 반드시 필요한 과정이다.

$\displaystyle\sum_{k=1}^{n}\frac{1}{k(k+1)}$ 을 계산해보자.

$$\sum_{k=1}^{n}\frac{1}{k(k+1)}=\frac{1}{1\cdot 2}+\frac{1}{2\cdot 3}+\frac{1}{3\cdot 4}+\ldots+\frac{1}{n(n+1)}$$

이것도 복잡한데 만약에 ∞ 까지 Sum을 하라고 한다면 더욱 복잡해 질 것이다.

$$\sum_{k=1}^{n}\frac{1}{k(k+1)}=\frac{1}{1\cdot 2}+\frac{1}{2\cdot 3}+\frac{1}{3\cdot 4}+\ldots+\frac{1}{n(n+1)}+\ldots.$$

이것들을 계산할 자신이 있는가?
그래서 우리는 이와 같은 계산을 하기에 앞서서 이와 같은 Fraction들을 분리시켜야 한다.

다음의 Example대로 해보자.

(Example) Write the partial fraction decomposition of $\dfrac{1}{(x+1)(x+3)}$.

Solution

Step1. $\dfrac{A}{x+1}+\dfrac{B}{x+3}$ 형태로 일단 분리.

Step2. 통분해보자.(Find the common denominator) $\dfrac{(A+B)x+3A+B}{(x+1)(x+3)}$

Step3. $\dfrac{1}{(x+1)(x+3)}=\dfrac{(A+B)x+3A+B}{(x+1)(x+3)}$ 로부터 A,B 값을 찾는다.

$A+B=0$, $3A+B=1$ 에서 $A=\dfrac{1}{2}$, $B=-\dfrac{1}{2}$

Step4. $A=\dfrac{1}{2}$, $B=-\dfrac{1}{2}$ 을 Step1의 A,B에 대입한다.

$$\dfrac{\frac{1}{2}}{x+1}-\dfrac{\frac{1}{2}}{x+3}=\dfrac{1}{2}\left(\dfrac{1}{x+1}-\dfrac{1}{x+3}\right)$$

정답 $\quad \dfrac{1}{2}\left(\dfrac{1}{x+1}-\dfrac{1}{x+3}\right)$

<AP CALCULUS AB&BC>

이제 다음의 두 예제를 풀어보자.

(EX 1) Evaluate $\displaystyle\sum_{k=1}^{n}\frac{1}{k(k+1)}$.

Solution

$\dfrac{1}{k(k+1)}=\dfrac{A}{k}+\dfrac{B}{k+1}$ 에서 $\dfrac{(A+B)k+A}{k(k+1)}$ 에서 $A+B=0$ 이고 $A=1$ 이므로 $B=-1$.

그러므로, $\displaystyle\sum_{k=1}^{n}\frac{1}{k(k+1)}=\sum_{k=1}^{n}\left(\frac{1}{k}-\frac{1}{k+1}\right)=\left(1-\frac{1}{2}\right)+\left(\frac{1}{2}-\frac{1}{3}\right)+...+\left(\frac{1}{n}-\frac{1}{n+1}\right)$

$=1-\dfrac{1}{n+1}$

정답 $\qquad 1-\dfrac{1}{n+1}$

(EX 2) Evaluate $\displaystyle\sum_{k=1}^{\infty}\frac{1}{k(k+1)}$.

Solution

$\displaystyle\sum_{k=1}^{\infty}\frac{1}{k(k+1)}=\lim_{n\to\infty}\sum_{k=1}^{n}\left(\frac{1}{k}-\frac{1}{k+1}\right)=\lim_{n\to\infty}\left\{\left(1-\frac{1}{2}\right)+\left(\frac{1}{2}-\frac{1}{3}\right)+...+\left(\frac{1}{n}-\frac{1}{n+1}\right)\right\}$

$\qquad\qquad=\lim_{n\to\infty}\left(1-\frac{1}{n+1}\right)=1-\frac{1}{\infty}=1$

정답 $\qquad 1$

위의 Example2에서 보는 바와 같이 Series 계산에서 Partial Fraction의 nth term은 0이 된다.
지금까지의 내용을 정리해보면...

반드시 알아두자!

1. Geometric Series는 ratio(r)이 $-1 < r < 1$일 때 $\dfrac{a}{1-r}$로 계산할 수 있다.

2. nth Partial Sum을 S_n이라고 할 때, $a_n = S_n - S_{n-1}$

3. $\displaystyle\sum_{k=1}^{\infty} \frac{1}{k(k+1)} = \sum_{k=1}^{\infty} \left(\frac{A}{k} - \frac{B}{K+1}\right)$로 분리 후 A, B를 구한 후 $k = 1, 2, 3, ..$을 대입하여 구한다.

Problem 10

(1) $\displaystyle\sum_{n=1}^{\infty} \left(-\frac{1}{3}\right)^n$

(2) The infinite series $\displaystyle\sum_{k=1}^{\infty} a_k$ has nth partial sum $S_n = \dfrac{n}{2n+1}$ for $n \geq 1$.

Find the sum of the series $\displaystyle\sum_{k=1}^{\infty} a_k$.

(3) The infinite series $\displaystyle\sum_{k=1}^{\infty} a_k$ has nth partial sum $S_n = \left(-\dfrac{1}{2}\right)^n$ for $n \geq 1$.

Find the sum of the series $\displaystyle\sum_{k=1}^{\infty} a_k$.

Solution

(1) $\displaystyle\sum_{n=1}^{\infty}(-\frac{1}{3})^{n}=-\frac{1}{3}+\frac{1}{9}-\frac{1}{27}+\ldots$ 은 Ratio가 $-\frac{1}{3}$ 이고

First term이 $-\frac{1}{3}$ 인 Geometric Series이므로 $-\dfrac{\frac{1}{3}}{1-(-\frac{1}{3})}=\dfrac{-\frac{1}{3}}{\frac{4}{3}}=-\frac{1}{4}$.

(2) $a_{n}=S_{n}-S_{n-1}=\dfrac{n}{2n+1}-\dfrac{n-1}{2(n-1)+1}=\dfrac{n}{2n+1}-\dfrac{n-1}{2n-1}$

$\qquad = \dfrac{2n^{2}-n-(2n+1)(n-1)}{(2n+1)(2n-1)}=\dfrac{1}{(2n+1)(2n-1)}$

$\displaystyle\sum_{k=1}^{\infty}\dfrac{1}{(2k-1)(2k+1)}=\dfrac{1}{2}\sum_{k=1}^{\infty}(\dfrac{1}{2k-1}-\dfrac{1}{2k+1})$

$=\dfrac{1}{2}\lim_{n\to\infty}\displaystyle\sum_{k=1}^{n}(\dfrac{1}{2k-1}-\dfrac{1}{2k+1})=\dfrac{1}{2}\lim_{n\to\infty}\left\{(1-\dfrac{1}{3})+(\dfrac{1}{3}-\dfrac{1}{5})+(\dfrac{1}{5}-\dfrac{1}{7})+\ldots+(\dfrac{1}{2n-1}-\dfrac{1}{2n+1})\right\}$

$\dfrac{1}{2}\lim_{n\to\infty}\left\{1-\dfrac{1}{2n+1}\right\}=\dfrac{1}{2}$

(3) $\quad a_{n}=S_{n}-S_{n-1}=(-\frac{1}{2})^{n}-(-\frac{1}{2})^{n-1}=(-\frac{1}{2})^{n}-(-\frac{1}{2})^{n}\cdot(-\frac{1}{2})^{-1}$

$\qquad =(-\frac{1}{2})^{n}(1+2)=3\cdot(-\frac{1}{2})^{n}$

$\bullet\ \displaystyle\sum_{k=1}^{\infty}a_{k}=3\sum_{k=1}^{\infty}(-\frac{1}{2})^{k}=3\times\dfrac{-\frac{1}{2}}{1+\frac{1}{2}}=3\times\dfrac{-\frac{1}{2}}{\frac{3}{2}}=-1$

$(\ast\ \displaystyle\sum_{k=1}^{\infty}(-\frac{1}{2})^{k}$ 는 First Term이 $-\frac{1}{2}$ 이고 Ratio가 $-\frac{1}{2}$ 인 Geometric Series이다.$)$

정답   (1) $\quad -\frac{1}{4}$ (2) $\frac{1}{2}$ (3) -1

4. Power Series

1) Power Series?

Power Series의 모양은 다음과 같다.

Power Series?

- $\displaystyle\sum_{n=0}^{\infty} a_n x^n \quad [a_1,\ a_2,\ a_3\ \cdots\ \text{are constants, } x \text{ is variable}]$

$$= a_0 + a_1 x + a_2 x^2 + a_3 x^3 + \cdots + a_n x^n + \cdots$$

- $\displaystyle\sum_{n=0}^{\infty} a_n (x-a)^n$

$$= a_0 + a_1 (x-a) + a_2 (x-a)^2 + a_3 (x-a)^3 + \cdots + a_n (x-a)^n + \cdots$$

2) Radius and Interval of Convergence

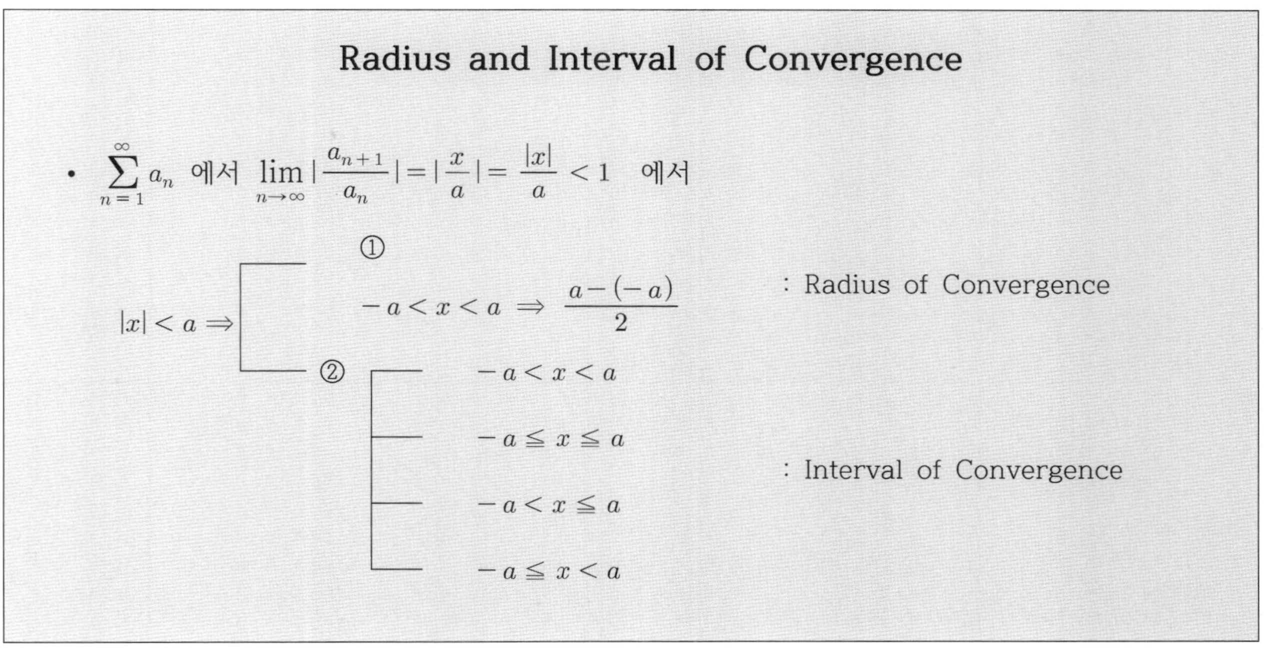

"Radius of Convergence와 Interval of Convergence"의 모양이 이렇다는 것 정도 알고 넘기면 된다.

중요한 것은 다음의 예제들이다. 다음의 예제들을 통해서 Radius of Convergence와 Interval of Convergence를 구하는 방법을 익히도록 하자. 다음의 예제들은 암기할 정도로 풀어봐야 한다.
다음의 예제에서 Radius of Convergence와 Interval of Convergence의 내용이 모두 나오기 때문이다.

여기서 잠깐!

우리는 어느 상황에서 Interval of Convergence를 구하는 것인가?

① $\displaystyle\sum_{n=1}^{\infty} \dfrac{3^n}{n} \Rightarrow$ The ratio test

② $\displaystyle\sum_{n=1}^{\infty} \dfrac{3^n}{n} \cdot x^n \Rightarrow$ Interval of Convergence

위의 ①, ②를 보면 ②는 n과 상관없는 x가 a_n에 포함되어 있으므로 x 범위가 어디부터 어디까지일 때 $\displaystyle\sum_{n=1}^{\infty} \dfrac{3^n}{n} \cdot x^n$ 이 Converge 하는지를 조사하게 되는 것이다.

(EX 1) Find the interval of convergence of $\displaystyle\sum_{n=1}^{\infty} \frac{(-1)^{n-1} \cdot x^{n-1}}{n+2}$.

Solution

$a_n = \dfrac{(-1)^{n-1} \cdot x^{n-1}}{n+2}$ 이므로

$$\lim_{n \to \infty} \left| \frac{\dfrac{(-1)^n \cdot x^n}{n+3}}{\dfrac{(-1)^{n-1} \cdot x^{n-1}}{n+2}} \right| = \lim_{n \to \infty} \left| \frac{(n+2) \cdot (-1)^n \cdot x^n}{(n+3) \cdot (-1)^{n-1} \cdot x^{n-1}} \right| = \lim_{n \to \infty} |x| = |x| < 1 \quad \text{에서}$$

Radius of Convergence is 1.

$\Rightarrow -1 < x < 1$ 에서

① $x = 1$을 원래 식 $\displaystyle\sum_{n=1}^{\infty} \frac{(-1)^{n-1} \cdot x^{n-1}}{n+2}$ 에 대입해보면 $\displaystyle\sum_{n=1}^{\infty} \frac{(-1)^{n-1}}{n+2}$ (Alternating Series)에서

$\displaystyle\sum_{n=1}^{\infty} (-1)^{n-1} \cdot \frac{1}{n+2}$ (여기서 $\dfrac{1}{n+2} = b_n$), $\dfrac{1}{n+2} > \dfrac{1}{n+3}$ 이고 $\displaystyle\lim_{n \to \infty} b_n = \lim_{n \to \infty} \frac{1}{n+2} = 0$ 이므

로 Converge!

② $x = -1$을 원래 식 $\displaystyle\sum_{n=1}^{\infty} \frac{(-1)^{n-1} \cdot x^{n-1}}{n+2}$ 에 대입해보면 $\displaystyle\sum_{n=1}^{\infty} \frac{1}{n+2}$

Integral Test에 의해 $\displaystyle\int_1^{\infty} \frac{1}{x+2} \, dx \Rightarrow \lim_{k \to \infty} \int_1^{k} \frac{1}{x+2} \, dx \Rightarrow \lim_{k \to \infty} \left[\ln|x+2| \right]_1^k$

$\Rightarrow \displaystyle\lim_{k \to \infty} \left[\ln|k+2| - \ln 3 \right] = \infty$ 이므로 Diverge!

그러므로, The Interval of Convergence is $-1 < x \leq 1$.

(※ Limit Comparison Test로 풀어도 된다.)

정답 $-1 < x \leq 1$

(EX 2) Find the interval of convergence for the series $\displaystyle\sum_{n=1}^{\infty} \frac{x^{2n}}{n!}$.

Solution

$a_n = \dfrac{x^{2n}}{n!}$ 이므로 $\displaystyle\lim_{n\to\infty}\left|\dfrac{\frac{x^{2n+2}}{(n+1)!}}{\frac{x^{2n}}{n!}}\right| = \lim_{n\to\infty}\left|\dfrac{n!\cdot x^{2n+2}}{(n+1)!\cdot x^{2n}}\right| = \lim_{n\to\infty}\left|\dfrac{x^2}{n+1}\right| = \lim_{n\to\infty}\dfrac{|x^2|}{n+1} = 0 < 1$

이므로 $(-\infty, \infty)$ 에서 Converge!

정답 $(-\infty, \infty)$

(EX 3) Find the interval of convergence of $\displaystyle\sum_{n=1}^{\infty} \frac{x^n}{(n+1)\cdot 2^n}$.

Solution

$\displaystyle\sum_{n=1}^{\infty} \frac{x^n}{(n+1)\cdot 2^n}$ 이므로 $\displaystyle\lim_{n\to\infty}\left|\dfrac{\frac{x^{n+1}}{(n+2)\cdot 2^{n+1}}}{\frac{x^n}{(n+1)\cdot 2^n}}\right| = \dfrac{|x|}{2}\cdot\lim_{n\to\infty}\dfrac{n+1}{n+2} = \dfrac{|x|}{2} < 1$ 에서 $-2 < x < 2$

① $x=2$ 을 원래 식 $\displaystyle\sum_{n=1}^{\infty}\frac{x^n}{(n+1)\cdot 2^n}$ 에 대입해보면 $\displaystyle\sum_{n=1}^{\infty}\frac{2^n}{(n+1)\cdot 2^n} = \sum_{n=1}^{\infty}\frac{1}{n+1}$ 은 Diverge!

(※ Integral Test에서 $\displaystyle\int_1^{\infty}\frac{1}{x+1}\,dx \Rightarrow \lim_{k\to\infty}\int_1^k \frac{1}{x+1}\,dx \; \lim_{k\to\infty}[\ln|x+1|]_1^k$

$\Rightarrow \displaystyle\lim_{k\to\infty}[\ln|k+1|-\ln 2] = \infty$ 이므로 Diverge!)

② $x=-2$ 을 원래 식 $\displaystyle\sum_{n=1}^{\infty}\frac{x^n}{(n+1)\cdot 2^n}$ 에 대입해보면

$\displaystyle\sum_{n=1}^{\infty}\frac{(-1)^n\cdot 2^n}{(n+1)\cdot 2^n} = \sum_{n=1}^{\infty}\frac{(-1)^n}{n+1}$ (Alternating Series)이고 $\displaystyle\sum_{n=1}^{\infty}(-1)^n\cdot\frac{1}{n+1}$

(여기서 $\dfrac{1}{n+1} = b_n$), $\dfrac{1}{n+1} > \dfrac{1}{n+2}$ 이고 $\displaystyle\lim_{n\to\infty}b_n = 0$ 이므로 Converge!

그러므로, The Interval of Convergence is $-2 \le x < 2$.

정답 $-2 \le x < 2$

<AP CALCULUS AB&BC>

Problem 1

Find the radius of convergence and interval of convergence of

(1) $\displaystyle\sum_{n=1}^{\infty} \frac{(x-1)^n}{3^n}$

(2) $\displaystyle\sum_{n=1}^{\infty} \frac{(x-2)^n}{n \cdot 3^n}$

Solution

(1) $\displaystyle\lim_{n\to\infty} \left| \frac{\dfrac{(x-1)^{n+1}}{3^{n+1}}}{\dfrac{(x-1)^n}{3^n}} \right| = \lim_{n\to\infty} \left| \frac{x-1}{3} \right| = \frac{|x-1|}{3} < 1$ 에서 $-3 < x-1 < 3$ 이므로 $-2 < x < 4$.

Radius of Convergence는 $\dfrac{4-(-2)}{2} = 3$.

① $x = -2$ 일 때, $\displaystyle\sum_{n=1}^{\infty} \frac{(-3)^n}{3^n} = \sum_{n=1}^{\infty} (-1)^n$ 이므로 Diverge.

② $x = 4$ 일 때, $\displaystyle\sum_{n=1}^{\infty} \frac{3^n}{3^n} = \sum_{n=1}^{\infty} 1$ 이므로 Diverge 그러므로 Interval of Convergence는 $-2 < x < 4$

(2) $\displaystyle\lim_{n\to\infty} \left| \frac{\dfrac{(x-2)^{n+1}}{(n+1) \cdot 3^{n+1}}}{\dfrac{(x-2)^n}{n \cdot 3^n}} \right| = \lim_{n\to\infty} \left| \frac{n(x-2)}{(n+1) \cdot 3} \right| = \frac{|x-2|}{3} < 1$ 에서 $|x-2| < 3$.

그러므로, $-3 < x-2 < 3$ 에서 $-1 < x < 5$. Radius of Convergence는 $\dfrac{5-(-1)}{2} = 3$.

① $x = -1$ 일 때, $\displaystyle\sum_{n=1}^{\infty} \frac{(-3)^n}{n \cdot 3^n} = \sum_{n=1}^{\infty} \frac{(-1)^n}{n}$ 에서 $\displaystyle\sum_{n=1}^{\infty} \frac{(-1)^n}{n}$ 에서 $\displaystyle\sum_{n=1}^{\infty} (-1)^n \cdot \frac{1}{n}$. $b_n = \frac{1}{n}$ 이라고 하면, 1) $b_n > 0$, 2) $b_n > b_{n+1}$, 3) $\displaystyle\lim_{n\to\infty} b_n = 0$ 이므로 Converge.

② $x = 5$ 일 때, $\displaystyle\sum_{n=1}^{\infty} \frac{3^n}{n \cdot 3^n} = \sum_{n=1}^{\infty} \frac{1}{n}$ 에서 P-series에 의해 Diverge.

그러므로 Interval of Convergence는 $-1 \leq x < 5$.

정답
(1) Radius of Convergence : 3, Interval of Convergence : $-2 < x < 4$
(2) Radius of Convergence : 3, Interval of Convergence : $-1 \leq x < 5$

5. Taylor Series and Maclaurin Series

어려운 단원은 아니지만 처음 공부하는 학생들에게 생소해 보일 수 있는 단원이다. 공식을 암기하고 그 공식들을 상황에 맞게 대입하여야 하는 문제들을 많이 다루게 되므로 몇 번 반복하여 공부를 하다 보면 다른 단원들에 비해 어렵지 않다는 것을 느끼게 될 것이다.

<AP CALCULUS AB&BC>

1) Taylor Series and Maclaurin Series

Power Series $\displaystyle\sum_{n=0}^{\infty} a_n = f(x) = a_0 + a_1(x-a) + a_2(x-a)^2 + a_3(x-a)^3 + \cdots + a_n(x-a)^n + \cdots$

에서부터 Taylor Series와 Maclaurin Series가 증명된다.

$f(x) = a_0 + a_1(x-a) + a_2(x-a)^2 + a_3(x-a)^3 + \cdots + a_n(x-a)^n + \cdots$ 의

① 양변에 x 대신 a를 대입하면 $f(a) = a_0$

② 양변을 x에 대해서 미분(Differentiation)하면

$f'(x) = a_1 + 2a_2(x-a) + 3a_3(x-a)^2 + \cdots + na_n(x-a)^{n-1} + \cdots$

$\Rightarrow$ x 대신 a를 대입하면 $f'(a) = a_1$

$\Rightarrow a_1 = f'(a)$

③ ②의 양변을 다시 미분(Differentiation)하면

$f''(x) = 1 \cdot 2 \cdot a_2 + 2 \cdot 3 \cdot a_3(x-a) + \cdots + n(n-1) \cdot (x-a)^{n-2} + \cdots$

$\Rightarrow$ x 대신 a를 대입하면 $f''(a) = 1 \cdot 2a_2$

$\Rightarrow a_2 = \dfrac{f''(a)}{1 \cdot 2} = \dfrac{f''(a)}{2!}$

④ ③의 양변을 다시 미분(Differentiation)하면

$f'''(x) = 1 \cdot 2 \cdot 3 \cdot a_3 + \cdots + n(n-1)(n-2) \cdot (x-a)^{n-3} + \cdots$

$\Rightarrow$ x 대신 a를 대입하면 $f'''(a) = 1 \cdot 2 \cdot 3a_3$

$\Rightarrow a_3 = \dfrac{f'''(a)}{1 \cdot 2 \cdot 3} = \dfrac{f'''(a)}{3!}$

①,②,③,④의 결과를

$f(x) = a_0 + a_1(x-a) + a_2(x-a)^2 + a_3(x-a)^3 + \cdots + a_n(x-a)^n + \cdots$ 에 대입하면 다음과 같다.

무조건 암기하자! 이 결과를 "Taylor Series" 라고 한다.

반드시 암기하자!

Taylor Series

$$f(x) = f(a) + f'(a)(x-a) + \frac{f''(a)}{2!}(x-a)^2 + \frac{f'''(a)}{3!}(x-a)^3 + \cdots + \frac{f^{(n)}(a)}{n!}(x-a)^n + \cdots$$

$\Rightarrow$ **Taylor Series에서 a대신 0을 대입하면 "Maclaurin Series" 가 된다.**
  다음의 것도 반드시 암기하여야 한다.

반드시 암기하자!

Maclaurin Series

$$f(x) = f(0) + f'(0)x + \frac{f''(0)}{2!}x^2 + \frac{f'''(0)}{3!}x^3 + \cdots + \frac{f^{(n)}(0)}{n!}x^n + \cdots$$

자주 쓰이는 Maclaurin Series 5가지도 암기해두면 편하다.

Common Maclaurin Series

①	$\sin x$	$x - \dfrac{x^3}{3!} + \dfrac{x^5}{5!} + \cdots + \dfrac{(-1)^{n-1} \cdot x^{2n-1}}{(2n-1)!} + \cdots$	$-\infty < x < \infty$
②	$\cos x$	$1 - \dfrac{x^2}{2!} + \dfrac{x^4}{4!} + \cdots + \dfrac{(-1)^{n-1} \cdot x^{2n-2}}{(2n-2)!} + \cdots$	$-\infty < x < \infty$
③	e^x	$1 + x + \dfrac{x^2}{2!} + \dfrac{x^3}{3!} + \cdots + \dfrac{x^n}{n!} + \cdots$	$-\infty < x < \infty$
④	$\ln(1+x)$	$x - \dfrac{x^2}{2} + \dfrac{x^3}{3} - \dfrac{x^4}{4} + \cdots + \dfrac{(-1)^{n-1} \cdot x^n}{n} + \cdots$	$-1 \leqq x \leqq 1$
⑤	$\tan^{-1} x$	$x - \dfrac{x^3}{3} + \dfrac{x^5}{5} - \dfrac{x^7}{7} + \cdots + \dfrac{(-1)^{n-1} \cdot x^{2n-1}}{2n-1} + \cdots$	$-1 \leqq x \leqq 1$

Shim's Tip!

※ 필자는 위의 다섯 가지를 이런 식으로 암기하였다.
혹시 읽어보고 도움이 된다면 필자가 한 것처럼 암기하기 바란다.

① $\sin x$: Odd Function이라서 홀수(Odd)만 나온다.
② $\cos x$: Even Function이라서 짝수(Even)만 나온다.
  ※ ①을 미분(Differentiation)하면 ②가 되고 분모(Denominator)에 "!"이 있다.
    그리고 +와 -가 번갈아 나온다.
③ e^x : 모든 term이 +로 연결되어 있고 순서대로 나온다.
④ $\ln(1+x)$: Even function, Odd function 아무것도 아니고 순서대로 나온다.
⑤ $\tan^{-1} x$: $\tan^{-1}x$가 Odd Function이라서 홀수(Odd)만 나온다.
  ※ ④와 ⑤는 분모(Denominator)에 "!"이 없고 +와 -가 번갈아 나온다.

$\left(\textbf{EX 1}\right)$ Find the coefficient of x^2 in the Maclaurin Series for $e^{\cos x}$.

Solution

앞에서 암기했던 것처럼 Maclaurin Series에서 x^2의 Coefficient는 $\dfrac{f''(0)}{2!}$ 이다.

$f'(x) = -\sin x \cdot e^{\cos x} \Rightarrow f''(x) = -\cos x \cdot e^{\cos x} - \sin x \cdot e^{\cos x} \cdot (-\sin x)$ 에서

$f''(x) = -\cos x \cdot e^{\cos x} + \sin x \cdot e^{\cos x}$ 에서 $f''(0) = -e$ 이므로 x^2의 coefficient는 $-\dfrac{e}{2!}$ 이다.

정답 $\quad -\dfrac{e}{2!}$

$\left(\textbf{EX 2}\right)$ Write the third-degree of Taylor Series for $\ln(1+2x)$ about $x=0$.

Solution

The third-degree는 Exponent가 3이 될 때까지 쓰라는 것이다.
앞에서 암기했던 Taylor Series는

$f(x) = f(a) + f'(a)(x-a) + \dfrac{f''(a)}{2!}(x-a)^2 + \dfrac{f'''(a)}{3!}(x-a)^3 + \cdots$ 이었고 $a = 0$이므로

① $f(0) = \ln 1 = 0$

② $f'(x) = \dfrac{2}{1+2x}$ 에서 $f'(0) = 2$

③ $f''(x) = -2(1+2x)^{-2} \cdot 2 = -4(1+2x)^{-2}$ 에서 $f''(0) = -4$

④ $f'''(x) = 8(1+2x)^{-3} \cdot 2$ 에서 $f'''(0) = 16$ 이므로

①~④를 $f(x) = f(0) + f'(0)x + \dfrac{f''(0)}{2!}x^2 + \dfrac{f'''(0)}{3!}x^3$ 에 대입하면 $f(x) = 2x - 2x^2 + \dfrac{8}{3}x^3$.

정답 $\quad f(x) = 2x - 2x^2 + \dfrac{8}{3}x^3$

☞ 심선생 Math Series

$\left(\text{EX 3}\right)$ The Taylor Series about $x=0$ or a certain function f convergence to $f(0)$ for all x in the interval of convergence.

The nth derivative of f at $x=0$ is given by $f^{(n)}(0)=\dfrac{(-1)^{n+1}(n+1)!}{5^{n}(n-1)^{2}}$ for $n\geqq 2$.

The graph of f has a horizontal tangent line at $x=0$ and $f(0)=6$.

(a) Write the third-degree of Taylor polynomial for f about $x=0$.
(b) Find the radius of convergence of the Taylor Series for f about $x=0$.

Solution

(a) 앞에서 암기했던 Taylor Series는

$$f(x)=f(a)+f'(a)(x-a)+\frac{f''(a)}{2!}(x-a)^{2}+\frac{f'''(a)}{3!}(x-a)^{3}+\cdots+\frac{f^{(n)}(a)}{n!}(x-a)^{n}+\cdots$$

① $f(0)=6$

② $f'(0)=0$ ($x=0$ 에서 접선이 Horizontal Line이므로 Slope가 0이다.)

③ $n=2$ 대입, $f''(0)=-\dfrac{3!}{(5^{2})(1^{2})}=-\dfrac{6}{25}$

④ $n=3$ 대입, $f'''(0)=\dfrac{4!}{(5^{3})(2^{2})}$ 이므로 $f(x)=6-\dfrac{(\frac{6}{25})}{2!}x^{2}+\dfrac{(\frac{4!}{(5^{3})(2^{2})})}{3!}x^{3}$

(b) $a_{n}=\dfrac{f^{(n)}(0)}{n!}x^{n}$ 에서 $a_{n}=\dfrac{(-1)^{n+1}\cdot(n+1)!}{5^{n}(n-1)^{2}}x^{n}$,

$\displaystyle\lim_{n\to\infty}\left|\frac{a_{n+1}}{a_{n}}\right|=\lim_{n\to\infty}\left(\frac{n+2}{n+1}\right)\left(\frac{n-1}{n}\right)^{2}\cdot\frac{1}{5}|x|=\frac{1}{5}|x|<1$ 에서 $|x|<5$. 그러므로, $-5<x<5$

에서 Radius of Convergence는 $\dfrac{5-(-5)}{2}=5$.

정답　　　(a) $f(x)=6-\dfrac{3}{25}x^{2}+\dfrac{1}{125}x^{3}$　　(b) 5

<AP CALCULUS AB&BC>

(EX 4) Find the first three non-zero terms of the Maclaurin Series for $f(x) = \tan^{-1}(3x)$.

Solution

앞에서 $\tan^{-1} x$ 는 $x - \dfrac{x^3}{3} + \dfrac{x^5}{5} - \dfrac{x^7}{7} + \cdots + \dfrac{(-1)^{n-1} \cdot x^{2n-1}}{2n-1} + \cdots$ $(-1 \le x \le 1)$ 이라고 암기했다.

x 대신 $3x$ 를 대입하면 $\tan^{-1}(3x) = 3x - \dfrac{(3x)^3}{3} + \dfrac{(3x)^5}{5} = 3x - 9x^3 + \dfrac{3^5}{5}x^5$.

정답 $3x - 9x^3 + \dfrac{3^5}{5}x^5$

☞ 심선생 Math Series

Problem 1

(1) Find the coefficient of x^3 in the Taylor Series for e^{2x} about $x=0$.

(2) Find the coefficient of x^5 in the Taylor Series for $\dfrac{2x}{1+x^2}$ about $x=0$.

Solution

(1) $e^x = 1 + x + \dfrac{x^2}{2!} + \dfrac{x^3}{3!} + \cdots$ 에서 x 대신 $2x$를 대입하면,

$e^{2x} = \dfrac{1}{3!}(2x)^3 = \dfrac{8}{3!}x^3$ 에서 $\dfrac{4}{3}$.

(2) $\tan^{-1}x = x - \dfrac{x^3}{3} + \dfrac{x^5}{5} - \dfrac{x^7}{7} + \cdots$ 에서 $(\tan^{-1}x)' = \dfrac{1}{1+x^2} = 1 - x^2 + x^4 - x^6 + \cdots$ 에서

양변에 $2x$를 곱하면, $\dfrac{2x}{1+x^2} = 2x - 2x^3 + 2x^5 - 2x^7 + \cdots$ 이므로 x^5의 Coefficient는 2.

정답　　(1) $\dfrac{4}{3}$　　(2) 2

Problem 2

(1) What is the approximation of the value of $\tan^{-1}1$ obtained by using the fifth-degree Taylor polynomial about $x=0$ for $\tan^{-1}x$?

(a) $1 - \dfrac{1}{3} + \dfrac{1}{5}$ (b) $1 + \dfrac{1}{3} + \dfrac{1}{5}$ (c) $1 - \dfrac{1}{9} + \dfrac{1}{25}$ (d) $1 + \dfrac{1}{9} + \dfrac{1}{25}$

(2) Let f be the function given by $f(x) = \ln(3-2x)$. Write the first three non-zero terms of the Taylor series for f about $x=1$.

(3) Let f be the function given by $f(x) = \dfrac{2x}{1+x^2}$. Write the first three non-zero terms of the Taylor series for f about $x=0$.

Solution

(1) $\tan^{-1}x = x - \dfrac{1}{3}x^3 + \dfrac{1}{5}x^5 + \cdots$ 이므로 $\tan^{-1}1 = 1 - \dfrac{1}{3} + \dfrac{1}{5}$

(2) $f(x) = f(1) + f'(1)(x-1) + \dfrac{f''(1)}{2!}(x-1)^2 + \dfrac{f'''(1)}{3!}(x-1)^3$ 에서

- $f(1) = \ln 1 = 0$
- $f'(x) = \dfrac{-2}{3-2x}$ 에서 $f'(1) = -2$
- $f''(x) = (-2(3-2x)^{-1})' = 2(3-2x)^{-2} \cdot (-2)$ 에서 $f''(1) = -4$.
- $f'''(x) = 8(3-2x)^{-3} \cdot (-2)$ 에서 $f'''(1) = -16$

그러므로, $f(x) = -2(x-1) - 2(x-1)^2 - \dfrac{8}{3}(x-1)^3$.

(3) $\tan^{-1}x = x - \dfrac{1}{3}x^3 + \dfrac{1}{5}x^5 + \cdots$ 을 이용하기 위해 양변 미분(Differentiation)!

$\tan^{-1}x = \dfrac{1}{1+x^2} = 1 - x^2 + x^4 + \cdots$ 의 양변에 $2x$를 곱하면 $\dfrac{2x}{1+x^2} = 2x - 2x^3 + 2x^5$.

정답 (1) (a) (2) $-2(x-1) - 2(x-1)^2 - \dfrac{8}{3}(x-1)^3$ (3) $2x - 2x^3 + 2x^5$

Problem 3

A function f has Maclaurin series given by $-\dfrac{x^4}{2}+\dfrac{x^5}{3}-\dfrac{x^6}{4}+\cdots+\dfrac{(-1)^{n-1}\cdot x^{n+2}}{n}+\cdots$.

which of the following is an expression for $f(x)$?

ⓐ $-x\sin x-x^2$ ⓑ $x^2\cos x^2-x$ ⓒ $x^2\ln(1+x)-x^3$ ⓓ $x^2e^x-x^3$

Solution

$\ln(1+x)=x-\dfrac{x^2}{2}+\dfrac{x^3}{3}-\dfrac{x^4}{4}+\cdots+\dfrac{(-1)^{n-1}\cdot x^n}{n}+\cdots$ 이므로

양변에 x^2을 곱해서 정리해 보면 $x^2\ln(1+x)=x^3-\dfrac{x^4}{2}+\dfrac{x^5}{3}-\dfrac{x^6}{4}+\cdots+\dfrac{(-1)^{n-1}\cdot x^{n+2}}{n}$ 에서

$x^2\ln(1+x)-x^3=-\dfrac{x^4}{2}+\dfrac{x^5}{3}-\dfrac{x^6}{4}+\cdots+\dfrac{(-1)^{n-1}\cdot x^{n+2}}{n}$.

정답   ⓒ

Problem 4

Let $P(x) = 4x - 4x^3 + 8x^5$ be the fifth-degree Taylor Polynomial for the function f about $x = 0$. Find the value of $f^{(5)}(0)$.

Solution

$$f(x) = f(0) + f'(0)x + \frac{f''(0)}{2!}x^2 + \frac{f'''(0)}{3!}x^3 + \frac{f^{(4)}(0)}{4!}x^4 + \frac{f^{(5)}(0)}{5!}x^5 + \dots \text{ 이므로}$$

$$\frac{f^{(5)}(0)}{5!} = 8 \text{ 에서 } f^{(5)}(0) = 960$$

정답　　960

☞ 심선생 Math Series

Problem 5

The nth derivative of a function f at $x=1$ is given by $f^{(n)}(1)=(-1)^n\dfrac{n!}{2^n}$ for all $n\geq 0$.

Which of the following is the Taylor series for f?

ⓐ $1-\dfrac{1}{2}(x-1)+\dfrac{1}{2}(x-1)^2-\dfrac{1}{6}(x-1)^3+\cdots$

ⓑ $1+\dfrac{1}{2}(x-1)+\dfrac{1}{4}(x-1)^2+\dfrac{1}{8}(x-1)^3+\cdots$

ⓒ $1+\dfrac{1}{2}(x-1)+\dfrac{1}{2}(x-1)^2+\dfrac{1}{6}(x-1)^3+\cdots$

ⓓ $1-\dfrac{1}{2}(x-1)+\dfrac{1}{4}(x-1)^2-\dfrac{1}{8}(x-1)^3+\cdots$

Solution

- $f(x)=f(1)+f'(1)(x-1)+\dfrac{f''(1)}{2!}(x-1)^2+\dfrac{f'''(1)}{3!}(x-1)^3+\cdots$ 이므로

- $n=0$ 일 때, $f(1)=1$ (※ $0!=1$)

- $n=1$ 일 때, $f'(1)=-\dfrac{1}{2}$

- $n=2$ 일 때, $f''(1)=\dfrac{2!}{2^2}=\dfrac{1}{2}$

- $n=3$ 일 때, $f'''(1)=-\dfrac{3!}{2^3}=-\dfrac{6}{8}=-\dfrac{3}{4}$ $\cdots$

그러므로 $f(x)=1-\dfrac{1}{2}(x-1)+\dfrac{1}{2!}\cdot\dfrac{1}{2}(x-1)^2-\dfrac{1}{3!}\cdot\dfrac{3}{4}(x-1)^3+\cdots$

정답　　ⓓ

Problem 6

Let f be the function given by $f(x) = \dfrac{3x}{1+x^3}$

(a) Write the first four non-zero terms and the general term of the Taylor series for f about $x = 0$.

(b) Write the first four non-zero terms of the Taylor series for $\displaystyle\int_0^x \frac{3t}{1+t^3}\,dt$ about $x = 0$.

Solution

(a) "Taylor series about $x = 0$"는 Maclaurin Series이다.

$\ln(1+x) = x - \dfrac{1}{2}x^2 + \dfrac{1}{3}x^3 - \dfrac{1}{4}x^4 + \cdots$ 에서 양변을 Differentiate하면

$\dfrac{1}{1+x} = 1 - x + x^2 - x^3 + \cdots$ 에서 x 대신 x^3을 대입하고 양변에 $3x$를 곱하면,

$\dfrac{3x}{1+x^3} = 3x(1 - x^3 + x^6 - x^9 + \cdots)$ 에서

$\dfrac{3x}{1+x^3} = 3x - 3x^4 + 3x^7 - 3x^{10} + \cdots$

이제 General Term을 구해 보자.

① 3은 Constant이다. 계속 일정하다.

② Power를 보면 x^1, x^4, x^7, $x^{10}, \cdots$ 에서 1, 4, 7, 10 $\cdots$ 이므로 Arithmetic Sequence이다. 그러므로, $a_n = 1 + (n-1) \cdot 3 = 3n - 2$

이는 $n \geq 1$일 때의 공식이므로 $n \geq 0$ 이라면 Term의 개수가 하나 늘게 되어 n 대신 $n+1$을 대입한다. 그렇게 되면 $a_n = 3n + 1$ 이 된다.

③ 이 Series는 Alternating Series이다. 그러므로, $(-1)^n$ 이 되어야 한다. $n = 0$일 때, $(-1)^n = 1$ 이기 때문이다.

그러므로, General term은 $(-1)^n \cdot 3x^{3n+1}$ 이 된다.

Solution

여기서 잠깐!

n 대신 0을 대입하였을 때 $(-1)^{n+2}$ 도 1이 되지 않는가?

그러므로, General Term을 $(-1)^{n+2} \cdot 3x^{3n+1}$ 로 쓰면 안 되는가?

$\Rightarrow$ 정답은 $(-1)^{n+2} \cdot 3x^{3n+1}$ 로 써도 크게 상관이 없다. 즉, 정답이 된다.

$(-1)^n$ or $(-1)^{n+2}$ 에서 n or $n+2$가 중요한 것이 아니라 n 대신 0, 1, 2, 3, $\cdots$을 대입한 결과와 우리가 펼친 식이 같으면 되는 것이다. 학생들이 이 부분을 많이 헷갈려한다.

(b) $\dfrac{3x}{1+x^3} = 3x - 3x^4 + 3x^7 - 3x^{10} + \cdots$ 이었으므로

$$\int_0^x \frac{3t}{1+t^3}\,dt = \int_0^x (3t - 3t^4 + 3t^7 - 3t^{10} + \cdots)\,dt$$

$$= \frac{3}{2}x^2 - \frac{3}{5}x^5 + \frac{3}{8}x^8 - \frac{3}{11}x^{11} + \cdots$$

정답

(a) $3x - 3x^4 + 3x^7 - 3x^{10} + \cdots + (-1)^n \cdot 3x^{3n+1} + \cdots$

(b) $\dfrac{3}{2}x^2 - \dfrac{3}{5}x^5 + \dfrac{3}{8}x^8 - \dfrac{3}{11}x^{11}$

깊이가 3m 되는 우물 바닥에 있던 한 마리의 달팽이가 우물 밖으로 나오려고 하는데,
낮 동안 30cm만큼 기어 올라오고 밤사이 20cm를 미끄러진다고 하자.
이 달팽이가 우물 밖으로 기어 나오는 데는 며칠이 걸릴까?

정답 : 28일
이 달팽이는 결국 하루에 10cm씩 올라가는 셈이다.
그렇다고 해서 30일이라고 생각해서는 안 된다.
28일 째 아침에는 270cm 올라와 있으므로 28일 낮 동안에 30cm를 오르면 우물 끝에 다다른다.

6. Error Bound

1. Lagrange error bound

2. Alternating Series with error bound

시작에 앞서서...

 5월 AP 시험에서 출제 비중은 낮은 편이지만 대부분의 미국 학교에서는 자세하게 수업을 하는 내용이다. Error Bound가 어렵다고 느끼는 이유는 책마다 조금씩 디테일한 내용들이 다르기 때문이다. 이에 필자는 그 동안 학생들을 가르치면서 학생들이 어려워하는 부분과 책마다 다른 내용들에 대해 최대한 자세한 설명을 쓰도록 노력하였다.
 특히 AP 시험을 준비하는 많은 학생들이 이 부분 문제를 Skip하는 경우가 많은데 앞으로는 절대로 Skip하지 말고 자세히 공부하기를 부탁드린다.

Error Bound

1 Lagrange error bound for Taylor Polynomials

Taylor's Series로부터 알 수 있는 것은 모든 Function을 Polynomial Function 형태로 표현하려고 노력한다는 점이다. 왜 그럴까? 필자의 생각으로는 "Polynomial Function이 가장 심플한 모양이라서 그렇지 않을까…?" 라고 조심스럽게 생각이 든다.

다음의 예를 보자.

$e^x = 1 + x + \dfrac{1}{2!}x^2 + \dfrac{1}{3!}x^3 + \dfrac{1}{4!}x^4 + \cdots$ 에서 x 대신 1을 대입하면 $e = 1 + 1 + \dfrac{1}{2} + \dfrac{1}{6} + \dfrac{1}{24} + \cdots$ 이 된다.

이것을 한없이 더할 수 없기 때문에 처음의 세 개의 Term만 계산해 보면 $1 + 1 + \dfrac{1}{2} = 2.5$ 이고 $e \approx 2.71$ 이므로 $\dfrac{1}{6} + \dfrac{1}{24} + \cdots \approx 0.21$ 정도가 된다. 우리는 Infinite Series의 정확한 계산을 할 수 없기 때문에 (한없이 더할 수 없으므로) 어느 정도 까지만 계산을 하게 된다. 이로 인해 Exact Value와 Approximate 사이에 Error가 생기게 된다.

$$\underbrace{e}_{\approx 2.71} = \underbrace{1 + 1 + \dfrac{1}{2}}_{= 2.5} + \underbrace{\dfrac{1}{6} + \dfrac{1}{24} + \cdots}_{\approx 0.21}$$

$$\text{(Exact Value)} \qquad \text{(Approximate)} \qquad \text{(Remainder)}$$

즉, $\quad \underbrace{f(x)}_{\text{Exact Value}} = \underbrace{P_n(x)}_{\text{Approximate Value}} + \underbrace{R_n(x)}_{\text{Remainder}}$

$f(x) = P_n(x) + R_n(x)$ 로부터 $R_n(x) = f(x) - P_n(x)$ 임을 알 수 있고, $R_n(x)$를 Error라고 한다.

Lagrange Error Bound

Taylor's Series로부터

$$f(x) = f(a) + f'(a)(x-a) + \frac{f''(a)}{2!}(x-a)^2 + \cdots + \frac{f^{(n)}(a)}{n!}(x-a)^n + \frac{f^{(n+1)}(a)}{(n+1)!}(x-a)^{n+1} + \cdots$$

$$\Rightarrow f(x) = f(a) + f'(a)(x-a) + \frac{f''(a)}{2!}(x-a)^2 + \cdots + \frac{f^{(n)}(a)}{n!}(x-a)^n + R_n(x)$$

우선 우리는 "Lagrange Error Bound" 공식을 외워야 한다.
(※ 참고로 말씀 드리면 이를 "라그랑주 에러 바운드"라고 읽는다. 라그랑주는 프랑스의 수학자이자 천문학자였다.)

반드시 암기하자!

$$|R_n(x)| \leq \frac{|M|}{(n+1)!} \cdot (x-a)^{n+1}$$

※ M 은 $f^{(n+1)}(x)$ 에서 a와 x 사이의 Maximum Value이다.

다음의 Example들을 풀어보도록 하자.

(EX 1) Estimating $\cos(0.5)$ using a Maclaurin Polynomial, what is the least degree of the polynomial that assures an error smaller than 0.003?

Solution

$\left| f^{(n+1)}(x) \right|$ 의 Maximum Value는 1이므로 ($\sin x$와 $\cos x$의 Maximum Value는 1이기 때문에) $M=1$.

$\left| R_n(x) \right| \leq \dfrac{|M|}{(n+1)!} \cdot |x-a|^{n+1}$ 에서 $M=1$, $x=0.5$, $a=0$이므로

(Maclaurin Polynomial은 $a=0$이기 때문에)

$\left| R_n(x) \right| \leq \dfrac{1}{(n+1)!} \cdot |0.5|^{n+1}$ 에서 $\dfrac{0.5^{n+1}}{(n+1)!} < 0.003$ 을 만족하는 최소값 n을 찾는다.

계산기를 이용하여 직접 찾아보면 …

① $n=1$일 때, $\dfrac{0.5^2}{2!} = 0.125$ ② $n=2$일 때, $\dfrac{0.5^3}{3!} \approx 0.02083$

③ $n=3$일 때, $\dfrac{0.5^4}{4!} \approx 0.0026$ ④ $n=4$일 때, $\dfrac{0.5^5}{5!} \approx 0.0002604$

그러므로, $n=3$.

정답   Third Degree

(EX 2) Assume that f is a function with $\left|f^{(n+1)}(x)\right| \le 1$ for all n and all real x.

(1) Estimate the maximum possible error if $P_4(\frac{1}{4})$ is used to estimate $f(\frac{1}{4})$

(2) Find the least integer n for which you can be sure $P_n(\frac{1}{3})$ approximates $f(\frac{1}{3})$ within 0.0006.

Solution

(1) Maximum Value를 M 이라고 하면 $M=1$ 이므로

$$\left|R_4\left(\frac{1}{4}\right)\right| \le \frac{1}{(4+1)!} \cdot \left(\frac{1}{4}\right)^5 \approx 0.0000081$$

(2) $\left|f\left(\frac{1}{3}\right)-P_n\left(\frac{1}{3}\right)\right| \le \left|R_n\left(\frac{1}{3}\right)\right| \le \frac{1}{(n+1)!} \cdot \left(\frac{1}{3}\right)^{n+1} < 0.0006$

① $n=1$일 때, $\frac{1}{(n+1)!} \cdot \left(\frac{1}{3}\right)^{n+1} \approx 0.056$

② $n=2$일 때, $\frac{1}{(n+1)!} \cdot \left(\frac{1}{3}\right)^{n+1} \approx 0.006$

③ $n=3$일 때, $\frac{1}{(n+1)!} \cdot \left(\frac{1}{3}\right)^{n+1} \approx 0.00051$

정답   (1) 0.0000081   (2) $n=3$

$\boxed{2}$ Alternating Series with Error Bound

Infinite Series의 경우 그 합은 무한 번 더해서 구하기가 불가능하므로 어디까지만 Sum을 구해서 정확한 값을 예측하게 된다. 그러다 보니 우리가 계산한 Approximate Value와 Exact Value 사이에 Error가 생기게 된다.

이번 단원에서는 Alternating Series Remainder에 대해서 알아보고자 한다.

다음을 보자.

①
$$\underbrace{\sum_{n=1}^{\infty} \frac{(-1)^{n+1}}{n}}_{\substack{\text{Exact Value} \\ =S}} = \underbrace{1 - \frac{1}{2} + \frac{1}{3} - \frac{1}{4}}_{\substack{\text{Approximate Value} \\ =S_4}} + \underbrace{\frac{1}{5} - \frac{1}{6} + \frac{1}{7} - \frac{1}{8} + \frac{1}{9} - \cdots}_{\substack{\text{Remainder} \\ =\text{ Error} \\ =R_4}}$$

$$\Rightarrow S = 1 - \frac{1}{2} + \frac{1}{3} - \frac{1}{4} + R_4$$

$$\Rightarrow S = \frac{7}{12} + R_4$$

위의 ①에서 $R_4 = \frac{1}{5} - \frac{1}{6} + \frac{1}{7} - \frac{1}{8} + \frac{1}{9} - \cdots$

$\Rightarrow R_4 = \frac{1}{5} - \left(\frac{1}{6} - \frac{1}{7}\right) - \left(\frac{1}{8} - \frac{1}{9}\right) + \cdots$ 에서 $\left(\frac{1}{6} - \frac{1}{7}\right)$, $\left(\frac{1}{8} - \frac{1}{9}\right) \ldots$ 등은 모두 Positive이므로

$R_4 = \frac{1}{5} - \alpha$ (α는 Positive number)

그러므로, $R_4 < \frac{1}{5}$ 이고 $|R_4| < \frac{1}{5}$ 이 된다.

앞의 ①과 비슷하지만 살짝 차이가 나는 다음의 경우를 보자.

② $$\underbrace{\sum_{n=1}^{\infty}\frac{(-1)^n}{n}}_{\substack{\text{Exact Value}\\ =S}} = \underbrace{-1+\frac{1}{2}-\frac{1}{3}+\frac{1}{4}}_{\substack{\text{Approximate Value}\\ =S_4}} + \underbrace{-\frac{1}{5}+\frac{1}{6}-\frac{1}{7}+\frac{1}{8}-\frac{1}{9}+\cdots}_{\substack{\text{Remainder}\\ =\text{ Error}\\ =R_4}}$$

$\Rightarrow S = -1+\dfrac{1}{2}-\dfrac{1}{3}+\dfrac{1}{4}+R_4$

$\Rightarrow S = -\dfrac{7}{12}+R_4$

위의 ②에서 $R_4 = -\dfrac{1}{5}+\dfrac{1}{6}-\dfrac{1}{7}+\dfrac{1}{8}-\dfrac{1}{9}+\cdots$

$\Rightarrow R_4 = -\dfrac{1}{5}+\left(\dfrac{1}{6}-\dfrac{1}{7}\right)+\left(\dfrac{1}{8}-\dfrac{1}{9}\right)+\cdots$ 에서 $\left(\dfrac{1}{6}-\dfrac{1}{7}\right)$, $\left(\dfrac{1}{8}-\dfrac{1}{9}\right)$은 모두 Positive이므로

$R_4 = -\dfrac{1}{5}+\alpha$ (α는 Positive number)

그러므로, $R_4 > -\dfrac{1}{5}$ 이지만 Absolute Value를 취하면 $|R_4| < \left|-\dfrac{1}{5}\right|$ 이 된다.

즉, Absolute Value를 취하게 되면 ①의 R_4와 같은 결과를 가지게 된다.

지금까지의 내용을 정리해 보면 다음과 같다.

Alternating Series에서 $a_1,\ a_2,\ a_3\cdots$ **이 decreasing이고 0으로 다가갈 때,**

$$S = \underbrace{a_1+a_2+a_3+\cdots+a_n}_{=S_n} + \quad a_{n+1}+\cdots$$

$\Rightarrow |S-S_n| < a_{n+1}$

Error Bound

다음의 예제들을 풀어보자.

$\left(\textbf{EX 3}\right)$ The partial sum indicated is used to estimate the sum of the series. Estimate the error.

(1) $\displaystyle\sum_{k=1}^{\infty}(-1)^{k+1}\cdot\frac{1}{\sqrt{k^3+1}}$; S_{20}

(2) $\displaystyle\sum_{k=1}^{\infty}(-1)^{k+1}\cdot\frac{1}{k^2}$; S_5

Solution

(1) $|S-S_{20}|<a_{21}=(-1)^{22}\cdot\dfrac{1}{\sqrt{21^3+1}}\approx 0.01$

(2) $|S-S_5|<|a_6|=\left|(-1)^7\cdot\dfrac{1}{6^2}\right|=0.028$

정답　　(1) 0.01　　(2) 0.028

(EX 4) The function f has derivatives of all orders, and Maclaurin series for f is

$$\sum_{n=0}^{\infty} (-1)^n \cdot \frac{(0.5)^{n+1}}{3n+1} = 0.5 - \frac{0.5^2}{4} + \frac{0.5^3}{7} - \cdots \quad .$$

If P_3 is the first three non-zero terms of the alternating series and S is the exact value, show that $|S - P_3| < 0.003$.

Solution

$\displaystyle\sum_{n=0}^{\infty} (-1)^n \cdot \frac{(0.5)^{n+1}}{3n+1}$ 에서 $a_n = (-1)^n \cdot \dfrac{(0.5)^{n+1}}{3n+1}$ 이므로

$|S - P_3| < a_4$ 에서 $a_4 = \dfrac{(0.5)^5}{13} \approx 0.0024$

여기서 잠깐!

$|S - P_3| \leqq a_4$ 와 같이 써도 상관이 없다.

여러 책이나 AP Calculus 기출문제를 공부했던 학생들은 $|S - P_3| < a_4$ 인지 $|S - P_3| \leqq a_4$ 인지 헷갈려 하는 경우가 있다. 이유는 책마다 다르게 써 있어서 그렇지만 모두 같은 답이므로 고민할 필요가 없다.

어차피 Error를 찾는 것이고 Approximation이므로 "＝" 이 있는지 없는지 여부가 중요한 것이 아니다. 어차피 "＝" 있고 없고에 따라 Error의 범위가 크게 변하지 않는다.

Problem 1

Let f be the function given by $f(x) = e^{2x}$

(1) Write the first four non-zero terms of the Taylor series for $\int_0^x e^{-2t}dt$ about $x = 0$.

Use the first two terms of your answer to estimate $\int_0^{\frac{1}{3}} e^{-2t}dt$

(2) Explain why the estimate found in part (1) differs from the actual value of $\int_0^{\frac{1}{3}} e^{-2t}dt$

by less than $\dfrac{1}{25}$

Solution

(1) $e^x = 1 + x + \dfrac{x^2}{2!} + \dfrac{x^3}{3!} + \cdots + \dfrac{x^n}{n!} + \cdots$ 에서 x 대신 $-2x$를 대입하면

$e^{-2x} = 1 - 2x + 2x^2 - \dfrac{4}{3}x^3$ 에서 $\displaystyle\int_0^x e^{-2t}dt = \int_0^x (1 - 2t + 2t^2 - \dfrac{4}{3}t^3 + \cdots)dt$

$= [t - t^2 + \dfrac{2}{3}t^3 - \dfrac{1}{3}t^4 + \cdots]_0^x = x - x^2 + \dfrac{2}{3}x^3 - \dfrac{1}{3}x^4 + \cdots$

Thus, $\displaystyle\int_0^{\frac{1}{3}} e^{-2t}dt \approx \dfrac{1}{3} - \dfrac{1}{9} \approx \dfrac{2}{9}$

(2) $|\displaystyle\int_0^{\frac{1}{3}} e^{-2t}dt - \dfrac{2}{9}| < \dfrac{2}{3} \cdot (\dfrac{1}{3})^3 = \dfrac{2}{81} < \dfrac{1}{25}$. This alternating series with individual terms

that decrease in absolute value to 0.

정답   (1) $\dfrac{2}{9}$ (2) Above Explanation

Problem 2

Assume that f is a function with $\left|f^{(n+1)}(x)\right| \leq 2$ for all n and all real x.

(1) Find the least integer n for which you can be sure that $P_n\left(\frac{1}{4}\right)$ approximates $f\left(\frac{1}{4}\right)$ within 0.004.

(2) Find the values of x for which you can be sure that $P_3(x)$ approximates $f(x)$ within 0.1

Solution

$\left|f^{(n+1)}(x)\right| \leq 2$ 로부터 Maximum Value를 M 이라 하면 $M = 2$.

(1) $\left|f\left(\frac{1}{4}\right) - P_n\left(\frac{1}{4}\right)\right| = \left|R_n\left(\frac{1}{4}\right)\right| \leq \dfrac{2}{(n+1)!} \cdot \left(\frac{1}{4}\right)^{n+1} < 0.004$

① $n = 1$일 때, $\dfrac{2}{(n+1)!} \cdot \left(\frac{1}{4}\right)^{n+1} = 0.0625$

② $n = 2$일 때, $\dfrac{2}{(n+1)!} \cdot \left(\frac{1}{4}\right)^{n+1} \approx 0.0052$

③ $n = 3$일 때, $\dfrac{2}{(n+1)!} \cdot \left(\frac{1}{4}\right)^{n+1} \approx 0.00391$

그러므로, $n = 3$.

(2) $\left|f(x) - P_3(x)\right| = \left|R_3(x)\right| \leq \dfrac{2}{(4)!} \cdot |x|^4 < 0.1$ 로부터 $|x|^4 < 1.2$.

그러므로, $|x| < \sqrt[4]{1.2} = 1.0466$

정답　　　(1) $n = 3$　　　(2) $|x| < 1.0466$

Problem 3

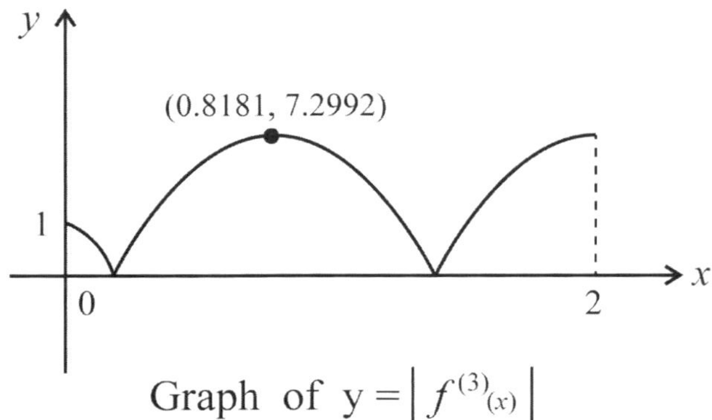

Graph of $y = \left| f^{(3)}(x) \right|$

Let $f(x) = \cos(2x) + \sin x$. The graph of $y = \left| f^{(3)}(x) \right|$ is shown above.
Let $P_2(x)$ be the second-degree Taylor Polynomial for f about $x = 0$.

Using information from the graph of $y = \left| f^{(3)}(x) \right|$ shown above, show that
$\left| P_2(0.8) - f(0.8) \right| < 0.7$

Solution

$\left| P_2(0.8) - f(0.8) \right| \leq \dfrac{|M|}{3!}(0.8)^3$ 에서 $0 < x < 0.8$ 이고 Maximum Value인 M 은 7.2992이다.

그러므로, $\dfrac{7.2992}{3!} \times (0.8)^3 \approx 0.6228 < 0.7$

심현성(Albert Shim) 선생 수업안내

TOP SEM학원(www.topsem.co.kr)

1. AMC10,AMC12,AIME
2. AP Calculus AB&BC
3. AP Calculus AB실전반
4. AP Calculus BC실전반
5. 국내생을 위한 AP Calculus AB 이론정리반(20시간)
6. 국내생을 위한 AP Calculus BC 이론정리반(26시간)
7. 국내생을 위한 AP Calculus AB 실전반(15시간)
8. 국내생을 위한 AP Calculus BC 실전반(15시간)
9. Precalculus
10. Math Level 2특강
11. SAT I MATH오답정리 하루특강

인터넷강의(마스터프렙 www.masterprep.net)

1. AMC10
2. AMC12
3. AIME
4. Precalculus
5. Algebra2
6. AP Calculus AB
7. AP Calculus BC
8. AP Calculus AB 실전강의
9. AP Calculus BC 실전강의
10. SAT I MATH
11. Math Level 2이론 편
12. Math Level 2실전 편

AP Calculus AB & BC : 핵심편 (개정판)

초판인쇄 2017년 7월 7일
초판발행 2017년 7월 7일

지은이 심현성
펴낸이 채종준
펴낸곳 한국학술정보㈜
주소 경기도 파주시 회동길 230(문발동)
전화 031) 908-3181(대표)
팩스 031) 908-3189
홈페이지 http://ebook.kstudy.com
전자우편 출판사업부 publish@kstudy.com
등록 제일산-115호(2000. 6. 19)

ISBN 978-89-268-8094-4 13410